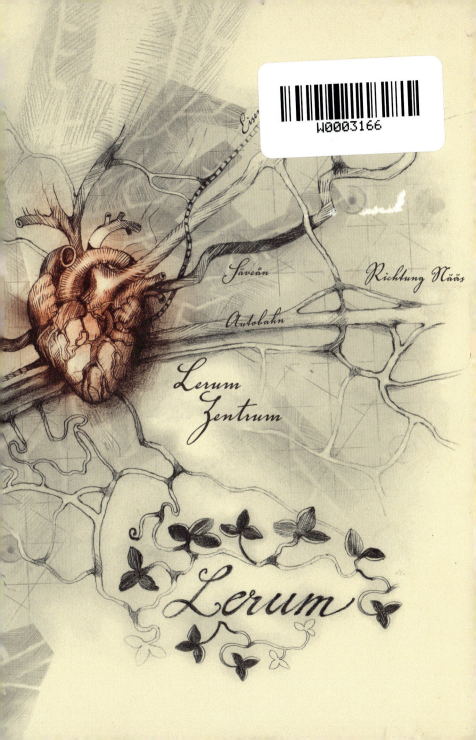

Maria Engstrand

Code: Orestes
Das auserwählte Kind

Maria Engstrand

Das auserwählte Kind

Aus dem Schwedischen
von Cordula Setsman

Titel der Originalausgabe: Kod: Orestes
© Text: Maria Engstrand
© Bokförlaget OPAL AB, Stockholm 2018

Für die deutschsprachige Ausgabe:
© 2020 Mixtvision Verlag, Leopoldstraße 25,
80802 München
www.mixtvision.de
Alle Rechte vorbehalten.
Übersetzung: Cordula Setsman
Covergestaltung: Zero Werbeagentur GmbH
Coverabbildung: FinePic®, München
Layout & Satz: Nadine Clemens
Druck & Bindung: GGP Media GmbH, Pößneck

ISBN: 978-3-95854-153-5

Auch als E-Book erhältlich

Für Papa im Himmel.
Für Mama auf Erden.
Für Emma und Elin,
immer in meinem Herzen.

1.

Als ich Orestes zum ersten Mal sah, war ich enttäuscht.

Er kam – ohne zu klopfen – ins Klassenzimmer gestiefelt und blieb mitten vor dem Bildschirm stehen, auf dem uns unsere Lehrerin gerade Bilder von Kriegern des antiken Griechenlands zeigte. Innerhalb einer Sekunde verschmolzen sie, Orestes und der Krieger, zu einem lebenden Schatten mit Schild und Speer. Mein Herz begann zu flattern.

Dann machte unsere Lehrerin das Licht an, der Schatten löste sich auf und Orestes stand da. Er hatte keinen Speer. Und auch keinen Schild. Dafür hatte er eine braune Aktentasche. Wir gehen in die Siebte und ich schwöre: *Keiner* hier hat eine Aktentasche.

Alle, die die Gelegenheit genutzt hatten, vor sich hinzuträumen, während das Licht aus und die Vorhänge zugezogen waren, wachten schlagartig auf. Was war denn das für ein Typ?

Er trug nicht nur eine Aktentasche, sondern auch ein *Hemd*. Aber kein zerknittertes, schlabbriges Hemd, was vielleicht okay gewesen wäre, sondern ein langweiliges, glatt gebügeltes weißes Hemd. Dazu war es auch noch bis ganz oben zugeknöpft. Das Hemd hatte er in eine Stoffhose mit Gürtel gesteckt – keine Jeans. Glatt gekämmtes dunkles Haar. Ernste Miene. Er sah aus wie ein kleiner Erwachsener.

Jetzt glaubt ihr bestimmt, ich mache mir viel zu viel aus Klamotten, oder? Tue ich nicht. Ich hatte nur einfach so lange darauf gewartet, dass Orestes endlich kam. Und ich hatte gedacht, er würde anders sein, bloß anders auf eine andere Art.

In meinem Rucksack lag ein Brief für ihn. Ein alter Brief in einem schmutzigen Umschlag. Ich hatte über hundert Tage gelogen und mich herumgedrückt, um ihn geheim zu halten. Seinetwegen hatte ich einen ewig langen Streit mit meiner Mama gehabt und befürchtet, dass er sich genauso lange hinziehen würde wie der Cellokrieg oder der Internet-Zwischenfall. (Unsere ehemals *allergrößten* Streite.) Mit anderen Worten: Dieser Brief hatte mich schon eine Menge gekostet.

Und ich wusste, der Brief war für Orestes, obwohl ich ihn noch gar nicht kannte. Wie konnte das sein? Wie konnte etwas derart Geheimnisvolles und Spannendes für *so jemanden* sein? Einen Jungen mit Aktentasche?

Er verzog keine Miene, wie er so dastand, ganz vorne im Klassenzimmer, und antwortete so knapp wie möglich auf die Fragen der Lehrerin.

»Bist du Orestes Nilsson?«

»Ja.«

»Und du sollst ab heute in diese Klasse gehen?«

»Ja.«

»Willkommen. Ich hoffe, es gefällt dir hier! Du ...«
»Danke.«
Unsere Lehrerin öffnete den Mund, um noch mehr Fragen zu stellen, aber Orestes ließ sie einfach stehen. Einfach so. Er stiefelte zwischen den Tischen hindurch zu dem leeren Platz ganz hinten. Alle drehten sich nach ihm um. Sein Gesicht war fast weiß, ein blasses Wintergesicht, obwohl wir fast schon Mai hatten. Es ließ seine Augen schwarz erscheinen. Aber er hielt den Blick stur vor sich gerichtet, als ob er uns gar nicht wahrnahm.

Die ganze Klasse starrte ihn nur mit offenem Mund an. Klar kommt es mal vor, dass ein Schüler den Lehrer ignoriert, aber vielleicht nicht gleich am ersten Tag an einer neuen Schule. Es wurde so still, dass man eine Stecknadel hätte fallen hören können.

Orestes legte seine Aktentasche mit einem weichen Wums auf die Bank und holte einen Karoblock und einen blauen Füller heraus. Lautlos rutschte er mit dem Stuhl heran, öffnete den Block und schraubte den Füller auf. Dann saß er regungslos da und starrte die Lehrerin an. Den Stift schreibbereit auf dem Papier.

Unsere Lehrerin starrte ihn an, genau wie der Rest der Klasse.

»Ja, dann machen wir am besten da weiter, wo ...«, meinte sie, als sie sich nach einem kurzen, aber peinlichen Augenblick wieder gefasst hatte. »Die Künstler der Antike ...« Orestes begann mitzuschreiben. Meine Augen brannten vor Enttäuschung.

Ich werde gar nicht erst so tun, als wüsste ich nicht, was in dem Brief stand. Das tat ich, obwohl er nicht für mich bestimmt war. Aber ich hatte ihn seit hundert Tagen. Hundert Tage! Wer könnte schon einen geheimnisvollen Brief so lange in der Tasche haben, ohne ihn aufzumachen?

Daher wusste ich, dass in dem alten Umschlag zwei spröde Blätter vergilbtes Papier steckten, die dicht an dicht mit schwarzem Text beschrieben waren. Aber den Brief zu öffnen war die Schuldgefühle wert gewesen, die mich seitdem plagten. Der Text war nämlich ganz und gar, komplett, *phänomenal* unverständlich!

Das Einzige, was mir blieb, war den Rest der hundert Tage abzuwarten, bis derjenige auftauchen würde, für den der Brief bestimmt war. Dann würde ich endlich erfahren, was es mit dem Brief auf sich hatte. Ich hatte ihn mir als jemand ganz Besonderes vorgestellt. Als jemanden, der alles verändern würde.

An seinem ersten Schultag sprach ich Orestes nicht an. Eigentlich hatte ich vorgehabt, ihm den Brief auf dem Heimweg zu geben, denn wir waren so was wie Nachbarn. Aber ich habe ihn weder auf dem Radweg noch auf dem Pfad durch den Wald gesehen.

Am nächsten Tag war ich bereit. Ich ließ ihn schon im Klassenzimmer nicht aus den Augen und folgte ihm über den Schulhof. Vor mir sah ich den Rücken seiner blauen Jacke, die Anzughose und die Aktentasche. Er schien gar nicht zu merken, dass die Buschwindröschen im Eichenwäldchen neben dem Radweg wie Schnee leuchteten und dass das Gras auf der Pferdekoppel gegenüber endlich zu sprießen begann. Er starrte nur stur geradeaus wie ein viel beschäftigter Erwachsener, der dringend irgendwohin musste.

Ich holte ihn ein, als wir auf den Waldweg eingebogen waren, der durch den Eichenhain hinter unseren Häusern führt. Erst kommt man an Orestes' Haus vorbei, dann an meinem.

»Orestes!«, rief ich. »Warte!«

Orestes blieb stehen, sagte aber nichts. Und er wirkte nicht mal überrascht. Als ob er gewusst hätte, dass ich die ganze Zeit hinter ihm hergegangen war.

»Wir sind Nachbarn«, sagte ich. »Oder fast, jedenfalls ... Ich bin Malin.«

Orestes erwiderte nichts. Er starrte mich bloß an, ohne eine Miene zu verziehen. Das Frühlingslicht schimmerte auf seinem Gesicht, das beinahe genauso weiß war wie die Buschwindröschen um uns herum.

»Cool, dass du hergezogen bist«, sagte ich, auch wenn es sich gerade gar nicht so anfühlte. »Ich hab was für dich.«

Ich nahm den Rucksack ab und zog den Brief heraus. Er war ein bisschen verknautscht.

»Hier, nimm ihn!« Orestes rührte sich immer noch nicht. Er stand nur da, stocksteif. Es war, als würde ich gar nicht existieren. Da hatte ich nun so lange auf ihn gewartet, und dann tat er so, als wäre ich Luft! Aber ich *musste* ihm den Brief geben!

»Nun nimm ihn schon!«, fauchte ich. Ich griff nach seiner kalten, widerwilligen Hand und drückte den Brief hinein, während ich die ganze Geschichte herunterratterte, wie ich an den Brief gekommmen war und über hundert Tage auf ihn gewartet hatte.

Als ich von dem Auftrag erzählte, den ich bekommen hatte, riss Orestes sich von mir los und wich zurück. Seine Augen verfinsterten sich. Ein kalter Frühlingswindhauch fuhr zwischen uns hindurch und ich erschauerte.

»Bist du nicht mehr ganz bei Trost?«, zischte Orestes. Er hielt den Brief so fest, dass das brüchige Kuvert völlig zusammengeknüllt wurde.

»Pass auf!«, rief ich. Aber stattdessen riss er den Umschlag in der Mitte durch. Der schöne alte Brief, der mir so viel Kopfzerbrechen bereitet hatte. Er zerriss ihn, als ob es irgendein Werbescheiß sei! Es fühlte sich so an, als ob mein Herz ebenfalls entzweigerissen würde.

»Neeeein!«, schrie ich, aber er riss ihn noch mal durch, und noch mal. Hunderte weißer Papierschnipsel, dünn wie Blütenblätter, segelten durch die Luft.

Ich ließ mich auf die Knie fallen und versuchte sie zu fangen, aber dieser eisige Wind blies sie mir aus den Fingern und biss in meinen Augen. Jetzt würde ich nie erfahren, was der Brief zu bedeuten hatte! Als ich aufsah, war Orestes weg.

Ich ging nach Hause und legte mich auf mein Bett. Ich versuchte, nicht loszuheulen.

Hier, in den sechs Häusern in der Sackgasse zwischen dem Eichenwäldchen und dem Almekärrsväg, wohnen keine anderen Kinder. Nur Rentner. Ich hatte immer gehofft, es würde jemand herziehen, am liebsten natürlich ein Mädchen in meinem Alter. Vielleicht eines mit einer großen Schwester. Dann hätten wir Freundinnen werden und manchmal im Zimmer ihrer großen Schwester sitzen und Musik hören können.

Orestes war kein Mädchen und er hatte auch keine große Schwester. Gut, dafür konnte er nichts. Aber es war schon blöd, dass er so ein Idiot sein musste.

Jetzt erzähle ich euch, warum ich überhaupt hundert Tage lang einen uralten, völlig unverständlichen Brief in der Schultasche mit mir rumschleppte und ihn dann Orestes gab, der ihn in tausend kleine Fetzen riss.

Es begann an einem Winterabend, als Mama und ich einen Gugelhupf backen wollten und feststellen mussten, dass wir nicht genug Zucker im Haus hatten.

»Kannst du mal schnell zu den Nachbarn rübergehen und welchen borgen?«, bat Mama mich. Also zog ich los – ohne Jacke, dafür mit einem Kaffeebecher in der Hand.

Draußen war es kalt und verschneit. Der Himmel war schwarz. Aber es war sternenklar, so klar, dass es einem den Atem verschlug, weil alles ringsum so groß und gleichzeitig so klein wirkte, obwohl man bloß zu Hause auf der Treppe stand.

Ich wollte erst zu den Larssons gehen, weil die am nächsten wohnen und nicht so neugierig sind, aber bei ihnen sah alles so dunkel und verlassen aus, dass ich stattdessen zu Roséns schräg gegenüber ging. Deren Einfahrt war natürlich ordentlich geräumt, aber sie war lang und vereist und hohe

Büsche verschluckten das Licht der Straßenlaterne. Es gab zwar am Haus auch eine Lampe, aber die hatten Roséns für gewöhnlich nicht eingeschaltet. Auf jeden Fall waren ihre Fenster erleuchtet und ich stapfte im Dunkeln darauf zu, obwohl ich meine eigenen Füße kaum sehen konnte.

Inga öffnete die Tür. Sie füllte Zucker in meinen Becher und dieses Mal kam ich mit nur vier Fragen davon:

»Ach, ihr backt noch so spät am Abend?« (Offensichtlich.)

»Dass du gar nicht frierst?« (Doch.)

»Deine Mama hätte dir sagen sollen, dass du eine Jacke anziehen sollst?« (Vielleicht.)

»Ist dein Papa schon wieder zu Hause?« (Nee.)

Als Inga endlich keine Fragen mehr einfielen, schlitterte ich vorsichtig die Einfahrt wieder hinunter. Das war jetzt noch schwieriger, denn nun musste ich mich ja auch noch auf den randvollen Becher mit Zucker konzentrieren. Auf der anderen Straßenseite konnte ich durchs Küchenfenster sehen, wie Mama mit den Backzutaten hantierte. Ein warmer Schein fiel durchs Fenster, hinaus in die Winterglitzerwelt.

Ich hatte nur noch wenige Schritte in der Dunkelheit zurückzulegen, musste nur noch an den letzten tief verschneiten Büschen vorbei, bis ich wieder auf der laternenbeschienenen Straße wäre. Und genau da kam er aus dem Gebüsch neben dem Briefkasten der Roséns geklettert. Ich erschrak so, dass ich die Hälfte des Zuckers verschüttete.

Er war groß und hager und er trug einen riesigen altmodischen Wintermantel und eine gigantische Pelzmütze. Sein

Gesicht konnte ich in der Dunkelheit kaum erkennen, aber ich glaube, er hatte einen Schnurrbart.

»Warte!«, sagte er. »Bleib stehen! Warte! Du musst keine Angst haben!«

Angst? Mein Herz schlug wie wild und ich überlegte, ob es klüger wäre, zurückzurennen und zu hoffen, dass Inga Rosén noch mal die Tür aufmachen würde, oder ob ich besser direkt nach Hause zu Mama rennen sollte.

»Es ist wichtig«, fuhr er fort. »Es geht um die Zukunft! Es geht um alles ... Leben und Tod! Du musst mir zuhören!« Er legte eine Hand schwer auf meinen Arm. Ich gefror zu Eis.

»Entschuldige«, sagte er und zog die Hand wieder weg. »Ich wollte dich nicht erschrecken ... aber ... aber es ist so wichtig! Ich muss dich einfach fragen ... Bist du vielleicht Fisc?«, lispelte er.

»Ja«, wisperte ich mit einer seltsam heiseren Stimme, die kaum zu verstehen war. Aber ich bin tatsächlich Fisch. Ich habe am vierzehnten März Geburtstag, im Sternzeichen Fische, und ich trage eine Kette mit einem kleinen silbernen Anhänger in Form von zwei Fischen um den Hals. Die habe ich von Papa bekommen.

»Dann stimmt es also«, sagte der Mann ernst. Er sah rasch in den Himmel hinauf. »Es ist sternenklar heute Nacht«, meinte er.

Jetzt war ich wirklich sicher, dass er so richtig nicht ganz richtig im Kopf war. Ich sollte nach Hause gehen – schleunigst!

Ich hatte grade mal zwei Schritte getan, da rief der Mann:

»Warte! Ich habe einen *Auftrag* für dich!« Er legte mir noch mal eine Hand auf den Arm. In der anderen hielt er etwas. Einen Brief. Er sah winzig aus in seinem dicken Handschuh.

»Du musst diesen Brief hier an dich nehmen«, sagte er, »und du musst ihn jemandem geben, der genau hierherkommen wird.« Er deutete auf das Haus der Roséns. »Es handelt sich um ein besonderes Kind, ein Rutenkind. Ihr werdet einander in hundert Tagen begegnen und dann musst du dem Rutenkind diesen Brief hier geben. Du darfst ihn niemand anderem geben. Du darfst auch niemandem davon erzählen. Der Brief ist nur für das Rutenkind, das in hundert Tagen ankommt. Hast du das verstanden?«

Ich konnte sein Gesicht nicht sehen, es wurde vom Schatten der Pelzmütze verdeckt. Aber seine Stimme klang ernst und sein Griff um meinen Arm wurde immer fester. Er streckte mir den Brief entgegen.

»Nimm ihn«, sagte er. »Bitte, Liebes, nimm ihn.« Und da nahm ich ihn. Der Brief fühlte sich dick und glatt und warm in meiner Hand an.

»Es geht um die Zukunft! Es ist wichtig! Du musst ihn dem Kind geben. In hundert Tagen! Du wirst das schaffen, das weiß ich ...«

»Maaaliiin!«

Mamas Stimme hallte über den Wendeplatz und ich konnte sie draußen auf der Treppe stehen sehen. Der Mann nickte mir zu und wich in den Schatten der Büsche zurück. Dann war er verschwunden. Ich weiß noch, dass ein Grollen zu hören war, als er verschwand. Das muss ein Güterzug gewesen sein, der unten an der Bahnlinie vorbeifuhr.

»Malin! Komm!«, rief Mama. Sie war schon halb über die Straße, mit kleinen, unsicheren Schritten in ihren Hausschuhen.

Schnell wie der Blitz stopfte ich den Brief in das, was am nächsten war: Roséns Briefkasten.

»Wer war das? Was wollte er? Hat er dir Angst gemacht?«, wollte Mama wissen.

»Er ... er hat nach dem Rydsbergsväg gefragt«, antwortete ich.

»Aha?«, meinte Mama. »Und was hast du gesagt?«

»Ich ha... hab ihm erklärt, wie man zum Ry... Rydsbergsväg kommt, natürlich.« Ich klapperte mit den Zähnen, als ob die Kälte plötzlich tief in mich gekrochen wäre.

Mama hielt mich ganz fest umschlungen, als wir gemeinsam über die vereisten Stellen auf der Straße zurück zu unserem Haus gingen. Dreimal krachte sie in mich hinein, weil sie in ihren Hausschuhen ausrutschte, und jedes Mal spürte ich die Wärme ihres Armes stärker. Von unserer Haustür, die offen stand, fiel ein warmer Lichtschein der Winterkälte entgegen.

Als wir die Tür hinter uns zugezogen hatten, wunderte sich Mama, warum ich nur *so wenig* Zucker geliehen hatte.

In den ganzen vierzig Minuten, die der Gugelhupf im Ofen war, konnte ich an nichts anderes mehr denken als an diesen Fremden, den Brief und wie von all dem die Zukunft abhängen konnte. Ich konnte immer noch seinen Griff um meinen Arm spüren.

Mama war auch nachdenklich, nur dass sie natürlich nichts von dem Brief wusste. Sie fragte sich, wer der Mann gewesen war und wie er hatte glauben können, der Rydsbergsväg liege bei Roséns Einfahrt. Und sie nutzte auch gleich die Gelegenheit, mich an alle Gründe zu erinnern, aus denen ich nicht mit Fremden reden durfte. Ich stimmte ihr in allem zu – ich fühlte mich immer noch ganz zittrig. Aber als der Kuchen fertig war und wir am Küchentisch saßen und uns die Finger an den ersten Stücken verbrannten, beruhigten wir uns beide wieder.

»Es ist sternenklar heute Nacht«, sagte Mama und sah aus dem Küchenfenster. Ich zuckte zusammen, denn genau das hatte der Mann da draußen auch zu mir gesagt. Aber Mama fügte hinzu: »Da sieht man die Konjunktion besser.«

Sie drehte sich wieder zu mir und erklärte: »Heute Nacht gibt es eine Planetenbegegnung, eine Konjunktion«, sagte sie. »So nennt man es, wenn sich die Bahnen zweier Planeten kreuzen. Aber von der Erde sieht es so aus, als ob die Planeten an derselben Stelle stünden. Als ob sie sich treffen würden.«

Es war typisch für Mama, dass sie solche Sachen wusste. Sie weiß alles über Supernovae, Schwarze Löcher und so. Letztes Jahr standen wir stundenlang auf einer Wiese, weil es einen Meteorschauer gab.

»Einst glaubte man, dass das magische Begebenheiten waren. Wenn sich die Planeten trafen, waren ihre Eigenschaften besonders ausgeprägt. Die Planeten verschmolzen und merkwürdige Dinge konnten geschehen.«

Magische Begebenheiten? Ich hörte auf, auf dem Gugelhupf rumzukauen. Wenn unsere Familie etwas brauchen konnte, dann war es Magie.

»Schau nicht so«, meinte Mama. »Das ist natürlich alles nur alter Aberglaube. Es geschieht bald wieder, im Sommer nämlich, aber sonst ist das ziemlich selten. In Wirklichkeit kann man berechnen, wann Planetenbegegnungen stattfinden, wenn man ...« Und dann erzählte sie mir so ziemlich alles, was es über Winkelberechnungen im Weltraum und in komplexen Gravitationssystemen zu wissen gibt.

Ich nickte die ganze Zeit, grübelte aber in Wirklichkeit darüber nach, ob die magische Planetenbegegnung vielleicht mit dem mysteriösen Brief zusammenhängen könnte, den mir der noch mysteriösere Mann da draußen in der Winterfinsternis gegeben hatte. Ich hatte ein bisschen Angst, war aber gleichzeitig auch froh. Stellt euch nur vor, ich hatte einen Auftrag bekommen. Einen wichtigen Auftrag. Einen, von dem die Zukunft abhing.

Erst nachdem ich ins Bett gegangen war, fiel mir wieder ein, dass der Brief ja immer noch im Postkasten der Roséns lag und Inga ihn sicher finden würde, wenn sie am Morgen die Zeitung holte. Also musste ich den Brief vor sechs aus dem Briefkasten holen, denn dann standen Inga und ihr Mann normalerweise auf.

Ich stellte den Wecker auf halb drei. Aber das war total unnötig, denn ich konnte sowieso nicht schlafen. Stunde um Stunde lag ich wach und dachte die ganze Zeit an das, was der Mann gesagt hatte: »Es geht um die Zukunft! Es geht um Leben und Tod!« Als es zwei Uhr nachts war, zog ich meinen Bademantel an und schlich die Treppe runter in den Flur.

Ich steckte die Füße in meine Winterstiefel, ließ aber die Jacke hängen. Ich würde ja nur den Brief holen, ganz schnell, und gleich wieder reinkommen.

Draußen war es superkalt und eine dünne Schicht Neuschnee war gefallen. Alles sah wie überzuckert aus. Der Mond stand hoch am Himmel und warf ein silbriges Licht über den Schnee. Es knirschte unter meinen Stiefeln, während ich den Wendeplatz überquerte.

Mondlicht ist schön, aber auch unheimlich. Es machte die Nacht so groß und die Schatten so lang, und ich musste den Büschen den Rücken zukehren, aus denen der fremde Mann gekommen war, wenn ich den Briefkasten der Roséns öffnen wollte. Was, wenn er immer noch da draußen war? Was, wenn er wirklich verrückt war? Was, wenn er aus dem Gebüsch gesprungen käme und mich wieder festhielt?

Roséns hatten einen von diesen riesigen Briefkästen mit einem schmalen Einwurfschlitz ganz oben und einer großen Klappe an der Seite, durch die man seine Post herausholen kann. Diese Briefkastenklappe aufzubekommen war unmöglich. Vermutlich festgefroren. Oder abgeschlossen. Meine Finger rutschten nur von dem eiskalten Riegel ab.

Ich lief zurück nach Hause, um zwei Dinge aus der Küche zu holen: einen Zollstock und eine Tube Sekundenkleber. Es kostete mich Überwindung, noch einmal hinaus in die Dunkelheit zu gehen. Jetzt musste ich *noch einmal* allein über die dunkle Straße gehen und *noch einmal* dem Gebüsch den Rücken zukehren und mich *noch einmal* über den Briefkasten beugen. Ich fing an zu zittern und konnte nicht sagen, ob es vor Kälte oder vor Angst war.

Aber mein Plan ging auf! Ich gab einen Klecks Sekundenkleber auf den Zollstock, steckte ihn durch den Briefschlitz und schon konnte ich den Brief mit meinen eiskalten Fingern herausfischen. Endlich!

Als ich die Haustür gerade hinter mir zugemacht hatte und meine Stiefel im dunklen Flur ausziehen wollte, knarzte die Treppe. Ich konnte mich nicht rühren, bis etwas Weiches, Schweres in mich hineinrumste.

»Huch! Was machst du hier?«, hörte ich Mama rufen. Dann ging das Licht an. Mama blinzelte in das Licht, mit zerzausten Haaren und ihrer dicken Kuschelstrickjacke an.

»Hab ich dich erschreckt?«, fragte sie dann, obwohl ich mir sicher war, dass sie den größeren Schrecken bekommen hat, als wir in der Dunkelheit zusammengestoßen sind. »Ich will nicht, dass du von meinem Wecker aufwachst! Ich wollte mir nur die Konjunktion anschauen«, erklärte sie weiter. »Man müsste sie jetzt am besten sehen können.« Sie öffnete die Haustür und ging hinaus auf die Treppe. Ich stopfte den Brief schnell ganz tief in die Tasche meines Bademantels.

»Ja, da ist sie!«, fuhr Mama fort. »Jupiter und Venus. Jetzt kann man die beiden Planeten nicht mehr auseinanderhalten. Sie sehen aus wie ein einziger, riesiger Stern.«

Ich schaute hinauf in den Himmel. Da war tatsächlich ein riesiger Stern zu sehen, funkelnd hell. Zwei Planeten wie ein einziger Lichtpunkt am finsteren Himmel. Und alles fühlte sich in dem Moment tatsächlich magisch an, als Mama und ich mitten in der Nacht zusammen draußen auf der Treppe standen.

Gerade als ich die Haustür öffnen wollte, um wieder reinzugehen, fragte Mama: »Was ist denn das da?« Keine Spur mehr von Freude in ihrer Stimme.

Ich drehte mich um. Mama deutete mit dem Kinn auf den Wendeplatz. Der Schnee glitzerte sanft im Mondschein, eine glatte, unberührte Decke. Außer da, wo meine Fußstapfen die Oberfläche aufgerissen hatten. Alle Schritte hin und zurück, zweimal über den Wendeplatz von unserer Haustür rüber zum Briefkasten der Roséns.

»Keine Ahnung«, antwortete ich ein bisschen zu schnell.

Mama hörte gar nicht zu. Sie starrte auf meine Füße.

Ich schaute runter auf meine Winterstiefel. Genau in dem Moment löste sich ein kleiner Schneeklumpen vom Stiefelschaft und fing auf der Fußmatte an zu schmelzen.

»Ich ... ich dachte, von da könne man die Konjunktion besser sehen ...«, sagte ich langsam.

»Aber Malin ...«, meinte Mama besorgt. »Was machst du nur?« Jetzt fiel ihr Blick auf meinen Bauch. Ich sah an mir herab. Die Sekundenklebertube hing knapp unterhalb des Bademantelgürtels festgeklebt.

Ich werde die Lügen, die ich ihr aufgetischt habe, hier nicht wiederholen. Es reicht, wenn ich sage, dass sie nicht gut waren und Mama das wusste. (Rätselhafter Mann am Abend) + (mitten in der Nacht draußen) + (unbegreifliches Interesse an Sekundenkleber) = (Malin führt irgendwas im Schilde). Mal wieder.

Am Ende gab sie auf und meinte, ich solle ins Bett gehen. Sie selbst setzte sich allein in die Küche.

Meine Mama ist die liebste Mama der Welt. Ein wenig seltsam vielleicht, aber lieb. Es ist bloß so, dass sie seit den unglücklichen Vorkommnissen im Internet (auch »der Internet-Zwischenfall« genannt, weil es vollkommen unnötig ist, mehr darüber zu erzählen) auch die besorgteste Mama der Welt ist. Mittlerweile reicht die kleinste Kleinigkeit aus, dass sie sich wieder Sorgen macht. Dabei habe ich den Brief doch genau deshalb versteckt, damit sie es nicht muss!

Ich hab's gleich am nächsten Morgen gemerkt, als Mama nicht gefragt hat, was ich geträumt, sondern bloß, ob ich meine Hausaufgaben gemacht habe. Das ist typisch für die besorgte Mama. Dann wird sie so unheimlich schweigsam. Sie kann dann gewissermaßen nicht sprechen vor lauter Gedanken, die ihr durch den Kopf schwirren, und wenn sie dann doch was sagt, geht es um Hausaufgaben oder Termine oder Regeln oder alles, vor dem ich mich in Acht nehmen soll.

Die ganze Zeit während ich gefrühstückt habe, saß sie nur da und hat mich angeschaut. Als die heiße Schokolade alle war, seufzte sie:

»Malin, ich dachte, wir wären uns einig. Keine Geheimnisse?«

Ich nickte. Ich habe kein Wort rausgebracht. Mama fügte hinzu:

»Du hast keine Geheimnisse vor mir, ich hab keine Geheimnisse vor dir. Wie wir es beschlossen haben.«

Ich bekam einen Kloß im Hals. Trotzdem murmelte ich ein: »Wann kommt Papa nach Hause?« Weil jetzt Keine-Geheimnisse-Zeit war.

»Das weiß ich wirklich nicht«, sagte Mama und streichelte mir über die Wange, wie sie es immer macht. »Das weiß niemand so genau.«

Sie sah traurig aus und ich wünschte, ich hätte ihr alles erzählen können. Aber das hätte natürlich alles nur noch schlimmer gemacht. Außerdem durfte ich mit niemand anderem als dem Rutenkind über den Brief sprechen. Stattdessen habe ich Mama umarmt. Und dann habe ich beschlossen, alles zu tun, damit sie wieder ruhig und froh sein konnte.

Ich hab direkt damit angefangen:

1. Ich schrieb ihr, wenn ich morgens in der Schule angekommen war.
2. Ich schrieb ihr, wenn ich nachmittags von der Schule losging.
3. Ich schrieb ihr, wenn ich zu Hause angekommen war.

Und ich brauche grade mal fünf Minuten, um von der Schule nach Hause zu gehen, also versteht ihr vielleicht, dass das Ganze ziemlich übertrieben war.

Ich versuchte kein einziges Mal, abends rauszugehen, und ich surfte auch nicht heimlich mit ihrem Smartphone, selbst wenn sie es unbeaufsichtigt auf dem Küchentisch liegen gelassen hatte. Als Extrabonus tat ich so, als würde ich Bücher lesen, die Mama mag. (Wusstet ihr, dass *Der Herr der Ringe* genau in den Schutzumschlag von *Der Kosmos – eine kurze Geschichte* passt? Auf diese Weise musste sie sich keine Sorgen darum machen, dass ich zu viel fantasiere, wo sie sich doch schon immerzu um alles andere Sorgen machte.) Aber ich erzählte ihr nichts von dem Mann mit der Pelzmütze, dem Brief oder meinem Auftrag.

Es dauerte ganz schön lange, genauer gesagt drei Tage, bis Mama sich wieder beruhigt hatte. Aber als sie während des Abendessens summte und dann anfing, über den Unterschied von »oder« und »entweder – oder« (leicht) zu reden, wusste ich, die Gefahr ist vorbei. Mama war wieder normal.

Einige Monate später, als der Schnee zu tauen begann, verkauften die Roséns ihr Haus auf der anderen Straßenseite. Sie wurden langsam alt und schafften solche Sachen, wie die lange Auffahrt frei zu schippen, nicht mehr. Also kauften sie sich ein Reihenhaus in der Stadtmitte. Ich kann nicht gerade behaupten, dass ich sie vermissen werde.

Am Tag der Walpurgisnacht zog eine neue Familie ein. Mama und ich sahen den Umzugswagen vorfahren, als wir zum Maifeuer gingen. Wir dachten kurz drüber nach, zu Hause zu bleiben, weil wir so neugierig auf die neue Familie waren, überlegten es uns dann aber doch anders. Ein Maifeuer ist schließlich ein Maifeuer! Das brennt nur einmal im Jahr.

Deswegen hatte ich auch Orestes noch nicht gesehen, bevor er am Montag nach dem Walpurgiswochenende in der Schule auftauchte. Und da waren es ziemlich genau hundert Tage seit dieser sternenklaren Nacht, in der sich die Planeten gekreuzt hatten und ich diesen merkwürdigen Brief in die Hand gedrückt bekommen hatte. Hundertfünf, genauer gesagt.

Seit Orestes den geheimnisvollen Brief in wertlose Schnipsel gerissen hatte, ohne ihn vorher auch nur einmal angesehen zu haben, haben wir nicht mehr miteinander gesprochen. Und er redete auch mit sonst niemandem aus der Klasse, wenn es nicht sein muss.

Trotzdem habe ich bereits in der ersten Woche zwei Dinge über Orestes gelernt. Na ja, nicht nur ich, die ganze Klasse hat es mitbekommen.

Erstens: Er war *absurd* gut in Mathe.

Also, richtig, richtig gut! Und ich kann das beurteilen, denn bevor er aufgetaucht ist, war ich nämlich Klassenbeste. Ich war die, die immer als Erste mit allen Kapiteln im Buch fertig war und Zusatzaufgaben bekam, in denen man ausrechnen sollte, wie oft man Hände schütteln musste, wenn sich die ganze Klasse gegenseitig begrüßen würde und so. Aber Orestes war quasi bereits über die Mittelstufe hinaus. Und die Oberstufe auch, glaube ich. Das Lehrbuch, das unsere Lehrerin für ihn herausgesucht hatte, sah verdächtig erwachsen aus. Also sterbenslangweilig.

Und zweitens: Er war *irrsinnig* schnell.

Am Donnerstag der ersten Woche kreuzte Orestes in einem dunkelgrünen Trainingsanzug auf, der wie aus dem zwanzigsten Jahrhundert aussah. Er wirkte, als sei ihm äußerst unwohl. Ante, der es schon die ganze Woche auf Orestes abgesehen hatte, ohne auch nur die geringste Reaktion zu bekommen, lästerte natürlich. Er selbst stand in seinen supercoolen, nagelneuen Sportklamotten da und war sicher davon überzeugt, dass es spannend werden würde zu sehen, wie der hölzerne Orestes den Sportunterricht hinter sich bringen würde. Und das fragte ich mich ehrlich gesagt auch.

Wir sollten uns bei einem Kleinkinderspiel aufwärmen, keine Ahnung, wie es heißt. Man bekommt unterschiedlich farbige Bänder, die man sich in den Hosenbund stopft, dass sie wie ein Schwanz heraushängen. Dann rennt man wild auf dem Sportplatz herum und versucht, sich gegenseitig die Schwänze abzureißen. Sobald der eigene Schwanz geklaut ist, ist man raus aus dem Spiel. Und der, der am Schluss noch übrig ist, hat gewonnen.

Ich war ziemlich schnell raus und am Schluss waren nur noch zwei Kinder im Spiel: Ante und Orestes.

Ante gewinnt eigentlich immer, aber jetzt wurde allen klar, dass er keine Chance hatte – obwohl er so schnell rannte, dass er eine Staubwolke aufwirbelte. Es war seltsam, Orestes in seinem hässlichen grünen Trainingsanzug da draußen auf dem Sportplatz zu sehen. Er lächelte und war kaum wiederzuerkennen. Und er rannte schneller als der Wind. So in Fahrt rief er irgendwas Ante zu. Wir konnten nicht genau verstehen, was, aber er pflaumte Ante ganz eindeutig an.

Und Ante wurde immer wütender. Er ist es sozusagen gewohnt, der zu sein, der andere hänselt. Irgendwann blieb Ante urplötzlich auf dem Platz stehen und keuchte, den Kopf zwischen den Knien. »Du bist ja verdammt noch mal irrsinnig schnell!«, rief er.

Ich kenn mich mit Jungs nicht aus. Die stänkern und spielen und sind Freunde und Feinde, alles gleichzeitig. Und wenn man grade glaubt, sie werden einander umbringen, werden sie plötzlich Freunde. Oder so.

Bloß dass Orestes nicht lachte. Er lächelte nur schwach.

Tags darauf kam Orestes nicht zur Schule. Unsere Lehrerin bat mich, ihm seine Schulbücher nach Hause zu bringen. »Weil ihr ja ohnehin Nachbarn seid«, meinte sie und sah mich mit ihrem unvermeidlichen Lehrerinnenblick an. Ich erwiderte nichts, sondern stopfte nur Orestes' Bücher in meinen Rucksack.

Ich habe natürlich den Trampelpfad durch das Eichenwäldchen genommen, wie immer. Der Himmel war wolkenverhangen und die Luft kalt, deswegen hatten die Buschwindröschen ihre Blüten zusammengefaltet und sahen aus wie Knospen. Als ich sie erblickte, musste ich wieder an die Briefschnipsel denken und wollte eigentlich nur noch heimgehen. Um zu mir nach Hause zu kommen, muss man den Trampelpfad hinter Orestes' Haus weitergehen, bis man auf der Rückseite von unserem Haus ist.

Ich entdeckte einen winzigen Steig, der von dem breiten Pfad im Wald abzweigte und den Hügel hinunter zu Orestes'

Garten führte. Es fühlte sich natürlich ein bisschen blöd an, über die Hintertür zu ihm nach Hause zu gehen, irgendwie so, als würde ich mich anschleichen. Aber es war der kürzeste Weg.

Als die Roséns noch in dem Haus gewohnt haben, war immer alles superordentlich. Der Rasen war sorgfältig gemäht, die Rosen in den Beeten wuchsen alle in dieselbe Richtung und die Gartenmöbel standen in Reih und Glied neben dem Haus.

Ich bemerkte sofort, dass sich jetzt alles verändert hatte. Jemand hatte den Rasen und die Blumenbeete umgegraben und das Grundstück in einen großen Acker verwandelt. Hellgrüne Schösslinge sprossen bereits daraus hervor. Ich entdeckte eine große blaue Glaskugel am einen Ende des Beetes und eine identische in Weiß, ein bisschen näher am Haus.

Hier und da steckten kleine Schilder im Boden. Darauf standen Dinge wie »Wie der Mond, beständig im Wandel«, »Nachtwache« oder »Digitalis«. Ich wusste nicht, was das bedeuten sollte.

Auf einmal kam es mir so vor, als ob mich jemand beobachtete. Ich sah zu, dass ich von der Rückseite des Hauses wegkam, und hastete um die Hausecke zur Eingangstür auf der anderen Seite. Dort war Ingas Rosenbusch radikal zurückgeschnitten worden und anstelle der Rosen hing da ein Schild.

HELIONAUTICA
Alternative zu allem.
Heilung durch Gesang, Kristalltherapie,
Aromatherapie, Magnettherapie,
Horoskop, Tarot, Traumdeutung, Numerologie,
Reinkarnationsberatung, spirituelle Anleitung.
Behandlung und Gespräch.
Mensch und Tier.
Früher oder später.

Das Schild war schlampig aus alten Brettern, die so lange draußen gelegen hatten, bis sie ganz grau geworden waren, zusammengezimmert. Es sah aus, als könnte es jederzeit herunterfallen. Aber die Buchstaben, die darauf gemalt waren, waren schön geformt, mit schnörkeligen Pinselstrichen in allen Farben des Regenbogens.

Ich hatte gerade die letzte Textzeile gelesen, da ging die Tür auf. Eine kleine Frau in einem weißen Kleid, das bis zu ihren Füßen hinunterreichte, trat heraus auf die Treppe. Sie hatte eine aufrechte Körperhaltung und ihr Haar fiel lang und hell um sie herum wie ein Schleier. Sie trug ein silbernes Diadem auf der Stirn, das zu glitzern begann, als sie den Kopf drehte und mich erblickte.

»Hallo«, sagte sie mit einer warmen, freundlichen Stimme. »Wie kann ich dir helfen?«

Unsere Nachbarinnen tragen für gewöhnlich keine strahlend weißen Kleider oder Diademe. Sie haben normalerweise Jeans und Pullis an und tragen Pferdeschwanz.

Ich wusste nicht, was ich sagen sollte. Es fühlte sich so an, als hätte ich gerade eine Elfenkönigin getroffen.

Sie fragte nichts weiter, sondern sah mich nur forschend an. Dann lächelte sie und genau in dem Augenblick brach ein schmaler Sonnenstrahl zwischen den Wolken hervor. Es ist schwer zu erklären, aber es fühlte sich so an, als ob mich ihr Lächeln mit genauso viel Wärme berührte wie dieser Sonnenstrahl. So, als ob sie froh war, dass ich gekommen war, und sie sich wirklich für mich interessierte. Fast so, als hätte sie auf mich gewartet. Trotzdem wusste sie nicht, wer ich war.

Schließlich stammelte ich hervor:

»Ich will bloß Bücher abgeben. Also Schulbücher. Für Orestes. Ich ... Er ... Wir gehen in dieselbe Klasse.«

»Das ist aber nett von dir!«, sagte sie. »Wie heißt du?«

»Malin«, erwiderte ich. Jetzt erkannte ich, dass ihre langen Haare ziemlich verstrubbelt waren und sie kleine, feine Fältchen auf der Stirn hatte. Sie war vielleicht nur ein kleines bisschen jünger als Mama. Ihre Augen waren blau und ihr Blick war so hell, wie der von Orestes finster war. Aber die blasse, fast weiße Haut hatten alle beide.

»Malin«, wiederholte Orestes' Mutter. Ohne zu fragen, nahm sie mir den Rucksack von der Schulter und gleichzeitig griff sie nach einer Strähne meines Haares. Meine Haare sind ganz gewöhnlich, weder hell noch dunkel, und normalerweise schenkt ihnen niemand Beachtung. Nicht mal ich selbst. Sie hielt die Haarsträhne zwischen den Fingern, vielleicht eine Sekunde oder so. Dann leuchteten ihre Augen auf und sie ließ meine Haare los.

»Komm mit rein«, meinte sie und ging vor mir mit meinem Rucksack die Treppe hoch. »Orestes ist in seinem Zimmer.« Mit ihren nackten Füßen ging sie fast lautlos. An einem Fuß trug sie einen Ring, einen Zehenring. Sie lächelte mich noch mal an. »Ich glaube, du brauchst ein bisschen Gelbwurz«, sagte sie.

Es hing ein intensiver Geruch im Flur. Nach Kräutern und Gewürzen, glaube ich. Und noch was anderem, Rauch vielleicht? Von der Decke hingen lauter kleine glänzende Metallstückchen und Glasscherben an langen Fäden.

»Hast du ein Handy?«, wollte Orestes' Mutter wissen.

»Ich hab eins im Rucksack«, antwortete ich.

»Das kannst du da hineinlegen«, meinte sie und nickte in Richtung eines kleinen schwarzen Kastens mit einem Schloss dran, der im Flur an der Wand hing. Ich bekam den Rucksack zurück, kramte das Handy hervor und legte es in den Kasten. Genau wie in der Schule.

Hinter der Diele war das Wohnzimmer. Ich kann mich nur noch vage dran erinnern, wie es vorher ausgesehen hat, als die Roséns noch hier gewohnt haben; blank polierte Tische und Polstermöbel.

Jetzt war alles anders.

Jetzt war es farbenfroh und gemütlich. Und ... unordentlich!

Das Erste, was mir auffiel, waren die Farben – Rot und Grün und Braun –, in denen die gemusterten Teppiche leuchteten, die kreuz und quer über den Fußboden verteilt lagen, sodass man von dem blanken Parkett darunter nicht mehr das Geringste sehen konnte. Und das Rot und das Grün wiederholten sich in den weichen Kissen, die auf den Sesseln und Sofas verteilt lagen, hier und dort auch auf dem Boden. Ich bekam richtig Lust, mich in sie hineinzuwerfen. Alle Möbel waren alt und ein Teil davon, wie der Couchtisch und das große Bücherregal, waren zerkratzt und hatten hier und da Flecken im Holz Aber sie waren trotzdem schön, fand ich. Alles wirkte ein wenig verschlissen und chaotisch, aber auch irgendwie heimelig.

Die lange Fensterbank raus auf den Garten war vollgestopft mit Topfpflanzen, deren grüne und rot-grüne Blätter die Fensterscheiben zuwucherten, sodass man kaum noch rausschauen konnte.

Und dann waren da noch all diese Sachen. Oder Dinge, Gegenstände, Kram. Ich wusste nicht, als was ich sie bezeichnen sollte. Ein Teil davon war vielleicht Dekoration, wie die ganzen glänzenden Götterstatuen mit jeder Menge Armen, die auf dem Couchtisch standen, oder die Holzmasken an der Wand neben dem Bücherregal. Glänzende Uhren aus Metall und Bündel getrockneter Pflanzen hingen über der Terrassentür und auf einer Kommode neben dem Sofa standen im Halbkreis aufgestellte Spiegel gegenüber einem gräulichen Stein. Überall, auf jeder Tischplatte und jedem Regalbrett, standen solche seltsamen kleinen Dinge verstreut. Unbrauchbare Gegenstände. Und unbegreiflich viele davon.

Das hier sollte Mama mal sehen, dachte ich. Das sollte ihr zu denken geben, wenn sie sich das nächste Mal beklagt, dass ich so viel Kleinkram sammle.

Ich hatte das Gefühl, dass all diese unbrauchbaren Gegenstände vielleicht etwas bedeuteten, aber ich begriff nicht, was. Ich kam aber auch nicht dazu zu fragen, denn Orestes' Mutter wartete schon am Ende eines kurzen Flurs neben dem Wohnzimmer auf mich.

»Hier ist Orestes' Zimmer«, sagte seine Mutter. »Ihm geht es schon wieder viel besser.« Sie klopfte an die verschlossene Tür. Neben der Tür hing ein Stoffbild mit einem großen blauen Auge.

»Orestes, du hast eine Freundin zu Besuch!«

Die Tür ging einen Spaltbreit auf, aber es kam niemand heraus. Durch den Spalt sah ich, dass der Raum dahinter fast im Dunkeln lag.

»Geh schon rein«, sagte seine Mutter nickend. Zuerst zögerte ich, aber dann tat ich, was sie sagte.

Die Tür schlug sofort hinter meinem Rücken zu. Orestes ruckelte an der Türklinke, um sich zu versichern, dass die Tür ordentlich verschlossen war. Sein Gesicht leuchtete bleich im Halbdunkel, seine Augen blickten mich finster und ernst an.

Es war seltsam, wie ähnlich sich Orestes und seine Mutter waren. Und wie unterschiedlich.

4.

In Orestes' Zimmer war es deswegen so schummrig, weil die Rollos runtergelassen waren. Orestes wandte sich gleich zu den Fenstern um und begann, sie hochzuziehen. Ich kam mir blöd vor, wie ich dastand, hinter seinem Rücken. Er hatte nicht mal Hallo gesagt.

Die Wände in Orestes' Zimmer waren weiß und sein Bett war ordentlich gemacht, mit einem blauen Überwurf. Auf dem Boden lag nichts, kein Teppich und nicht mal die kleinste Staubflocke. Definitiv keine unbrauchbaren Gegenstände. Er war blitzeblank.

Das hier sollte Mama auch sehen, dachte ich, denn das würde ihr gefallen.

»Und?«, fragte Orestes und drehte sich zu mir um. Er strich sich mit den Händen über die Hosenbeine. Er trug wie immer eine Stoffhose, aber einen langärmligen Pulli anstelle eines Hemdes. Glatt gebügelt, versteht sich.

»Und?«, wiederholte er. Er hatte leicht rosige Wangen, sah aber ansonsten wie immer aus. Also nicht unbedingt so, als sei ich willkommen. Ich hatte ja gehofft, dass es dieses Mal besser laufen würde, dass ich mich vielleicht sogar zu fragen trauen würde, warum er den Brief zerrissen hatte. Aber das sah nicht besonders vielversprechend aus.

»Ich habe Bücher für dich«, sagte ich.

»Bücher?«, wiederholte er verständnislos.

»Na ja, Schulbücher«, erklärte ich.

Das artete in einen extrem peinlichen Moment aus und ich wollte grade den Rucksack aufmachen und ihm die Bücher geben, als es an der Tür klopfte. Orestes zuckte zusammen. Er sah unglaublich verlegen aus, als ob er sich am liebsten in seinem Pulli verkrochen hätte. Es klopfte noch mal.

»Was ist?«, rief Orestes.

»Bloß ein bisschen Tee für Malin«, ließ sich die unbekümmerte Stimme seiner Mutter durch die Tür hindurch vernehmen.

Orestes starrte mich an, ohne eine Miene zu verziehen.

Ich zuckte mit den Schultern.

»Dann komm rein«, meinte Orestes.

Orestes' Mutter bekam nichts von der merkwürdigen Stimmung zwischen Orestes und mir mit. Sie lächelte mich nur wieder so freundlich an und reichte mir einen großen Becher aus Ton, aus dem es scharf roch.

»So, bitte schön«, meinte sie. »Gelbwurz. Genau, was du brauchst.«

»Danke«, antwortete ich und nahm den Becher entgegen. Er war randvoll mit heißem, gelblichem Tee.

»Bist du sicher, dass du nicht noch ein bisschen Minze vertragen könntest, Orestes?«, fragte sie und tätschelte ihm die Wange.

»Ganz sicher«, antwortete Orestes. »Mir geht's wieder gut.«

Seine Mutter ging raus und Orestes schloss die Tür nachdrücklich hinter ihr. Er starrte den Becher in meinen Händen an.

»Du musst das wirklich nicht trinken«, meinte er. »Sie ist verrückt. Total verrückt!«

Verrückt? Mir fiel keine gute Antwort darauf ein, deswegen schnupperte ich stattdessen am Tee. Er hatte einen stechenden Geruch, ein bisschen wie Heu. Der Becher lag warm und rund in meiner Hand. »Was ist das hier?«, fragte ich.

»Heißes Wasser mit Gelbwurz«, antwortete Orestes. Er setzte sich aufs Bett, absolut kerzengerade wie auf einen Küchenstuhl. »Sie mischt gern allerlei zusammmen. Meint, das sei gut fürs Herz oder den Magen oder die Seele oder den kleinen Finger. Was auch immer. Das ist alles völliger Unsinn.«

»Es schmeckt jedenfalls ganz gut«, stellte ich fest und nahm einen Schluck. Das hätte ich tun sollen, bevor ich behauptet habe, es schmecke gut. Der Tee war so stark, dass er im Hals brannte. So stark, dass ich ein paarmal blinzeln musste.

Orestes strich mit der Hand über die Tagesdecke, als ob sie dadurch noch glatter werden könnte.

»Das würdest du nicht finden, wenn du so was ständig bekämst! Wenn alles, was du bräuchtest, eine Schmerztablette ist. Jedes Mal, wenn ich Kopfweh habe, wünschte ich, ich würde einfach ein Aspirin oder Paracetamol oder so kriegen. Und was gibt sie mir? Pfefferminztee!«

»Aber wozu?«, wollte ich wissen. »Warum bekommst du keine Schmerztablette?«

»Weil Mama nicht an Medikamente glaubt ...«, murmelte er. »Obwohl sie sonst an fast alles glaubt.«

Wie jetzt, *glaubt*? Ich wusste nicht, was ich erwidern sollte, also nahm ich noch einen Schluck Gelbwurztee, nur um nichts sagen zu müssen. Orestes stand auf und ging hinüber zum Schreibtisch. Er fing an, die Stifte in der Stiftablage zu ordnen, obwohl sie bereits perfekt nach Größe sortiert waren. Er fuhr fort:

»Also dieses Schild da draußen vor der Tür. Das ist nichts, mit dem ich mich aufhalten würde!« Er hörte auf, mit den Stiften herumzufummeln, und drehte stattdessen einen Globus, der neben der Stiftablage stand.

»Wo wir auch hinkommen, hängt Mama ihr Schild auf, und dann haben wir das Haus voller Spinner, die mit ›Heilung duch Gesang‹ und ›Reinkarnation‹ experimentieren ... Das Einzige, woran sie nicht glaubt, ist alles, was tatsächlich wahr ist! Was wirklich funktioniert!«

Orestes' Stimme wurde auf einmal höher und schneller. Ich hatte ihn noch nie zuvor so viel reden hören! Er drehte sich zu mir um, aber ich wusste immer noch nicht, was ich sagen sollte. Also war ich gezwungen, noch einen Schluck Gelbwurztee zu nehmen. Er brannte in meinen Augen.

»Sie glaubt, dass man mit Wünschelruten Gold finden kann und dass es Glück bringt, wenn man das Sofa in eine bestimmte Ecke des Wohnzimmers stellt ... Sie glaubt daran, dass man sein Haus kraft seiner Gedanken schützen und

Krankheiten durch Handauflegen heilen kann. Aber an normale Dinge wie Rauchmelder oder Medizin, an so was glaubt sie nicht!«

Also, ich mag es ja nicht, wenn Leute wütend sind. Sie müssen nicht mal sauer auf mich sein, darum geht es gar nicht. Ich kann es einfach nur nicht leiden. Jetzt hatte ich schon drei Schlucke Tee getrunken, meine Augen tränten vom Gelbwurz und Orestes machte keine Anstalten, sich wieder zu beruhigen. So konnte das nicht weitergehen. Ich streckte mich nach meinem Rucksack aus und wollte gerade von unseren Hausaufgaben anfangen, als Orestes fortfuhr:

»Ich hasse dieses idiotische Schild, das sie neben der Haustür angebracht hat! Ich dachte, das hättest du gesehen. Damals, als du mit diesem Brief ankamst und irgendwas von Sternen und auserwählten Kindern geredet hast ... Ich dachte, dass ... dass du mich verarschst. Das macht doch immer irgendwer ... Und dann dachte ich, du bist auch eine von diesen Spinnern, die hierherkommen, du auch.«

Er sank auf den Schreibtischstuhl nieder. Er sah erschöpft aus. Und plötzlich fiel mir wieder ein, dass er ja Kopfweh gehabt hatte.

»Manchmal ist es etwas ruhiger«, sagte er, viel gefasster als zuvor. »Jedenfalls immer dann, wenn wir gerade mal wieder umgezogen sind.«

Ich dachte, er würde sich vielleicht entschuldigen, weil er sich wie ein Idiot aufgeführt und einen unbezahlbaren Brief zerfetzt hatte, nur weil er dachte, ich würde ihn verarschen. Aber nein, nichts da! Er sagte gar nichts mehr. Er sah fast schon traurig aus. Und wenn ich eins noch weniger mag als wenn jemand wütend ist, ist das, wenn jemand traurig ist.

»Meine Mama ist auch verrückt«, hörte ich mich sagen. Ich musste irgendwas sagen, denn ich konnte einfach keinen Gelbwurztee mehr trinken. Orestes schaute auf. »Wirklich«, fuhr ich fort. »Sie hat zum Beispiel überhaupt keinen Orientierungssinn. Sie kann sich auf dem Heimweg von der Arbeit verlaufen, obwohl sie da schon seit mindestens zehn Jahren arbeitet. Und einmal, als es plötzlich in der Diele furchtbar zu stinken angefangen hatte, haben wir einen Dorsch in ihrer Sporttasche gefunden.«

»Einen Dorsch?«

»Einen Dorsch. Frisch, nicht gefroren ... Und ihre Turnschuhe lagen natürlich in einer Plastiktüte im Kühlschrank.«

Da geschah es plötzlich. Orestes grinste. Er hatte dasselbe Lächeln wie seine Mutter. In seinen Augen funkelte es wie Sterne am Himmel. Jetzt oder nie, dachte ich.

»Mir ist echt total egal, was deine Mutter macht, oder was auf diesem komischen Schild steht. Aber ich verstehe einfach nicht, warum du den Brief zerrissen hast! Ein Mann hat ihn mir gegeben und gesagt, es sei irrsinnig wichtig. Er hat gefragt, ob ich Fisch bin ... Und ich bin tatsächlich im Sternzeichen Fische geboren. Das stimmt! Und dann hat er gesagt, dass du in genau hundert Tagen in dieses Haus einziehen würdest. Genau wie du es getan hast! Die ganze Zukunft hängt davon ab, dass du diesen Brief bekommst, hat er gesagt.«

Mit einem Schlag erstarb Orestes' Lächeln.

»Du hättest einfach wegrennen sollen. Das klingt ganz nach diesen Spinnern, die Mama kennt. Fische und Sterne!«

»Mhmm.« Ja, klar war das verrückt. *Total* verrückt sogar. Aber genau deswegen war es ja auch so spannend! Ich versuchte es noch mal: »Aber ich spinne nicht. Und ich kapiere schon gar nicht nicht, was in dem Brief steht. Kannst du ihn dir nicht doch mal anschauen?«

»Hä? Ich dachte, der ist kaputtgegangen?«

Kaputtgegangen! Ha! Als ob er ihn nur aus Versehen in eine Million Schnipsel zerrissen hätte ...

Aber zum Glück bin ich ja ein umsichtiger und vorausschauender Mensch. Ich meine, was, wenn ich den Brief verloren hätte? Oder was, wenn Mama ihn gefunden hätte, als sie sich mal wieder Sorgen gemacht hat? Was wäre dann aus der Zukunft geworden?

Deswegen hatte ich den Brief selbstverständlich kopiert. Dreifach. Eine Kopie hatte ich in meinem Zimmer versteckt, eine in der Waschküche und eine wartete in meinem Rucksack auf Orestes.

Natürlich schaut Mama immer wieder meinen Rucksack durch. Aber es gibt eine Stelle, ein Geheimfach hinter der Sitzunterlage, von dem sie nichts weiß. Da hatte ich zuerst den echten, alten Brief versteckt. Und jetzt lag darin eine der Kopien, zusammengefaltet zu einem kleinen Würfel aus Papier. Ich strich die Falten so glatt es nur ging.

»Hier!« Ich drückte Orestes die Zettel in die Hände.

Orestes nahm die Briefseiten widerwillig entgegen. Die Kopie war natürlich nicht so schön wie der echte Brief, denn das Papier war nur ganz gewöhnliches weißes Kopierpapier anstelle des alten vergilbten, dünnen Briefpapiers. Aber die Schrift war auf jeden Fall erhalten geblieben. Der erste Bogen war mit schwarzer Tinte beschrieben. Dicht an dicht in einer altertümlichen Handschrift, die aussieht wie ein Muster. Das sieht schön aus, finde ich, aber man kann es dadurch fast nicht lesen.

Orestes ging es genauso. Er warf einen kurzen Blick auf den Text, dann schüttelte er den Kopf und gab mir den Brief zurück. Ich hatte ja hundert Tage gehabt, um ihn zu entziffern, also konnte ich ihn fast auswendig. Ich las ihn Orestes laut vor.

Lerum, den 3. Dezember 1892
Mein Name ist Axel Åström und ich bin gerade mit dem Rang eines Majors aus dem Tiefbaukorps ausgeschieden. Meine feierliche Verabschiedung aus einem Leben für das Amt für Kai-, Brücken-, Hafen-, Straßen- und Wasserwerksangelegenheiten der Stadt Göteborg wird morgen früh vonstattengehen. Vielleicht liegt es daran, dass es mir nun gelegen anmutet, die Vorkommnisse zu schildern, die sich im Sommer 1857 ereignet haben, obwohl sie mich als einen Betrüger und Dieb entlarven werden. Zu meiner Ehrenrettung kann ich sagen, dass ich zu dem Zeitpunkt, als sich die Begebenheiten zutrugen, die ich zu berichten beabsichtige, durch und durch von der Notwendigkeit meiner Entscheidungen überzeugt war.

Es war Fräulein Silvias Gesang, der alles ausgelöst hat, er war es, der die Sehnsucht in meinem Herzen weckte und mich zu

Sternenfeldern und Erdenströmen hinzog. Eine Sehnsucht, die über all diese Jahre nicht verebbt ist. Fräulein Silvia selbst schwebt auch so viele Jahre später noch als ein liebliches Zauberwesen in meiner Erinnerung, wie ein Traum oder der Traum von einem Traum. Befänden sich nicht immer noch sowohl die Verse, die sie zu singen pflegte, als auch das Musikinstrument, welches sie zu spielen geruhte, in meinem Besitz, müsste ich wahrhaftig daran zweifeln, ob sie jemals wirklich existiert hat.

Das geheimnisvolle Fräulein Silvia hat mich ausdrücklich darum gebeten, die Worte zu ihrem Lied niederzuschreiben und sie auf die bestmögliche Weise der Zukunft zu übereignen. Erst jetzt erfülle ich diesen Wunsch. Da ich jedoch weiß, dass viele ihr Leben darauf verschwendet haben, den Geheimnissen, die das Lied erahnen lässt, hinterherzujagen – mich selbst eingeschlossen –, habe ich Sorge dafür getragen, dass die Worte sich nicht allerhand einfältigen Menschen erschließen. Möge es nur demjenigen, der weise genug ist, gelingen, die Fährte aufzunehmen.

Etwas kommt, etwas geht, etwas wandelt sich, etwas besteht. Hier ist der Schlüssel.

»Verstehe ich nicht«, meinte Orestes nachdenklich, nachdem ich zu Ende vorgelesen hatte.

»Ich auch nicht«, gab ich zu. Na ja, ich hatte zumindest kapiert, dass der Brief hier in Lerum, wo wir wohnen, geschrieben wurde, allerdings im Jahr 1892, also vor mehr als hundert Jahren. Und ich hatte auch begriffen, dass jemand namens Axel ihn geschrieben hatte und etwas erzählen wollte, das sich bereits 1857 ereignet hat. Aber das Ende des

Briefes, wo es um Sternenfelder und Erdenströme und dieses komische Lied geht, war einfach nur seltsam. Was aber wirklich mysteriös und unbegreiflich war und mich nächtelang wach gehalten hatte, war das, was auf dem zweiten Blatt Papier in dem Umschlag stand. Das, was hinter dem ersten versteckt gewesen war. Darauf war der Text nicht in Axels verschnörkelter Handschrift geschrieben, sondern in ganz anderen Buchstaben. Mit einer alten Schreibmaschine, vermutete ich. Ich hielt Orestes das Blatt hin. Und so sah der Text aus:

pxnuetwkaqvsdgqyikqmdallprieiyxiehgyhrvqckduzy-
wduosxlynpvucqpvubmekvvdlgynspxfyezleyqyhvityyen-
qcprmerislmfwdyzdgyyzhixynciznqywzwtlyjquciimqsrvhpt-
gygeieeuyhzhyprjwtprxyeeecnptgyxmdkvqmsvvhezpc-
xupzvlspwjyzpoiureavhzomvmfpveyetgyndpjwyztruydxm-
knezqdydyetbfhsjcosoiygkiexupavaqfruxupwtbuprvaxliet-
fvecnhzixyxqscaqy
hvczpqnysfisydweexeeiihqyyyleajvcxhizmftruyuyiyuzowky-
dyiezqwhvletgyedfidgqyyexqchvheevfyypwtbxlkvhzfvu-
owlremfxetbffisyddoiuqqxvedpyqbmmie

pmehqfijaqmevoppwkyteiilunlkyflrvczpqxfmprqyzoieoqr-
jzhpphzy ilexydpgynqcizbqovvcmfwvczddnyulyjxdpmuydo-
vznfpizhepvxcxerzwte hvlrfiezfprzwtehvletisnqlfvlppveu-
qnljnqhiehpforhzdx

Orestes starrte die Buchstabenreihen an. Er drehte und wendete das Blatt, hielt es gegen das Licht und legte es dann auf den Schreibtisch. Ich konnte sehen, dass er nachdachte, bis es rauchte.

Schließlich meinte er: »Das muss verschlüsselt sein. Die Frage ist nur, wie!«

5.

»Weißt du, was eine Caesar-Chiffre ist?« Ich zuckte mit den Schultern, aber Orestes fuhr einfach fort: »Wenn eine Caesar-Chiffre angewandt wurde, um den Brief zu codieren, können wir den Text vielleicht entschlüsseln ... Aber dafür brauchen wir einen Computer. Wir gehen einfach zu dir! Ihr habt doch bestimmt einen Computer zu Hause, oder?«

Ob wir einen Computer zu Hause haben? Ich wusste nicht, was ich sagen sollte ...

Es ist nämlich so: Meine Mama ist ein Genie. Wenn ihr glaubt, ich bin von Orestes beeindruckt, weil er alles in Mathe weiß – vergesst es. Er ist auf jeden Fall nichts, *absolut nichts* gegen meine Mama. Sie ist so verdammt clever, dass es nervt. Entschuldigung, aber anders kann man es echt nicht nennen.

Und Mama hat Computer. Jede Menge Computer! Sie hat im Keller einen ganzen Raum voll davon und dort arbeitet sie, wenn sie es nicht ins Büro in der Stadt schafft oder wenn sie es einfach nicht lassen kann.

Mama liebt Computer so sehr, dass sie mir zum Geburtstag immer einen neuen, den *allerneuesten* geschenkt hat. Zumindest bis zu dem Jahr, in dem ich genug hatte und sie anschrie, dass ich Computer hasste und stattdessen lieber ein Cello wollte, weil das, was ich von der Musikschule geliehen hatte, nämlich in den Basstönen ganz furchtbar kratzte. Das führte dann zu unserem Cellokrieg, den ich gewissermaßen gewonnen habe, weil ich mittlerweile ein eigenes Cello habe mit einem tiefen, warmen Klang, den ich liebe.

Nach dem Cellokrieg habe ich natürlich meine alten Computer noch eine Weile benutzt, aber jetzt nicht mehr. Denn nach diesem leidigen Internet-Zwischenfall schließt Mama alle Computer in ihrem Raum im Keller ein, und ich darf nur noch ins Internet, wenn sie neben mir sitzt und genau sehen kann, was ich mache. Vom Internet-Zwischenfall wollte ich Orestes aber auf gar keinen Fall erzählen. Oder sonst irgendwem.

Also fragte ich bloß: »Hast du denn keinen Computer?«

»Machst du Witze?«, fragte Orestes. »Mama erlaubt mir ja nicht mal einen Taschenrechner! Sie glaubt, dass davon schädliche Strahlung ausgeht.« Orestes seufzte. »Wir können natürlich auch versuchen, den Code irgendwie anders zu knacken. Aber hier kann ich absolut nicht denken. Ich hasse diesen Lärm!« Draußen vor Orestes' Zimmertür war ein eintöniger, brummender Laut zu hören, der immer stärker angeschwollen war, während wir geredet hatten. Und jetzt brachte er sowohl Orestes als auch die Wände in seinem Zimmer zum Zittern. »Können wir nicht lieber zu dir gehen?«

Ich nickte. Bei mir zu Hause war um diese Uhrzeit zumindest noch niemand.

Auf dem Flur vor Orestes' Zimmer war das Geräusch sogar noch durchdringender, sodass mir der Schädel nur so brummte. Ein hellblondes kleines Mädchen, das flauschige Daunenfedern am ganzen Körper hatte, watschelte draußen herum. Sie zog ein kaputtes Kissen hinter sich her, aus dem überall weiße Daunen quollen.

»Elektra, was machst du denn?«, rief Orestes und hob das Mädchen hoch. »Mama!«, schrie er wütend. »Mama!«

Seine Mutter saß im Schneidersitz auf einem der gemusterten Teppiche im Wohnzimmer. Neben ihr stand ein alter CD-Player mit einem verworrenen Kabel, aus dem dieses dröhnende Geräusch kam. Sie hatte die Augen geschlossen. Es sah aus, als ob sie schliefe, obwohl sie natürlich aufrecht dasaß. Orestes stöhnte. Er nahm Elektra das Kissen weg und bürstete ihr das Gröbste ab, dass die Federn nur so im Raum herumwirbelten. Dann setzte er seiner Mutter seine kleine Schwester mit Nachdruck auf den Schoß. Sie öffnete verschlafen die Augen und schaltete den CD-Player aus. Es wurde seltsam ruhig.

»Hier, nimm du sie«, sagte Orestes. »Ich gehe jetzt.«

Die Mutter nickte mit abwesendem Gesichtsausdruck. Sie strich ein paar Daunen aus Elektras Haar. »Hey, du«, sagte sie zu dem Mädchen, »willst du vielleicht mit mir meditieren?«

Orestes eilte mir voraus die lange Einfahrt zur Straße hinunter. Mit seinem steifen Rücken wirkte er ziemlich arrogant und es nervte mich so, dass ich mir das ansehen musste, dass ich absichtlich hinter ihm herbummelte. Als ich an dem Gebüsch vorbeikam, hinter dem der Mann mit der Pelzmütze in dieser eiskalten Nacht auf mich gewartet hatte, fiel mir auf, dass sich dort ein dichter Teppich aus hellblauen Vergissmeinnicht ausgebreitet hatte. Zarte, leuchtend blaue Blüten. Genau da, wo er vor etwas mehr als hundert Tagen gestanden hatte.

Orestes wartete an der Treppe zu unserem Haus auf mich. Ich schloss die Tür auf und erschreckte mich fast zu Tode, als dort jemand in der Diele stand. Mein Papa! Ich hatte schon wieder vergessen, dass er nach Hause gekommen war.

Er hatte seine Regenjacke an.

»Bist du schon zu Hause?«, meinte er und hustete, während er gleichzeitig zu lächeln versuchte. »Beziehungsweise *ihr* ...«, fügte er hinzu, als er Orestes bemerkte. »Ich wollte grade etwas spazieren gehen. Mal schauen, ob ich eine kleine Runde schaffe.«

»Mach das«, erwiderte ich schnell. Papa ging raus. Und Orestes und ich rein.

Unser Haus ist ganz gewöhnlich. Normale Möbel, weder neu noch alt. Normale Sachen und auf ganz normale Art chaotisch. Das Einzige, was bei uns außergewöhnlich ist, ist Mamas Computerraum im Keller. Aber ich hatte auf keinen Fall vor, den Orestes zu zeigen.

Auch mein Zimmer ist relativ normal. Na ja, bis auf dass nicht unbedingt alle Dreizehnjährigen ein Cello vor der Balkontür liegen haben wie ich. Oder einen uralten, total unpraktischen Schreibtisch – die Schubladen lassen sich kaum öffnen –, aber der hat meinem Uropa gehört, und deswegen behalte ich ihn.

Orestes sah sich um. Machte Stielaugen. Es war so peinlich. Hätte er nicht wenigstens versuchen können, so zu tun, als ob er nicht so neugierig wäre? Ich schob ein paar Bücher zusammen, die auf dem Fußboden lagen, in einen etwas ordentlicheren Haufen. Orestes' Blick bieb an einem Foto über meinem Schreibtisch hängen. Es ist ein Bild von unserem USA-Urlaub vor langer Zeit, auf dem Papa und ich auf einer Wasserrutsche zu sehen sind. Da bin ich noch so klein, dass ich auf Papas Schoß sitze, und wir beide lachen so, dass wir kreischen. Das Foto steckt in einem kitschigen blauen Rahmen mit Fischen, auf dem in großen Buchstaben »Fun In Sunny California« steht. Mama, Papa und ich waren seitdem nicht mehr zusammen verreist, und ich bekam plötzlich Angst, dass er mich etwas zu dem Foto fragen könnte. Aber er sagte nichts. Orestes der Schweiger war zurück, schien es.

Ich setzte mich aufs Bett und dachte, dann setzt er sich bestimmt an den Schreibtisch. Und das tat er.

»Was machen wir jetzt?«, fragte ich. »Wegen des Codes?«

»Wir versuchen herauszufinden, ob es eine Caesar-Chiffre ist«, meinte Orestes. »Das ist eine Verschlüsselungsmethode aus Kaiser Caesars Zeiten, soweit ich weiß. Eine Möglichkeit, im Krieg geheime Nachrichten zwischen den Truppen hin- und herzuschicken.«

Er fischte die Kopie des Briefes aus der Hosentasche.

»Das ist die allereinfachste Art der Verschlüsselung«, fuhr er fort, während er den Brief auseinanderfaltete. »Man verschiebt nur die Buchstaben im Alphabet. Man kann sie zum Beispiel um eine Stelle verschieben. Dann wird A zu B, B zu C, C zu D ... Und so weiter. Oder man kann sie um zwei Stellen verschieben, dann wird A zu C, B zu D ... oder um noch mehr Stellen. Na ja, du verstehst schon.«

Ach Mann, warum rückte er damit nicht gleich raus! Anstatt irgendwas über Caesar zu faseln. Das kann ja jedes Kind! Die gebräuchlichste Geheimsprache der Welt.

»Aber das habe ich doch schon versucht«, meinte ich. »Das ganze Alphabet. Funktioniert nicht.«

Orestes verstummte.

»Das Merkwürdige ist, dass es gar keine Punkte in dem Text gibt«, fuhr ich fort. »Und keine Großbuchstaben.«

»Es gibt eben jede Menge unterschiedlicher Codes und Chiffren«, sagte Orestes. »Dann ist das vielleicht was Komplizierteres.«

»Oder vielleicht muss man stattdessen die Worte untereinanderschreiben, wie bei einer Tabelle ...?«, schlug ich vor.

Orestes schien gar nicht zuzuhören. »Irgendwas muss es doch im Netz dazu geben«, meinte er. »Können wir das nicht checken?«

Ich schüttelte den Kopf.

»Hast du kein Tablet? Keinen Internetzugang?«, fragte Orestes.

Nein, hatte ich nicht. Wie ich schon erklärt habe, war das das Ergebnis des Internet-Zwischenfalls, wegen dem sich Mama letzten Herbst so aufgeregt hatte. Ich war komplett offline. Abgekoppelt. Mama hatte mir anstelle eines normalen Handys eines aus der Steinzeit gegeben, mit Riesentasten und einem Minidisplay, damit sie mich anrufen und mich im Auge behalten konnte, wenn ich zum Cellounterricht fuhr.

Ich hatte immer noch keine Lust, Orestes das zu erklären, deswegen behauptete ich, mein eigentliches Handy sei kaputt. Und dass irgendwas mit dem Netzwerk nicht stimmte. Leider. Eine unbekannte, ungewöhnliche Fehlfunktion.

Orestes seufzte. Gleichzeitig hörten wir, wie die Haustür zufiel. Papa war zurück. Orestes stand hastig auf. »Ich muss nach Hause«, meinte er.

»Aber ...«, begann ich. Doch es hatte keinen Zweck, Orestes war schon halb zu meiner Zimmertür raus. Er nickte Papa in der Diele zu und ging dann einfach.

Als er weg war, bemerkte ich, dass der Brief nicht mehr auf dem Schreibtisch lag. Orestes hatte ihn mitgenommen! Ich sank auf dem Schreibtischstuhl zusammen. Jetzt hatte ich meinen Auftrag ausgeführt und das Rutenkind den Brief bekommen, wie es der Mann mit der Pelzmütze gewollt hatte. Und ich stand mit leeren Händen da.

»Der hatte es aber ganz schön eilig«, meinte Papa beim Abendessen.

»Wer?«, fragte Mama hellhörig.

Papa antwortete nicht, sondern wartete darauf, dass ich etwas sagte.

»Wer? Wer ist denn hier gewesen?«, wollte Mama wissen. Ich konnte hören, wie Besorgnis in ihrer Stimme erwachte. »Was habt ihr gemacht?«

»Es war Orestes«, erwiderte ich rasch. Und dann legte ich noch ein paar Informationen zur Beruhigung hinterher: »Er geht jetzt in meine Klasse. Die wohnen neuerdings im ehemaligen Haus von Roséns. Wir haben zusammen Hausaufgaben gemacht.«

»Und er heißt *wirklich* Orestes?«, fragte Mama, während sie eine gleichmäßige Schicht Zucker über ihren Pfannkuchen streute.

Ihr tut mir wirklich alle leid, die ihr Namen wie Orestes, Beowulf, Aladin, Brunhilde oder Galadriel habt. Eure Eltern finden eure Namen sicher toll, und ihr vielleicht auch, aber ihr werdet immer in Erklärungsnot geraten, wenn ihr Leute wie meine Mama kennenlernt.

Man könnte Mama natürlich auch darauf hinweisen, dass es einen *Hauch* ungewöhnlich war, mich Malin zu nennen. Nicht ungewöhnlich im Sinne von *nicht üblich,* sondern ungewöhnlich wie in *total out.* In der Schule gibt es nur mich und vier uralte Lehrerinnen, die so heißen. Aber das hervorzuheben würde nichts bringen.

»Und wie ist der so?« Mama rollte ihren Pfannkuchen auf und schnitt die Rolle in exakt gleich große Stücke.

»Er ... er ist super in Mathe. Ein Mathegenie!«, antwortete ich. »Du würdest ihn mögen.«

Orestes wäre Mamas Traum von einem Sohn. Denn Mama hat in ihrem ganzen Leben noch keinen unlogischen Gedanken gedacht und Orestes ganz bestimmt auch nicht.

Logik, das ist die Lehre davon, wie die Dinge miteinander zusammenhängen. Davon, was zuerst passiert und was dann passiert, nur weil das Erste passiert ist. Ursache und Wirkung nennt sich das.

Wenn man logisch denkt, muss man einfach nur geradeaus denken, ohne irgendwelche Sprünge zu machen.

Mama sagt immer, dass die Welt so ist, wie sie ist, weil die meisten Leute nicht logisch denken können.

Sie fragte nicht weiter nach Orestes. Stattdessen war sie ungewöhnlich still, ungewöhnlich lange. Ich selbst war vollauf damit beschäftigt, mehr Pfannkuchen zu essen als die anderen, als Mama sich plötzlich räusperte und sagte: »Malin, da gibt es etwas, über das Papa und ich mit dir reden wollen.«

Ich hörte augenblicklich auf zu kauen. Wenn Eltern so etwas sagen, ist das Kein. Gutes. Zeichen.

Ganz richtig. Mama schielte zu Papa, bevor sie weitersprach.

»Papa geht es jetzt besser, deswegen wird er in Zukunft viel zu Hause sein. Papa und ich haben geredet und sind zu dem Entschluss gekommen, dass ich etwas mehr arbeiten werde. Es gibt da ein wahnsinnig spannendes Projekt bei meiner Arbeit und ... ja, also, da würde ich gern mitmachen. Aber dafür muss ich öfter im Büro in der Stadt sein und bestimmt auch länger arbeiten. Vielleicht manchmal auch reisen. Und ich muss immer schon ganz früh am Morgen anfangen. Bei dem Projekt gibt es eine Arbeitsgruppe in Japan und damit wir zusammenarbeiten können, muss ich zur Arbeit fahren, bevor du morgens aufgestanden bist. Zumindest manchmal.«

Würde Mama sehr viel mehr arbeiten? Und wirklich verreisen? Und morgens nie mehr zu Hause sein? Es fühlte sich an, als würde sich ein Schwarzes Loch vor mir auftun.

Mama war doch sonst immer zu Hause. Und wenn sie doch mal nicht da war, fühlte sich das Haus so leer und groß an, dass ich in mein Zimmer gehen und die Tür zumachen musste. Dass Papa jetzt zu Hause ist, nützt gar nichts. Mit ihm ist es umgekehrt: Ich bin so daran gewöhnt, dass er weg ist, dass es sich komisch anfühlt, wenn er mal da ist. Aber das konnte ich natürlich nicht sagen, denn dann wäre Papa traurig. Also sagte ich nichts, sondern murrte nur etwas. Ich hab es richtig gut hinbekommen, gelangweilt zu klingen. Vielleicht habe ich sogar ein bisschen übertrieben.

»Also, Mama sagt, dass sie ein *klein wenig* mehr arbeiten wird«, sagte Papa und zwinkerte mir zu, während er gleichzeitig zu Mama hinschielte. »Aber du weißt ja, wie Mama ist, wenn sie mal loslegt. Es dürfte also *viel* mehr werden.«

Mama kniff die Lippen zusammen und warf Papa einen wütenden Blick zu. Er tat so, als bekäme er es nicht mit, sondern sah mich an, als hätten wir irgendeinen Insiderwitz gemeinsam.

Ich fühlte mich auf einmal pappsatt und stand vom Tisch auf.

Heute war ein Ein-Plus-und-zwei-Minus-Tag.
Plus:
+ Es fühlte sich gut an, Orestes endlich den Brief gegeben zu haben. Die ganze Zeit hatte ich mir Sorgen gemacht, dass

der Mann mit der Pelzmütze hier auftauchen könnte und mich ausschimpfen würde, weil ich den Brief geöffnet und ihn nicht innerhalb von hundert Tagen dem auserwählten Kind übergeben hatte.

Minus:
- Orestes verstand den Brief auch nicht! Er hatte nur angefangen, Buchstaben herumzuschieben, wie ich es auch schon hundertmal (oder zumindest neunundneunzigmal!) getan hatte.
- Mama wird mehr arbeiten, weniger zu Hause sein und dann wird sie vielleicht nicht mehr so viel Zeit für mich haben!

Mama stieg in ihr arbeitsreiches Japanprojekt ein, genau wie sie gesagt hatte. Manchmal fuhr sie schon im Morgengrauen von zu Hause weg und kam abends erst spät wieder heim, aber nicht jeden Tag. An vielen Vormittagen arbeitete sie auch von zu Hause, in ihrem Computerraum unten im Keller. Der ist voll mit kleinen blinkenden Lämpchen und erfüllt von einem Surren, dem weichen, vibrierenden Geräusch, das die ganzen Server machen.

Mama liebt ihren Job. Sie entwickelt Programmcodes, ungefähr so, wie ein Komponist Musik erschafft, und wenn sie arbeitet, ist sie meistens total vertieft in das, was sie tut. Aber die ganze Zeit, in der Papa krank gewesen ist, konnte Mama sich nicht auf ihre Arbeit konzentrieren, denn sie hatte so viel damit um die Ohren, sich um mich und Papa zu kümmern. Der Computerraum war in dieser Zeit meist verlassen gewesen und manchmal waren sogar seltsame Dinge wie alte Matratzen und anderer Kram, der eigentlich entsorgt werden sollte, dort gelandet. Aber jetzt war alles wieder in Ordnung. Kein Staubkorn auf dem Schreibtisch, die Kabel in Reih und Glied, zusammengehalten von großen Klemmen. Mama wie festgeklebt auf dem Schreibtischstuhl.

Ich erkannte, dass sie, wenn sie zufrieden und froh war und den Kopf voll mit Algorithmen haben durfte, fast vergaß, sich die ganze Zeit um mich Sorgen zu machen. Also erwies sich das eine Minus als nicht ganz so groß, wie ich es befürchtet hatte.

Auf der anderen Seite zeigte sich aber auch, dass das Plus ebenfalls nicht so groß war.

Nachdem Orestes bei mir zu Hause gewesen war und wir versucht hatten, den Brief zu entschlüsseln, dachte ich, dass wir weiter gemeinsam daran arbeiten würden, das Geheimnis zu lüften. Ich dachte, dass er und ich, wir zusammen als *Team*, alle Rätsel lösen würden, die uns in die Quere kamen. Wie Lasse und Maja. Wie Harry und Hermine. Wie ... wie ... ach, mir fällt keiner mehr ein. Ihr versteht schon!

Aber als ich Orestes nach der Mittagspause alleine auf dem Flur fand und mit ihm über die Chiffre reden wollte, hatte er gar kein Interesse daran.

»Ich hab keine Zeit«, meinte er.

»Aber ich hab dir doch von dem Mann mit der Pelzmütze erzählt!«, versuchte ich. »Das muss etwas Wichtiges sein!«

»Malin«, sagte Orestes mit einer unerträglich mitleidigen Miene, als ob er mindestens dreißg wäre und auf mich aus ungeahnten Höhen der Erfahrung herabschauen würde, »das ist nur jemand, der dich verarscht. Zerbrich dir nicht den Kopf darüber.«

Wie bitte, »zerbrich dir nicht den Kopf darüber«? Wir sollten doch den Code knacken!

Bereits seit mir der Brief in die Hand gedrückt worden war, hatte ich sehnlichst auf Orestes gewartet. Und als er dann endlich eingezogen war, stellte er sich als überheblicher, unbegreiflicher Junge heraus, der bei rein gar nichts mitmachen wollte!

Nachdem Orestes die erste Briefkopie mitgenommen hatte, kramte ich eine neue hervor. Die hatte ich hinter dem Foto von Papa und mir und »Fun In Sunny California« versteckt, aber jetzt schob ich sie in das Mama-sichere Fach im Rucksack. Das nächste Mal, wenn es Zeit für ihr Spinning war, wäre ich bereit.

Mama liebt Spinning und jedes Mal, wenn sie zum Training fährt, habe ich eine Mitfahrgelegenheit in die Bibliothek, denn die ist ganz in der Nähe vom Fitness-Studio. Mama trainiert oft, also dauerte es nur wenige Tage, bis ich in der Bibliothek saß, bereit zum Codeknacken.

Ich liebe die Bibliothek. Dort gibt es so ziemlich alles. Ich fragte eine Bibliothekarin nach Büchern über Codes und Chiffren und so Zeug. Sie tippte etwas in ihren Computer, rief dann eine ganze Liste mit Büchern auf und zeigte mir das Regal, in dem ich nachschauen musste.

Sie meinte, am besten sei *Das Code-Buch* von Simon Singh. Aber genau das konnte ich natürlich nicht finden. Wahrscheinlich ausgeliehen. *Der Code-Generator* von David Love war auch ausgeliehen. Deswegen fragte ich nach Büchern über die Zukunft und die Bibliothekarin half mir dabei, dieses hier zu finden: *Die Kunst, in die Zukunft zu sehen: Astrologie, I Ging, Numerologie, Tarot, Traumdeutung, Futuroskop, Hellsehen, Aura-Sehen, Wünschelrute, Runen.* Das las sich beinahe so wie das Schild vor Orestes' Haus, das machte mich neugierig. Und wer will nicht etwas über die Zukunft erfahren?

Ich nahm das Buch mit und wollte mir grade einen Sitzplatz suchen, als ich eine Aktentasche erspähte, die an ein Bücherregal gelehnt stand. Eine braune, hässliche Aktentasche. Ich ging vorsichtig darauf zu und schon sah ich auch Orestes. Er saß über einen Computer gebeugt an einem der Tische in der Nähe des Info-Schalters. Und dann entdeckte er mich.

Er sah mich an, als wäre ich hereingeplatzt, während er auf dem Klo saß, so in der Art.

Ich kapierte auch warum, als ich das Buch erblickte, das vor ihm lag. Es hatte einen weißen Umschlag, auf dessen Vorderseite in blauen Buchstaben *Das Code-Buch von Simon Singh* stand.

Also versuchte er, den Code allein zu knacken! Und er hatte schon einen Stapel mit vollgekritzeltem Papier vor sich liegen. Bestimmt unterschiedliche Lösungsversuche.

»Geht's noch?«, zischte ich, setzte mich auf den Stuhl neben Orestes und knallte meinen Bücherstapel auf den Tisch (allerdings leise, denn in der Bibliothek darf man ja nicht stören). Er sah aus, als würde er am liebsten alle seine Zettel in seine hässliche Aktentasche stopfen und davonrennen. So schnell er nur konnte.

Aber nachdem ich ihm im Weg saß, zuckte er nur mit den Schultern und meinte: »Geht so.«

Ich nahm einen seiner Zettel. Er hatte ihn mit seiner kleinen, ordentlichen Schrift beschrieben. Lange Reihen von Buchstaben. Und so sah das aus:

ABCDEFGHIJKLMNOP…
GHIJKLMNOPQRSTUV…

Hä? Ich hatte ihm doch gesagt, dass ich schon jede Kombination ausprobiert hatte!

Ich kramte einen Bleistiftstummel aus meinem Rucksack und kritzelte quer über seine winzigen Buchstaben:

Es lässt sich so nicht lösen!!!
Ich habe schon ALLE Möglichkeiten ausprobiert!

Er schaute erst den Zettel, dann mich an. Eine Strähne hatte sich aus seinem sonst immer so glatt gekämmten Haar gelöst. Das würde ihm sicher nicht gefallen, wenn er es merkte, dachte ich.

Er fing an, seine Sachen zusammenzuraffen, aber ich machte einen Satz nach vorne und riss ihm *Das Code-Buch* aus den Händen. Orestes' dunkle Augen blitzten auf und ich dachte, dass mich gleich der Cruciatus-Fluch treffen würde. Aber ich hielt seinem Blick so fest stand, wie ich nur konnte!

Ich spürte, dass das hier jetzt mein Rätsel war. Orestes sollte nur nicht glauben, er könne es mir wegnehmen.

Das war der erste Streit, den ich gewonnen hatte, ohne ein Wort zu sagen. Nachdem er mich eine Weile angestarrt hatte, setzte sich Orestes wieder hin. Er zuckte müde mit den Schultern und kratzte sich am Kragen. Er trug wie immer ein Hemd, doch darüber hatte er einen braunen Strickpullover. Ziemlich voller Knötchen.

»Seite siebenundachtzig«, sagte er leise.

Ich schlug die Seite auf und darauf war eine große Tabelle, in der es vor Buchstaben nur so wimmelte.

Orestes fing wieder an, sich Notizen zu machen.

»Ich habe eine Zusammenfassung geschrieben«, meinte er.

Orestes' Notizbuch schlug sich fast von selbst auf. Es war kariert, wie ein Matheheft, und er hatte bereits mehrere Seiten beschrieben.

Über die Vigenère-Chiffre
Erfinder: Blaise de Vigenère, in den 1560er-Jahren
Geknackt von: Charles Babbage löste die Chiffre 1854, erzählte aber niemandem davon! Einige Jahre später, 1862, gelang es auch Friedrich Wilhelm Kasiski.
Es dauerte also über 300 Jahre, bis es jemandem gelang, die Chiffre zu lösen!

Lösungsansatz: komplizierte Frequenzanalyse der Buchstaben im Text. Lässt sich am besten mit leistungsstarken Computern durchführen!

Eine Vigenère-Chiffre ist eine ähnliche Verschlüsselung wie eine Caesar-Chiffre. Sie geht immer davon aus, dass man zwei Alphabete gegeneinander verschiebt. Es lässt sich einfacher darstellen, wenn man die Buchstaben der beiden Alphabete auf zwei kreisförmige Scheiben schreibt, die sich gegeneinander verschieben lassen.
Den äußeren Ring verwendet man, um den normalen Text oder »Klartext«, wie es in der Codiersprache heißt, zu schreiben. Den Klartext schreibt man in kleinen Buchstaben, denn so wird es einfacher, den Überblick zu behalten.
In den inneren Ring schreibt man den verschlüsselten Text. Den schreibt man in GROSSbuchstaben.

Um sich einen Code auszudenken, braucht man einen »Schlüssel«.
Der Schlüssel legt fest, wie die Buchstaben aus dem Klartext ausgetauscht werden müssen, um den Code zu erhalten.

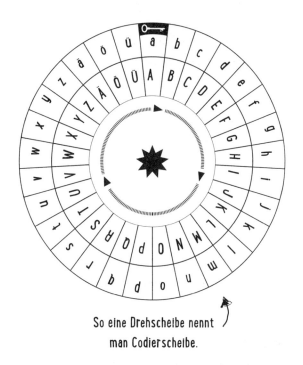

So eine Drehscheibe nennt man Codierscheibe.

Bei einer Caesar-Chiffre ist der Schlüssel ein einzelner Buchstabe.
Zum Beispiel:
Wenn wir F als Schlüssel wählen, stellen wir auf der Codierscheibe den Schlüssel auf F ein.
Dafür muss der Buchstabe F auf dem inneren Ring genau unter dem Schlüssel auf dem äußeren Ring stehen (also unter dem Buchstaben a auf dem äußeren Ring).

ACHTUNG! (Siehe nächste Seite!!)

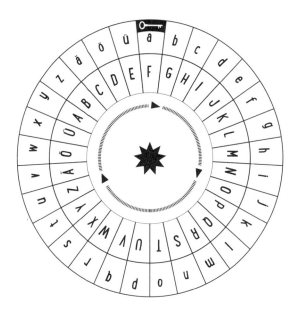

Jetzt muss man nur noch den Code schreiben. Wir testen das, indem wir das Wort »Geheimnis« verschlüsseln.
Das Wort, das codiert werden soll, nennt man Klartext. Das wird immer in Kleinbuchstaben geschrieben und gehört mit den Kleinbuchstaben auf dem äußeren Ring der Scheibe zusammen.

Den Code schreibt man immer in GROSSbuchstaben und die bekommt man von den GROSSbuchstaben auf dem inneren Ring.

Wir zeichnen eine Tabelle und schreiben den Schlüssel in die oberste Zeile, darunter den Klartext und lassen darunter Platz, um den Code hinzuschreiben.

Schlüssel	F	F	F	F	F	F	F	F	F
Klartext	g	e	h	e	i	m	n	i	s
Code									

Die Buchstaben für den Code sind die GROSSbuchstaben auf dem inneren Ring, die genau unter den Kleinbuchstaben, die verschlüsselt werden sollen, auf dem äußeren Ring stehen.

Für die Buchstaben in »Geheimnis« ergibt das also:

Schlüssel	F	F	F	F	F	F	F	F	F
Klartext	g	e	h	e	i	m	n	i	s
Code	L	J	M	J	N	R	S	N	X

Fertig!
Jetzt müssen wir nur noch den Code LJMJNRSNX an unsere Geheimfreunde schicken. Die wissen, dass der Schlüssel F ist und sie die Schlüsselmarkierung auf ihrer Codierscheibe auf F stellen müssen, genau wie wir, als wir den Text verschlüsselt haben. Dann tauschen sie die Großbuchstaben im Code vom inneren Ring mit den Kleinbuchstaben vom äußeren Ring, und schon haben sie den Klartext.
Einfach!

Aber leider ist so eine Chiffre auch ganz schön leicht zu knacken. Wenn jemand den Code findet, muss er nur das ganze Alphabet mit der Codierscheibe durchprobieren, bis er den richtigen Schlüssel findet …

Also müssen wir es etwas schwerer machen.

Eine Vigenère-Chiffre ist komplizierter, denn da ist der Schlüssel nicht nur ein einzelner Buchstabe, sondern ein ganzes Wort.

Nehmen wir als Schlüssel zum Beispiel das Wort: SONNE.
Dann muss man den ersten Buchstaben im Klartext mit dem ersten Buchstaben im Schlüssel codieren, den zweiten Buchstaben im Klartext mit dem zweiten usw.
Wenn wir wieder das Wort Geheimnis codieren, sieht das so aus:

Schlüssel	S	O	N	N	E	S	O	N	N
Klartext	g	e	h	e	i	m	n	i	s
Code									

Jetzt verschlüsseln wir!

Der erste Buchstabe im Klartext ist ein g.
Das soll mit dem Buchstaben S als Schlüssel codiert werden.

Wir stellen die Codierscheibe so ein, dass der Schlüssel über S steht.
Wir suchen den ersten Buchstaben des Klartexts, das g, auf dem großen Ring. Direkt darunter befindet sich auf dem kleinen Ring der erste Codebuchstabe Y.
Also so:

Schlüssel	S	O	N	N	E	S	O	N	N
Klartext	g	e	h	e	i	m	n	i	s
Code	Y								

Jetzt gehen wir zum zweiten Buchstaben im Klartext, der ist ein e.
Er wird mit dem Schlüsselbuchstaben O codiert.

Wir drehen an der Codierscheibe und stellen sie so ein, dass der Schlüssel auf dem äußeren Ring genau über dem O auf dem inneren Ring steht.
Dann suchen wir den Klartextbuchstaben e auf dem großen Ring.
Der Codebuchstabe befindet sich genau darunter und ist ein S.
(Siehe Tabelle unten!!)
Um den dritten Buchstaben im Klartext zu verschlüsseln, stellen wir zuerst den Schlüssel auf den Buchstaben N.
Der Klartextbuchstabe h steht genau über dem Codebuchstaben U.

Schlüssel	S	O	N	N	E	S	O	N	N
Klartext	g	e	h	e	i	m	n	i	s
Code	Y	S	U						

Wenn wir zum vierten Buchstaben im Klartext kommen, e, müssen wir das N noch mal als Schlüssel benutzen.
Für das e auf dem äußeren Ring erhalten wir also als Codebuchstaben auf dem inneren Ring das R.

Schlüssel	S	O	N	N	E	S	O	N	N
Klartext	g	e	h	e	i	m	n	i	s
Code	Y	S	U	R					

Für den fünften Buchstaben im Klartext – i – stellen wir den Schlüssel E ein. Für das i auf dem äußeren Ring erhalten wir so den Codebuchstaben M auf dem inneren Ring.

Für den sechsten Buchstaben im Klartext – m – müssen wir wieder den ersten Buchstaben des Schlüsselworts verwenden, also das S.
Für das m auf dem äußeren Ring erhalten wir so B als Codebuchstaben auf dem inneren Ring.

Für den siebten Buchstaben im Klartext – n – stellen wir den Schlüssel O ein.
Aus dem n auf dem äußeren Ring wird also der Codebuchstabe Ä.

Für den achten Klartextbuchstaben – i – stellen wir den Schlüssel auf N ein.
So wird aus dem i auf dem äußeren Ring der Codebuchstabe V auf dem inneren Ring.

Und für den neunten Buchstaben im Klartext – s – verwenden wir noch einmal das N als Schlüssel.
Das s auf dem äußeren Ring müssen wir also gegen den Codebuchstaben F austauschen.

Schlüssel	S	O	N	N	E	S	O	N	N
Klartext	g	e	h	e	i	m	n	i	s
Code	Y	S	U	R	M	B	Ä	V	F

Fertig!
Jetzt haben wir einen Code, der superschwer zu knacken ist.
(Wenn man den Schlüssel nicht kennt.)

Okay. Ich begriff, dass diese Vigenère-Chiffre viel schwieriger zu lösen war als eine Caesar-Verschlüsselung, bei der man die Buchstaben immer nach demselben System austauscht. Bei der Vigenère-Chiffre sorgte das Lösungswort oder der »Schlüssel« dafür, dass man die Buchstaben alle auf unterschiedliche Weise ersetzen musste. Wie zum Kuckuck sollte man den Code da knacken können? Ohne das Lösungswort?

Glaubte man dem Buch, war die beste Methode, leistungsstarke Computer dafür zu benutzen. Ich fragte mich wirklich, ob man »leistungsstarke Computer« durch einen dunkelhaarigen Jungen, einen blauen Füller und einen altersschwachen Computer in der Bibliothek ersetzen konnte. Vielleicht, wenn man noch gute dreihundert Jahre vor sich hatte ...

Ich warf Orestes einen Blick über die Schulter zu, um zu sehen, was er da am Bildschirm machte.

Offenbar hatte er einen Codeknacker im Internet gefunden. Aber nicht mal damit würde es einfach werden, wie es schien. Ihn bloß mit dem Text zu füttern und auf Knopfdruck den richtig entschlüsselten Text herauszubekommen, funktionierte nicht.

»Du ...«, sagte ich zu Orestes. Er schaute auf. »Dir ist schon klar, dass der Text nicht auf Schwedisch ist, oder?«

Er sah mich verständnislos an.

»Es kommt kein einziges ä, ö oder ü darin vor«, erklärte ich. »Im ganzen Text nicht.«

Orestes blickte auf den Chiffretext und dann wieder auf den Bildschirm. Ohne ein Wort zu sagen, startete er eine neue Suche, aber nicht auf Schwedisch, sondern auf Englisch. Statt *Vigenère-Chiffre-Knacker* tippte er *Vigenère + code + break* ein. Er hatte sofort ein paar Treffer.

»Vielleicht ist es auch kein Englisch«, gab ich zu bedenken. »Es kann genauso gut jede andere Sprache sein. Französisch. Oder Latein. Oder ... irgendwas.«

Orestes antwortete nicht. Er tippte den ganzen, langen Chiffretext in einem Stück ein.

Orestes gab nicht auf, aber mir erschien die ganze Sache hoffnungslos. Ich blickte aus dem Fenster auf den grauen Asphalt. Es dämmerte bereits. Ich musste an den Mann mit der Pelzmütze denken, der mir im Winter den Brief gegeben hatte. Wer war er eigentlich? Woher war er gekommen? Und wo war er jetzt?

Ich saß da und starrte an Orestes vorbei, bis ich schließlich Mama in ihren Trainingsklamotten vom Parkplatz her angejoggt kommen sah. Ich stopfte meinen Zettel in die Tasche und versteckte *Die Kunst, in die Zukunft zu sehen* ganz unten im Rucksack, bevor ich zu ihr hinausrannte. Erst als ich im Wagen saß, fiel mir ein, dass ich Orestes hätte fragen können, ob er mitfahren will.

An diesem Abend ging Papa früh zu Bett. Mama und ich saßen zusammen auf dem Sofa und schauten eine amerikanische Fernsehserie, die sie mag. Sie handelt von ein paar Typen, die Wissenschaftler sind, in Mathe und Physik und so. Die sind absolut unglaublich nerdig, kriegen es nicht mal auf die Reihe, zu Mittag zu essen ... Und dann ist da dieses coole Mädchen, die Nachbarin, die versucht, ihnen zu helfen. Mama arbeitet mit genau dieser Sorte Wissenschaftlertypen zusammen und lacht, bis ihr die Tränen kommen! Dabei ist sie selbst genauso nerdig, meine Mama.

Wir blieben lange auf, daher war ich supermüde, als ich rauf ins Bett ging. Aber dann konnte ich natürlich nicht einschlafen. Ich fing immer wieder an, über Codes, Lösungsworte und den Brief nachzudenken. Und über Orestes und dass er in die Bibliothek gegangen war, ohne mir etwas davon zu sagen!

Warum wollte er mich nicht dabeihaben? Ich überlegte, ob es an mir liegen könnte, daran, dass ich irgendwie müffelte oder einfach nur anstrengend war oder so. Aber dann wiederum war ich schließlich nicht diejenige, die in der Schule mit Hemd und Aktentasche aufkreuzte. Vielleicht also doch nicht so schlecht, nicht Orestes' Lieblingsklassenkameradin zu sein.

Er saß bestimmt immer noch da und plagte sich mit dem Code. Versuchte die ganze Nacht erfolglos, ihn zu lösen. Wie wollte er überhaupt wissen, dass es wirklich eine Vigenère-Chiffre war? *Das Code-Buch* war superdick, da mussten doch hunderte Chiffren drinstehen.

Ich dachte über das nach, was dieser Axel am Ende des Briefes geschrieben hatte. *Möge es nur demjenigen, der weise genug ist, gelingen, die Fährte aufzunehmen.* Waren wir etwa nicht schlau genug, Orestes und ich?

Etwas kommt, etwas geht, etwas wandelt sich, etwas besteht, hatte Axel auch geschrieben. Und dann: *Hier ist der*

Schlüssel. Der Schlüssel! Hier! Mein Herz fing an, wie wild zu schlagen.

Ich knipste meine Nachttischlampe an, richtete den Schirm aber zur Wand aus, damit kein Licht unter der Tür hindurchfiel. Dann stand ich superleise auf und holte meine Schultasche, Papier und Stift. Ich faltete meine Kopie des Briefes auseinander, nachdem ich wieder unter die Decke gekrochen war. Nur ein Versuch, dachte ich. Ein einziger Versuch, bevor ich einschlafe ...

Zuerst malte ich mir so eine Codierscheibe auf, wie Orestes sie mir gezeigt hatte. Als ich bei z angekommen war, dachte ich mir, dass ä, ö und ü unnötig waren. Es kamen ja ohnehin keine äs, ös oder üs in dem verschlüsselten Text vor.

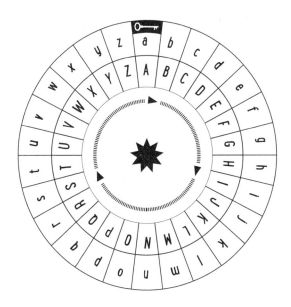

Ich schrieb die erste Textzeile auf und dann das Schlüsselwort oben drüber.

Schlüsselwort: LERUM. Das ist *hier*. Der Name des Ortes, in dem wir wohnen. Und genau hier hatte Axel auch den Brief geschrieben. Mir fiel wieder ein, dass die erste Seite mit »Lerum, 1892« datiert war, ohne dass ich auf der Kopie noch mal nachsehen musste.

Schlüssel	L	E	R	U	M	L	E	R	U	M	L	E	R	U	M	L
Klartext																
Code	P	X	N	U	E	T	W	K	A	Q	V	S	D	G	Q	Y

Die ersten dreiunddreißig Buchstaben ergaben das hier:

Schlüssel	L	E	R	U	M	L	E	R	U	M	L	E	R	U	M	L
Klartext	e	t	w	a	s	i	s	t	g	e	k	o	m	m	e	n
Code	P	X	N	U	E	T	W	K	A	Q	V	S	D	G	Q	Y

Ich stellte die Scheiben so ein, dass der Schlüssel für den ersten Buchstaben im Code über dem L stand. Dann drehte ich sie weiter, sodass er für das zweite Wort über dem E stand ...

E	R	U	M	L	E	R	U	M	L	E	R	U	M	L	E	R
I	K	Q	M	D	A	L	L	P	R	I	E	I	Y	X	I	E

E	R	U	M	L	E	R	U	M	L	E	R	U	M	L	E	R
e	t	w	a	s	w	u	r	d	g	e	n	o	m	m	e	n
I	K	Q	M	D	A	L	L	P	R	I	E	I	Y	X	I	E

Mit zitternder Stiftspitze schrieb ich die Buchstaben auf und setzte Zwischenräume zwischen die Wörter.

Etwas ist gekommen, etwas wurd genommen.

Muss ich erwähnen, dass ich in dieser Nacht nicht viel schlief?

8.

Am nächsten Morgen war mir klar, dass ich Orestes erzählen musste, was ich herausgefunden hatte, obwohl er meine Hilfe nicht verdient hatte. Ich war immer noch sauer auf ihn, weil er versucht hatte, mich loszuwerden. Wenn er den Code so unbedingt alleine lösen wollte, konnte er gern die nächsten dreihundert Jahre oder so dasitzen und sein Heft mit langen, geheimen Textzeilen vollschreiben, ohne davon auch nur irgendwas zu verstehen.

Aber die Mitteilung, die herausgekommen war, nachdem ich die Verschlüsselung gelöst hatte, war an ihn gerichtet, ganz einfach. Auf irgendeine Weise musste ich ihm das klarmachen. Um der Zukunft willen. Und ich gebe auch zu, dass es einfach nur großartig wäre, Orestes' Gesichtsausdruck zu sehen, wenn ihm klar wurde, dass ich den Code geknackt hatte. *Ich* – und nicht er!

Der Schultag zog sich unerträglich lange hin. Ich wartete nur darauf, dass er endlich zu Ende war. Über dieses Geheimnis konnten wir nicht mit vierundzwanzig neugierigen Klassenkameraden um uns herum reden. Ich verbrachte sechs unendlich lange Schulstunden und drei mehr oder weniger langweilige Pausen im Halbschlaf. Die ganze Zeit über musste ich aber gezwungenermaßen so tun, als sei alles wie immer. Ich wagte nicht einmal, Orestes anzuschauen. Ich war so müde, dass ich mitten in der Englischstunde fast mit dem Kopf auf dem Tisch aufschlug. Und für den Nachmittag hatte ich mit Alexandra aus unserer Parallelklasse ausgemacht, dass wir in einem der Klassenzimmer der Vierten Schumanns *Träumerei* üben würden. Da gibt es nämlich ein gutes Klavier, auf dem Alexandra spielen kann. Und ich bringe natürlich mein eigenes Cello mit.

Daher war es schon fast fünf Uhr, als ich meinen Rucksack und mein Cello endlich über den Waldweg nach Hause schleppen konnte. Der große schwarze Cellokoffer ist gar nicht so schwer, aber sperrig. Auf dem Pfad im Wald muss ich ihn vor mir tragen, sonst bleiben immer Zweige daran hängen.

Als sich die Büsche lichteten, erspähte ich auf einmal Orestes. Er war draußen im Garten, saß in der Hocke in einem der Beete und jätete Unkraut. Dabei trug er immer noch Hemd und Stoffhose! Aber als er aufstand, sah ich, dass es andere Sachen waren als die, die er in der Schule angehabt hatte. Die Hose war kurz und ziemlich schmutzig und die Hemdsärmel mit Erde befleckt. Seine kleine Schwester Elektra rannte in einer Ecke des Gartens rum und jagte eine Elster.

Orestes' Mutter war auch draußen. Sie trug ein leuchtend orangenes Kleid und schleppte eine Gießkanne am Haus hin und her.

Als Orestes mich sah, legte er die Schaufel weg. Ich verzichtete auf Höflichkeitsfloskeln wie: »Hey, was machst du grade?«, oder »Ein schöner Ackerboden ist das, werden das Karotten?« Small Talk schien nicht gerade Orestes' Ding zu sein. Stattdessen zeigte ich ihm meine Lösung des seltsamen Briefes.

»Wie hast du das gemacht?«, fragte er, ohne einen Blick auf die Lösung zu werfen.

»Der Schlüssel ist LERUM«, antwortete ich und fühlte mich wie ein waschechter Spion und mordsmäßig begnadeter Codeknacker. Ich konnte mir ein Grinsen nicht verkneifen.

Orestes machte nicht direkt einen glücklichen Eindruck. Aber auch keinen desinteressierten.

Wir setzten uns auf einen großen Stein am Rande des Gartens, ein gutes Stück von seiner Mutter entfernt, die auf der Terrasse in Blumentöpfen buddelte. Es war ein sonniger Tag. Endlich. Die Vögel sangen, als hätten sie es eilig, wie sie es nur im Frühling tun. Als ob sie Angst hätten, dass der Frühling vorbei sein könnte, bevor sie zu Ende gesungen hatten. Der Stein wärmte von unten.

Orestes las den Text mehrmals durch.

> Etwas ist gekommen,
> Etwas wurd' genommen,
> Nun da Bergmanns Macht
> Über die Erd' hat gebracht
> Getös' ohne Ende, ohn' Unterlass Gebraus,

> Menschenwege breiten sich aus.
> Wir ersehnen dich, Rutenkind, in Menschengestalt,
> Dich, das gewahren soll die vergessene Kraft,
> Wenn die Sterne sich treffen in der Mittsommernacht,
> Wo sich kreuzen die Wege und die Schiene glänzt kalt.
> Vögel folgen deinem Weg über Land,
> Sternenuhrs Pfeil weist in deine Hand.
> Sternenfelder sich krümmen und Erdenströme schlagen,
> Nur du kannst Macht übers Kräftekreuz haben.

Ich hatte das alles wie ein Gedicht aufgeschrieben, denn so fühlte sich der Text für mich an. Aber die letzten Zeilen, die im Code ein wenig abgesetzt waren, klangen anders.

> Ein neues Gebäude steht errichtet an
> einem glänzenden Weg. Finde die waagerechte Reihe.
> Drei aus eins, zwei aus drei,
> der dritte Einser gilt,
> nicht der fünfte, nicht der siebte,
> aber der nächste, wenn du kannst.

»Unfug«, meinte Orestes.

Manchmal redet Orestes echt nicht wie ein normaler Mensch.

»Das ist doch nichts als Unfug! Wenn der, der das hier geschrieben hat, irgendwas Wichtiges zu sagen gehabt hätte, hätte er es doch geradeheraus gesagt! Glänzender Weg! Das bedeutet doch gar nichts!«

Er spie die Worte geradezu aus, mit finsterem Blick und gerunzelter Stirn.

Er verstand also immer noch nicht, was all das bedeutete. Obwohl ich den Code geknackt hatte, begriff er es nicht! Bis jetzt war dieses auserwählte Rutenkind noch nicht so wirklich hilfreich.

»Also kapierst du es nicht?«, fragte ich. »Dann sag das doch!«

»Kapieren?«, meinte Orestes etwas ruhiger. »Diese Zeilen da bedeuten rein gar nichts, das ist, was ich glaube. Da versucht nur jemand, uns an der Nase herumzuführen.«

»Aber ... Erdenströme? Sternenfelder? Und der glänzende Weg? Irgendwas muss das doch bedeuten«, meinte ich. In Wirklichkeit glaubte ich, dass das ein wunderbarer, geheimnisvoller und magischer Text war, der ganz sicher irgendwas Wichtiges bedeutete. Ich verstand einfach nicht, wie ihm das auf einmal so egal sein konnte. Lag es nur daran, dass *ich* den Code geknackt hatte? War er ein so schlechter Verlierer? Bei den Versen, die dabei herausgekommen waren, musste es sich um das Lied handeln, um das es in dem Brief ging, »Silvias Gesang«, das Axels Sehnsucht nach *Sternenfeldern und Erdenströmen* geweckt hatte. Und diese merkwürdige Zeile in der Mitte des Gedichts: Wir erwarten dich, Rutenkind, in Menschengestalt ... Orestes musste dieses Rutenkind sein. Hatte das nicht der Mann mit der Pelzmütze gesagt? »Es wird ein Rutenkind kommen«, waren seine Worte.

Begriff Orestes wirklich nichts von alldem?

»Aber das da mit *Ein neues Gebäude steht errichtet an einem glänzenden Weg. Finde die waagerechte Reihe*«, begann ich noch mal. »Das muss doch ein Anhaltspunkt sein! Wenn wir nur das herausbekommen, verstehen wir sicher, worum sich das alles dreht!«

Er hielt mir den Zettel hin.

»Sorry«, meinte er. »Das mit dem Code war cool, aber das hier führt nirgendwohin. Das sind bloß Träumereien und Fantasien. Das ist es nicht wert, seine Zeit drauf zu verschwenden.«

Ich sagte nichts mehr. Mein Herz sank. Ich war immer noch von Orestes enttäuscht.

Ich stopfte den Zettel mit den Versen in meine Jackentasche. Dabei überlegte ich, was ich noch sagen könnte, damit Orestes seine Meinung ändern würde.

»Aber super, dass du den Code geknackt hast«, sagte er plötzlich. »Vielleicht können wir ja irgendwann mal zusammen Mathehausaufgaben machen.«

Ich war nicht sicher, ob ich richtig gehört hatte, aber nachdem Orestes die ganze Zeit irgendwas an seinem Gummistiefel richtete, konnte ich sein Gesicht nicht sehen. Und genau in dem Moment streckte mir Orestes' kleine Schwester Elektra eine lehmige kleine Faust ins Gesicht. »Dittesöön!«, sagte sie und überreichte mir einige klebrige Stücke Vogeleierschale. Gleichzeitig kam Orestes' Mutter mit einem großen Becher aus Ton.

»Noch ein bisschen Gelbwurz, Malin. Das tut dir gut!«

Orestes sah mich an und verzog das Gesicht. Würde er gleich anfangen zu lachen?

Ich saß da mit einem zerdrückten Ei in der einen und einem Becher Gelbwurztee in der anderen Hand, als Papa um die Hausecke kam.

Orestes sprang von dem Stein auf. Er starrte Papa an, als wäre er ein Einbrecher und nicht einfach nur ein dürrer Mann, der leicht wacklig über den Acker stapfte. Ich versuchte, die klebrigen Eierschalen wegzuschmeißen, aber da schrie Elektra sofort »Nein!« und wollte die Stücke zurückhaben. Ich hoffte nur, sie würde sie nicht essen. Orestes' Mutter war quasi sofort auf meinen Papa zugesprungen. Ich hörte, wie Orestes seufzte, aber er setzte sich zurück neben mich auf den Stein. Wir beobachteten unsere Eltern, die sich drüben am Haus begrüßten. Es war fast wie in einem Theaterstück.

SZENE: Normaler Vorstadtpapa lernt neu zugezogene Elfenfrau kennen.
VORSTADTPAPA: offene Windjacke, Jeans, verstrubbeltes, schütteres Haar, gräulich blasses Gesicht, runzlig. Stützt sich gelegentlich an der Hauswand ab.
ELFENFRAU: orangerote Tunika, barfuß, mit roten Bändern im Haar, erdverkrustete Finger, befindet sich ein Stück weit weg vom Vorstadtpapa an der Hauswand.

VORSTADTPAPA (hastig): »Hallöchen!«
Die Elfenfrau blickt auf. Betrachtet den Vorstadtpapa aufmerksam.
VORSTADTPAPA (unaufhaltsam): »Ihr seid also die neuen Nachbarn?«
Die Elfenfrau nähert sich dem Vorstadtpapa langsam. Es wirkt, als studiere sie ihn aus der Ferne. Legt den Kopf schief.
VORSTADTPAPA (unverdrossen): »Ich heiße Fredrik, ich bin Malins Papa. Wir wohnen drüben in dem weißen Haus auf der anderen Straßenseite.«
Die Elfenfrau steht jetzt direkt vor der weißen Ziegelsteinmauer und dem Vorstadtpapa. Sie blinzelt ihn an. Beschirmt die Augen mit einer Hand. Lässt die Hand wieder sinken.
VORSTADTPAPA (zögerlich): »Ihr habt es euch hier schön gemacht ... sehe ich ... viel Grün ...«
Die Elfenfrau legt ihr breites, warmes, einladendstes Lächeln auf. Als ob sie einen lange vermissten Freund wiedergetroffen hätte. Sie geht einen Schritt auf den Vorstadtpapa zu und legt ihm eine Hand auf die Schulter.
ELFENFRAU (singend): »Willkommen, *Fried Reich*. Ich bin *Mon Schein*.«
VORSTADTPAPA (verstummt): –

Man muss Papa dennoch bewundern. Er kämpfte richtig lange darum, so zu tun, als sei das alles ganz normal. Bis Orestes' Mutter sagte: »Ich habe etwas für dich«, und an der Hauswand entlang davontapste, machte er gute Miene. Das lag aber nur daran, dass er zufällig mal wirklich nicht wusste, was er sagen sollte.

Orestes' Mutter kam mit einem kleinen Tontopf wieder. Ein paar struppige Blätter ragten aus der Erde hervor. »Diese Pflanze heißt Doktor Westerlunds Gesundheitsblume«, sagte sie. »Pass gut auf sie auf. Ihre Energie wird dir helfen.«

»Danke, danke. Sehr nett«, sagte Papa automatisch und nahm den erdigen Topf entgegen.

Ich weiß nicht, ob er noch etwas gesagt hat, denn genau in dem Augenblick reichte Elektra mir ein neues Ei, ein ganzes diesmal. Aber ich hatte jetzt echt keine Zeit für sie.

Ich hatte nämlich Angst, dass Orestes' Mutter anfangen würde, mit Papa über Reinkarnationsberatung oder Traumdeutung oder irgendeine der anderen seltsamen Sachen, die auf ihrem Schild vor der Tür standen, zu sprechen, denn dann dürfte ich sicher nie wieder hierherkommen. Ich glaube, Orestes hatte denselben Gedanken, denn ich hörte ihn tief seufzen. Ich packte mein Cello, ging rüber zu Papa und fasste ihn am Arm.

»Wir gehen jetzt heim, Papa«, sagte ich. »Wir essen bestimmt gleich zu Abend. Mama kommt sicher auch bald, oder?« Ich wollte ihn bloß schnell dort wegkriegen, bevor noch weitere Seltsamkeiten gesagt werden konnten. »Gehen wir.«

»Ja, ja ...«, erwiderte Papa abwesend. Er sah Orestes' Mutter so gebannt an, dass er mich kaum wahrnahm.

»Wir müssen jetzt los. Wir sehen uns ein anderes Mal! Wirklich schön, dass ihr hergezogen seid. Sehr schön!« Er nickte und lächelte und war auf jede erdenkliche Weise nett, während ich ihn an der Glaskugel in Orestes' Garten vorbeischob, ums Haus herum und dann heim.

Ich warf einen Blick zurück über die Schulter, als Papa und ich gerade aus dem Garten gingen. Sowohl Orestes als auch seine elfengleiche Mutter standen noch da und sahen uns nach. Orestes verbissen, seine Mutter mild lächelnd. Elektra winkte als Einzige.

Wir redeten kein Wort über Orestes und seine Mutter, bis wir den Wendeplatz überquert hatten. Aber dann meinte Papa:

»Sie machen irgendwie einen leicht ungewöhnlichen Eindruck ...«

Er neigt nicht zu Übertreibungen, mein Papa.

Dann fügte er hinzu:

»Aber das ist okay; ungewöhnlich muss ja nicht falsch sein. Es muss ja nicht immer alles so sein, wie es immer schon war.«

Hatte ich recht gehört? Hatte mein Papa das wirklich gesagt? Ich warf ihm einen verstohlenen Blick zu, doch er sah immer noch in etwa genauso grau und langweilig aus wie sonst auch.

Als wir nach Hause kamen, stellte er die Gesundheitsblume ins Küchenfenster und goss sie vorsichtig. Ich ging in mein Zimmer und packte das Cello aus. Die Probe mit Alexandra war gut gelaufen, aber nicht super. Und es war nur noch einen Monat hin, bis wir beim Sommerkonzert des Kulturvereins spielen sollten. Alexandra war total nervös, sie hat noch nie bei einem Konzert mitgespielt. Ich übte noch mal die schwierigsten Stellen, bis Mama von der Arbeit heimkam.

Natürlich fragte Mama sofort, was das für eine Pflanze da im Küchenfenster war.
Und natürlich erzählte Papa, dass er sie von Orestes' Mutter bekommen hatte. Von Mona, wie er sagte.
Und natürlich wollte Mama sofort mehr wissen.
»Aha, was macht die denn so?«, fragte sie.
»Ich glaube, sie hat irgendeine Art Therapiepraxis«, antwortete Papa ausweichend. »Behandlungen und so. Sie hat ein Schild vor der Tür aufgestellt. Helio... irgendwas.«
»Echt? Dann kann ich da ja vielleicht mal wegen meines Nackens hingehen«, meinte Mama und drehte den Kopf hin und her. Sie bekommt immer Nackenschmerzen von all der Computerarbeit.
»Na ja, das macht alles einen etwas alternativeren Eindruck«, sagte Papa. »Irgendwas mit Horoskopen, glaube ich.«
Mama sah skeptisch aus. »Weißt du, was sie macht, Malin?«, wollte sie von mir wissen. »Du warst doch bestimmt schon mal da. Geht ihr Junge nicht in deine Klasse? Der mit dem komischen Namen?«
Ich nickte. Und zuckte dann mit den Schultern. Ich hatte wirklich keine Ahnung, was Mona so machte.
Früher war alles hier in unserer Straße so schön geordnet gewesen. In jedem Haus außer unserem wohnten Rentner:

pensionierte Vorschullehrer, pensionierte Bauunternehmer, pensionierte Lehrerinnen, pensionierte Ingenieure ... Und in unserem Haus lebten zwei nicht pensionierte Ingenieure, die in der Datentechnik (Mama) und im Projektmanagement (Papa) tätig waren. Zusammen hatten sie ein wohlgeratenes Kind (mich).

Geplant war wohl, dass Mama und Papa auch so lange arbeiten und sich um das Haus und mich kümmern würden, bis sie in Rente gingen. Aber für Papa wurde daraus nichts.

Alles fing damit an, dass er so viel arbeitete und fast nie zu Hause war. Dann bekam er einen Herzinfarkt und wäre fast gestorben und war nie zu Hause. Dann bekam er einen Herzschrittmacher und musste lange zur Kur und war auch nie zu Hause. Und zu guter Letzt ist er jetzt krankgeschrieben und plötzlich *immer* zu Hause.

Das Gespräch über Monas Beruf schuf eine spürbare Spannung im Raum, die Papa damit dämpfen wollte, dass er sagte:

»Sie machte auf jeden Fall einen netten Eindruck.«

Genau in diesem Moment kamen drei Personen über den Wendeplatz vor unserem Küchenfenster gelaufen.

Person 1: ganz schwarz gekleidet mit einem weiß geschminkten Gesicht (vielleicht nicht ganz so seltsam). Aber sie trug eine Astgabel vor sich her, mit beiden Händen, und starrte sie die ganze Zeit an, während sie ging.

Person 2: braune Hose, brauner Pulli. Über der Hose einen orangeroten Kilt. Um den Hals einen großen, breiten Kragen mit roten und weißen Federn, die in alle Richtungen abstanden. Und – da war ich ganz sicher – einer einzelnen weißen Feder, die aus einem Nasenpiercing hervorstand.

Person 3: gewöhnliche rote Regenjacke und Jeans, aber mit einem Käfig in der Hand, in dem sich irgendwas Braunes, Lebendes rührte. Kaninchen, dachte ich zuerst, aber nachdem ich etwas Langes aus dem Käfig hängen sah, tippte ich auf Ratten. Sehr große in diesem Fall.

Etwas Vergleichbares hatte man noch nie zuvor im Almekärrsväg gesehen.

Mit starren Blicken folgten wir ihnen den ganzen Weg von Roséns – Entschuldigung, ehemals Roséns, jetzt Familie Nilssons – langer, gerader Einfahrt hinauf. Die Rattenschwänze, die durch das Käfiggitter hingen, baumelten hin und her.

Keiner von uns sagte ein Wort.

*Ein neues Gebäude steht errichtet
an einem glänzenden Weg.
Finde die waagerechte Reihe.
Drei aus eins, zwei aus drei,
der dritte Einser gilt,
nicht der fünfte, nicht der siebte,
aber der nächste, wenn du kannst.*

So stand es in dem Brief. Und als ich auf dem Heimweg von meiner Cellostunde war, kam ich drauf, was mit dem glänzenden Weg gemeint war. Ich erklär's euch.

Ich spiele in der Stadt Cello, also in Göteborg. Letztes Jahr meinte meine Cellolehrerin in Lerum, sie glaube, ich müsse »in meiner Entwicklung einen Schritt weitergehen, meine einzigartige Begabung fördern«. Seitdem fahre ich nach Göteborg rein, wo ich einen neuen Lehrer habe, einen echten Musiker.

Obwohl ich mir nicht sicher bin, ob ich wirklich eine einzigartige Begabung habe. Das meiste macht sicher aus, dass ich sehr viel spiele. Normale Leute treffen sich nachmittags mit Freunden, chatten, schauen Videos und solche Sachen, aber ich spiele nur Cello. Und jeder, der so viel spielt, kann auch gut darin werden.

Ich fahre die zwanzig Kilometer zur Cellostunde in Göteborg natürlich nicht allein. Schon gar nicht nach dem berühmt-berüchtigten Internet-Zwischenfall (über den ich am liebsten immer noch nicht sprechen möchte)!

Aber da Mama jetzt so viel arbeitete, hatte sie an diesem Dienstag keine Zeit, mich zu fahren. Und Papa war bei einer Nachuntersuchung im Krankenhaus und konnte also auch nicht mitkommen.

Also hatte Mama mir exakte Anweisungen für die Fahrt nach Göteborg hinterlassen. Sie schrieb:

15:15 Geh zu Hause los (*mit* Cello!).
15:31 S-Bahn von Aspedal Bahnhof Richtung Göteborg
 (*Ruf mich an, sobald du in den Zug gestiegen bist!*).
15:50 Ankunft in Göteborg Hauptbahnhof.
 Geh geradeaus durch den Bahnhof zum Drottningstorg.
15:57 Straßenbahn Nr. 3 (dunkelblaues Schild) in Richtung Marklandsgata.
16:08 Ausstieg an der Haltestelle Valand.
 Geh geradewegs zum Artisten. (Der Artist ist kein Mensch, sondern das Gebäude, in dem mein Cellolehrer arbeitet.)
 Wichtig! Ruf mich an, wenn du angekommen bist!!!

Für den Nachhauseweg gab es natürlich auch einen Fahrplan. (Genau gleich, nur anders herum.)

Ich darf *auf keinen Fall* Umwege gehen.
Ich darf *auf keinen Fall* mit irgendwem reden.
Ich darf *auf keinen Fall* vergessen, Mama anzurufen.

Allerdings hatte Mama ein bisschen übertrieben, als sie den Zeitplan erstellt hatte, denn ich erwischte auf dem Heimweg eine Straßenbahn früher, als sie gedacht hatte. Also kam ich schon um 17:42 am Hauptbahnhof an und hatte reichlich Zeit bis zur Abfahrt des Zuges nach Lerum um 18:10.

Ich nutzte die Wartezeit, um zum Kiosk zu gehen und mir eine Tafel Schokolade zu kaufen, ganz außerhalb des Zeitplans. Und weil man beide Hände braucht, um eine Tafel Schokolade auszuwickeln, blieb ich neben dem Papierkorb vor dem Kiosk stehen und lehnte mein Cello gegen das Schaufenster. Es war ein ziemliches Gedränge, in dem mir plötzlich jemand den Ellenbogen in den Rücken stieß, und beinahe wäre mir die ganze Schokolade in den Abfalleimer gefallen.

»Komisch, da geht jemand, der genau denselben Cellokoffer hat wie ich«, dachte ich noch, als ich die Schokolade ausgewickelt hatte und wieder aufschaute. Dann bemerkte ich den WWF-Aufkleber mit dem Panda auf dem Koffer – den Aufkleber, den ich daraufgeklebt hatte, als ich letzten Sommer zum Orchesterwochenende fahren sollte. Das war mein Cello, das sich da von mir entfernte!

»Er hat mein Cello geklaut!«, schrie ich, so laut ich konnte, und rannte hinterher. Manch einer drehte sich nur um und glotzte. Ich schrie noch mal, noch lauter. Ich erkannte, dass der, der mein Cello hatte, eine schwarze Jacke trug, aber hier drinnen gab es ja nur hundert Millionen schwarzer Jacken ... Ich tauchte unter all die gestressten Pendler ab, um zwischen all den Beinen einen Blick auf den Cellokoffer zu erhaschen. Und dann schrie ich noch mal:

»Mein Cello! Hiiiiiilfeeeeee!«

Aus dem Augenwinkel sah ich zwei Typen in Uniform und gelben Westen angerannt kommen. Sicherheitsleute. Danke, dachte ich, jetzt kommt Hilfe.

Aber zu meiner Verwunderung rannten sie nicht hinter dem Dieb her und brachten ihn zur Strecke und nahmen ihm mein Cello ab. Stattdessen fühlte ich eine schwere Hand auf der Schulter. *Ich* – und nicht der Dieb!

»Was geht hier vor?«, brüllte einer der Wachmänner. Er hielt mich mit aller Kraft fest.

Ich war so aufgeregt, dass ich fast kein Wort rausbekommen hätte. Mein Herz schlug so fest, dass ich dachte, es würde mir gleich den Brustkorb sprengen. »Mein Cello!«, japste ich. »Er hat mein Cello genommen und ist abgehauen!«

»Dein Cello?« Der Wachmann, der mich festhielt, sah beunruhigenderweise so aus, als wüsste er nicht, was ein Cello war.

»Es«, keuchte ich, »es ist weg. Er hat es gestohlen!«

»Wer?«

»Ich weiß nicht, der ... Er hat mein Cello gestohlen!« Es war furchtbar, dass der Wachmann nicht hinter dem Dieb herrannte, aber noch schlimmer war, dass er mich festhielt, sodass ich es selbst auch nicht konnte. Meine Tränen flossen. Und ich bekam kein weiteres Wort heraus.

Alle Leute am Bahnhof wichen zur Seite, als sie die Wachleute und mich sahen. Es entstand so was wie ein leerer Kreis um uns herum, trotz des ganzen Gedränges. Als ob das ein verbotener Bereich wäre, in dem sich niemand aufhalten wollte. Ich am allerwenigsten.

Plötzlich schnitt ein Kreischen durch die Bahnhofshalle des Hauptbahnhofs. Ein durchdringender, fremdartiger Schrei, und die Leute begannen, in unterschiedliche Richtungen zu irren. Irgendetwas rempelte mich an und der Wachmann riss mich zur Seite.

Der Schrei hielt einfach an. Ich hatte absolut keine Ahnung, was das war. Ein scharfer, quietschender Laut. Fast so, als käme er von einer Maschine. Er echote laut und schrill durch die Halle, bis er aufhörte, genauso unerwartet, wie er begonnen hatte.

Ein dritter Wachman kam auf uns zugerannt. Und oh, da sah ich, dass er meinen Cellokoffer bei sich trug!

»Erratet ihr, was das war?«, rief er und lachte seine Sicherheitskollegen überrascht an. Er schien mich kaum zu bemerken. »Ein Auerhahn! Verrückt, oder! Der Dieb blieb wie angewurzelt stehen und ich kapierte erst nicht, warum – wegen des Auerhahns! Er kam durch die Halle geflogen und schrie wie besessen, mitten vor den Füßen des Typen! Als ich ihn eingeholt hatte, schmiss er nur das Instrument hin und rannte weg!«

»Wohin ist er gelaufen?«, fragte der Wachmann, der mich immer noch festhielt.

»Das weiß ich nicht ...«, erwiderte der andere und sah ein bisschen beschämt aus. »Aber ich hab mich hierum gekümmert.« Er hob mein Cello hoch und sah mich schließlich an. Jetzt kullerten die Tränen über meine Wangen und ich konnte nichts dagegen machen.

»Na, na«, sagte er und gab mir das Cello. Ich umklammerte den Griff fest. »Sei jetzt besser vorsichtig.«

Die Wachmänner redeten weiter miteinander, aber ich ging zurück zum Kiosk. Ich setzte mich auf eine Bank davor und fühlte mich irgendwie hohl.

Irgendjemand fragte mich, wie es mir ginge, aber ich antwortete nicht – denn ich durfte auf keinen Fall mit irgendjemandem sprechen.

Mama hatte recht, dachte ich. Ich will hier nie wieder alleine hin.

Dann ertönte der Schrei erneut. Näher jetzt, sodass er in meinen Ohren wehtat! Ich blickte auf und sah den Auerhahn über allen Köpfen dahinfliegen, hoch oben, knapp unter der gewölbten Decke. Groß und unbeholfen wie eine verwachsene Taube. Bestimmt hatte er Todesangst. Ich habe noch nie einen Auerhahn in der Stadt gesehen. Und im Wald übrigens auch nicht.

Er kreiste vor und zurück. Und da habe ich auf einmal »den glänzenden Weg« entdeckt. Hoch oben an der Decke, hinter dem flatternden Vogel.

Wusstet ihr, dass die Wände des Hauptbahnhofs in Göteborg mit Landkarten bemalt sind? Ich hatte davon keine Ahnung, obwohl ich schon super oft dort war. Sie müssen schon immer dort gewesen sein. Ich hatte sie nur nie zuvor bemerkt.

Es gibt dort drei große Landkarten, die hoch oben an die Wände gemalt sind, direkt unter der Decke. Alle drei Karten zeigen unterschiedliche Teile von Schweden, mit Städten und Seen. Quer über die Landkarten ist das Eisenbahnnetz in breiten goldenen Strichen gemalt. Es sieht aus wie Adern, die kreuz und quer über das Land verlaufen.

Einer der goldenen Striche verläuft von Göteborgs Hauptbahnhof zu mir nach Hause – also nach Lerum – und dann weiter nach Alingsås und schließlich den ganzen Weg bis nach Stockholm. Die Strecke glänzt quer über der Karte. Ein glänzender Weg, genau wie es in den letzten Hinweisen der Chiffre steht: *Ein neues Gebäude steht errichtet an einem glänzenden Weg.* Hier gab es Kilometer um Kilometer glänzende Wege ...

Ich konnte den Blick nicht von den Karten abwenden, bis es Zeit war, zum Zug zu rennen. Wohin der Auerhahn verschwunden ist, weiß ich nicht.

Ich habe Mama nie von dem Cellodieb erzählt. Ich dachte, sie würde doch nur wieder besorgt sein. »Gut«, antwortete ich nur, als sie mich fragte, wie die Zugfahrt und die Cellostunde gelaufen waren.

Aber an diesem Abend konnte ich nicht einschlafen. Es fühlte sich an, als hätte ich irgendwas falsch gemacht, als hätte ich diese Schokolade nie kaufen dürfen. Aber es konnte ja nicht meine Schuld sein, dass es Diebe gab, oder? Ich musste immer wieder an den Wachmann denken, der mich festgehalten hatte, daran, dass alle mich für den Dieb gehalten haben mussten. Dabei war ich die, die bestohlen worden war! Diese ganze Sache machte mir irgendwie Angst. Und ich musste an den riesigen Auerhahn denken, der so laut gekreischt hatte, dass man es durch die ganze Bahnhofshalle gehört hatte.

Ich versuchte, mir stattdessen den glänzenden Weg vor Augen zu führen. Stellt euch mal vor, dass irgendwer diese Landkarten irgendwann gemalt hat; dass er dort oben unter der Decke gestanden, sich Land und Seen vorgestellt und die Schienen mit Goldfarbe gemalt hat. Dass überhaupt jemand diese ganze Bahnhofshalle gebaut hat, die gewölbte Decke und die roten Holzpfeiler. Irgendjemand hatte festgelegt, dass es genau so in der Bahnhofshalle aussehen sollte, genau so schön. Die müssen früher echt gedacht haben, dass es was ganz Besonderes war, mit dem Zug zu fahren, wenn sie solche prächtigen Gebäude errichtet haben, nur um darin auf den Zug zu warten.

Am darauffolgenden Morgen hatte ich zwei Beschlüsse gefasst:

1. Ich werde nie wieder irgendwohin alleine fahren.
2. Ich werde trotzdem herausfinden, was es mit den Versen in dem alten Brief auf sich hat.

Die logische Schlussfolgerung war, dass ich Orestes davon überzeugen musste, dass diese geheimnisvollen Verse kein »Unfug« waren. Um das hinzubekommen, musste ich Beweise finden, dass das goldfarbene Schienennetz wirklich »der glänzende Weg« war, sodass Orestes zugeben müsste, dass alles zusammenhängt. Dass es einen neuen Anhaltspunkt am Ende dieses verschlüsselten Textes in Axels Brief gab. Wenn er das begriff, würde er neugierig werden, und dann könnten wir das Rätsel gemeinsam lösen. Damit ich nicht alles allein machen musste.

Alles, was ich brauchte, war eine Gelegenheit, Orestes zu überreden. Und die kam Punkt 9:40 Uhr, als unsere Gemeinschaftskundestunde anfing. Unsere Lehrerin verteilte die Tablets und nachdem die ganze Klasse ihr obligatorisches Zehn-Minuten-Genörgel beendet hatte (weil wir die Tablets nicht mehr mit nach Hause nehmen dürfen wie früher), sollten wir damit Informationen über verschiedene Länder in Südamerika finden. Ich schusterte schnell was über Brasilien, Argentinien und Peru zusammen. Dann suchte ich Informationen über die Eisenbahn und fand genau das, auf das ich gehofft hatte. Ich fasste das Ganze in einer Mail an Orestes zusammen:

An: OrNi@almekarsskolan.lerum.se
Von: MaBe06@almekarsskolan.lerum.se
Betreff: Hallo

Lies einfach weiter und zeig niemandem diese Mail.
Ich weiß, was mit »dem glänzenden Weg« gemeint ist. Die Eisenbahn! Die Gleisstrecke zwischen Göteborg und Stockholm. Die Schienen, die glänzen. Kapierst du?! Der erste Abschnitt zwischen Göteborg und Jonsered (gar nicht weit von Lerum) wurde 1856 fertiggestellt. Also bloß ein Jahr vor 1857, dem Jahr, in dem die seltsamen Begebenheiten, von denen Axel schreibt, sich ereignet haben. 1857 waren sie grade dabei, die Fortführung der Strecke von Jonsered nach Alingsås und weiter nach Stockholm zu bauen – man hat also genau hier in Lerum Schienen verlegt.
Das Bahnhofsgebäude von Lerum wurde erst viel später errichtet, nämlich 1892. Dieselbe Jahreszahl, die ganz oben auf dem Brief mit dem Code stand!
Also handelt es sich bei dem Gebäude, das Axel in dem Brief meint, um den Bahnhof von Lerum, der »neben einem glänzenden Weg steht«.
Es gibt noch mehr Hinweise am Bahnhof von Lerum, da bin ich ganz sicher. Ich fahre da heute Nachmittag mit dem Rad hin. Kommst du mit?
/Malin

Ich achtete peinlich genau darauf, nicht in Orestes' Richtung zu schauen, nachdem ich die Mail abgeschickt hatte. Es dauerte nicht mehr als eine halbe Minute, bis seine Antwort kam:

An: MaBe06@almekarsskolan.lerum.se
Von: OrNi@almekarsskolan.lerum.se
Betreff: Re: Hallo

Malin, nur dass du's weißt: Das ist immer noch Unfug.
Aber ich komme mit.
Nach der Schule bei uns auf der Straße?

An: OrNi@almekarsskolan.lerum.se
Von: MaBe06@almekarsskolan.lerum.se

Ich bin um halb fünf da.

Jetzt musste mir nur noch irgendeine glaubwürdige Erklärung für Mama einfallen, damit sie mich davonradeln lassen würde.

Auf dem Heimweg von der Schule grübelte ich fieberhaft darüber nach, auf welche nicht beunruhigende Weise ich Mama beibringen konnte, dass ich einen Fahrradausflug zum Lerumer Bahnhof machen musste, aber dann stellte sich heraus, dass sie gar nicht zu Hause war. Sie war bei der Arbeit.

Papa dagegen war daheim, machte jedoch kein Nickerchen wie sonst am Nachmittag. Er saß in der Küche und tat nichts. Der Küchentisch war mit Broten und Butter und Papas großer schwarzer Kaffeetasse mit irgendeinem alten Firmenlogo drauf gedeckt.

»Hallo, Liebes!«, sagte Papa. »Ich hab uns Marmeladenbrote gemacht. Willst du welche?«

Marmeladenbrote? Nach der Schule esse ich immer Joghurt mit Cornflakes, genau gleich viel von beidem.

»Nee.« Ich schüttelte den Kopf und holte stattdessen den Joghurt aus dem Kühlschrank.

»Ich dachte, du magst Marmeladenbrot«, meinte Papa. Er schien noch nicht lange auf zu sein, denn er hatte seine dunkelblaue Jogginghose und ein zerknittertes T-Shirt an.

»Spielst du heute Cello?«

Also, ich hatte doch gestern Cello! Wenn er ohnehin nicht mitbekommen hatte, was ich gestern gemacht habe, warum war er dann heute so neugierig?

»Nee«, erwiderte ich und schüttelte noch mal den Kopf, während ich die Cornflakes unterrührte, damit ich Papa nicht anschauen musste – weder seine gerunzelte Stirn noch seine Füße, die unter dem Tisch nackt in Flip-Flops steckten. »Aber ich geh noch mal raus, Fahrrad fahren.«

»Ach so, wohin denn? Kann ich mitkommen?«

Verdammt!

»Nee, das geht nicht ... Ich muss was mit Orestes erledigen. Ein ... ein Schulprojekt. Über ... Züge.«

»Okay«, meinte Papa und klang nicht das kleinste bisschen misstrauisch. Er hatte echt keine Ahnung von der Schule, glaubte wirklich, dass wir in der Siebten noch Projekte über Züge machten. »Aber vielleicht können wir ja wann anders mal irgendwohin radeln? Nur du und ich?« Er schaute mich nicht an, sondern nestelte an den Blättern von dieser Gesundheitsblume rum, die er von Orestes' Mutter bekommen hatte und die jetzt in unserem Küchenfenster stand.

Papa und Radfahren! Kaum zu glauben. Ich stopfte mir den Mund mit Cornflakes und Joghurt voll, damit ich nicht antworten konnte.

Kurz vor halb fünf stand ich mit meinem Fahrrad auf dem Wendeplatz und sah, wie Orestes auf seinem Roséns Auffahrt hinunterkam. Ich hatte damit gerechnet, dass er so ein olles Rad hatte, wie aus der Zeit, als es noch total normal war, seine Aktentasche auf dem Gepäckträger festzuklemmen. Oder vielleicht so ein uraltes Rad mit einem Vorderreifen, der so ungefähr zwei Meter Durchmesser hatte. Aber Orestes' Rad sah ganz normal aus. Nicht mehr ganz neu, aber auch nicht alt. Mit ganz schön vielen Gängen.

»Dann mal los«, meinte er und sauste den Almekärrsväg runter. Ich glaube nicht, dass er auch nur einmal gebremst hat, dabei geht es ganz schön steil runter von unseren Häusern bis zur Autobahn. Ich fuhr so schnell ich mich traute hinterher, aber ein bisschen bremsen musste ich schon ... Vor allem vor dem Supermarkt, als ich beinahe drei Männer in orange leuchtenden Westen zusammengefahren hätte, die mit einer großen Maschine den Asphalt aufbrachen. Ich holte Orestes erst später ein. Er wartete am Fußgängerüberweg beim Kreisverkehr.

Er sagte nichts, aber das war ausnahmsweise mal gar nicht so verwunderlich. Denn genau dort kann sich eigentlich niemand unterhalten, und das liegt daran, dass das Getöse von der Autobahn alle anderen Geräusche schluckt.

Ich hab wohl übrigens vergessen, die Autobahn zu erwähnen. Ich habe nur von Eichenwäldchen und Buschwindröschen berichtet, sodass ihr jetzt bestimmt glaubt, wir wohnen auf dem Land? Und wenn man sich Fotos von Lerum anschaut, sieht man auch nur schöne Dinge, wie Wälder und Seen, heimelige Häuser und den Fluss Säveån. Aber das liegt nur daran, dass nie jemand Lust hat, die Autobahn und die Eisenbahn zu fotografieren, die Seite an Seite einmal quer durch den ganzen Ort laufen, zwischen unserer Straße und dem See. Man versucht quasi, sie zu übersehen. Aber man kann sie überall in Lerum hören. Es rauscht wie am Meer. Nur dass es genau da, wo Orestes auf mich wartete, nicht wirklich wie am Meer war, denn dort donnerte der Verkehr so laut vorbei, dass man nichts anderes hören konnte.

Es ist seltsam mit Dingen, die man sieht und doch nicht sieht. Ich war schon öfter in Lerum am Bahnhof gewesen, als ich zählen konnte, aber ich hatte noch nie das Bahnhofsgebäude gesehen. Also, nicht richtig.

Es war ein ganz schön tristes Gebäude, um ehrlich zu sein.

Stellt euch ein altes Haus aus rotem Ziegelstein vor. Es war mal prachtvoll gedacht, mit einem großen Eingangsportal in der Mitte des Gebäudes und symmetrischen Fensterreihen an den Seiten. Durch das große Portal musste man durch, wenn man zum Bahnsteig wollte, um zu verreisen, und bestimmt gab es drinnen so einen alten Warteraum, einen von diesen großen Sälen. In etwa so wie in Göteborg, nur viel kleiner.

Heute aber wird das Bahnhofsgebäude nicht länger als Wartehalle genutzt. Das alte Eingangsportal ist verschlossen und in der einen Hälfte des Gebäudes ist ein Restaurant. Wenn man auf den Zug wartet, muss man das stattdessen in so einem kleinen, hässlichen Plastikhäuschen tun, das neben dem eigentlichen Bahnhofsgebäude aufgestellt wurde. Die Leute stehen darin und frieren hinter den Plastikwänden wie Fische in einem eiskalten Aquarium.

Über dem verrammelten Eingang des Bahnhofsgebäudes hängen Lampen mit verschnörkelten schwarzen Eisenarmen. Auf einem davon saß eine kohlschwarze Krähe aufgeplustert und völlig regungslos.

»Also«, sagte Orestes noch einmal. »Was tun wir hier eigentlich? Das Haus muss doch etliche Male renoviert worden sein seit 1892. Wenn es hier je einen Hinweis gegeben hat, ist er sicher schon lange verschüttgegangen.«

Da hatte er tatsächlich recht. Das Gebäude war seit 1892 mindestens einmal umgebaut worden. Darüber hatte ich im Internet etwas gelesen. Aber ich hoffte natürlich, dass das Geheimnis, nach dem wir suchten, trotzdem immer noch auffindbar sein würde.

Ich schaute zu der Krähe auf der Lampe hoch. Konnte sie mir denn nicht helfen? Wenn Auerhähne das konnten, dann doch wohl Krähen auch? Aber sie blinzelte nicht einmal, sie saß so reglos da, als wäre sie ausgestopft. Dann allerdings wäre sie wohl schon runtergefallen, versteht sich.

»Lass uns das Rätsel noch mal durchgehen«, schlug ich vor und fing an, laut vorzulesen:

Ein neues Gebäude steht errichtet
an einem glänzenden Weg.
Finde die waagerechte Reihe.
Drei aus eins, zwei aus drei,
der dritte Einser gilt,
nicht der fünfte, nicht der siebte,
aber der nächste, wenn du kannst.

»Da steckt ein Fehler in der Aufzählung«, stellte ich fest. »Eins, zwei, drei, fünf und sieben. Aber wo sind denn die vier und die sechs?«

In Orestes' Augen blitzte es auf. Als ob ein Stern mitten in der Finsternis aufging.

»Das sind doch Primzahlen«, meinte er. »Eins, zwei, drei, fünf, sieben. Die nächste Zahl ist die elf.«

Warum war mir das nicht eingefallen?

Primzahlen, also die Zahlen, die sich durch keine andere Zahl teilen ließen außer durch sich selbst. Die sind eigentlich nicht so wichtig, aber das sind eben die Sachen, die man weiß, wenn man ein Mathegenie wie Mama oder Orestes ist.

»Drei aus eins, zwei aus drei, der dritte Einser gilt!«, zählte ich auf und betonte »gilt« so stark, dass die halbtote Krähe aufschreckte und um das Bahnhofsgebäude herum Richtung Gleise flog.

»Wir fangen auf der Rückseite an«, beschloss ich.

Als das Bahnhofsgebäude errichtet wurde, muss beabsichtigt gewesen sein, dass man durch das große Portal der Mittelhalle geradeaus durch den Warteraum und durch ein ebenso prachtvolles Portal auf der anderen Seite wieder hinaus auf den Bahnsteig zu den Gleisen ging. Aber Orestes und ich liefen um das Gebäude herum, an den ramponierten Müllcontainern an der kurzen Seite vorbei, um zu den Gleisen zu gelangen. Orestes betrachtete missmutig all den Abfall, der über den Asphalt verteilt lag; alte, leere Flaschen,

Eispapiere und Dosen. Ich versuchte, durch ein Fenster hineinzuspähen, das zur Hälfte mit einer Holzplatte vernagelt war. Aber es war drinnen viel zu dunkel, um irgendwas erkennen zu können.

»Das Restaurant nimmt wohl nur die Hälfte des Gebäudes ein«, sagte ich zu Orestes. »Dieser Teil hier wirkt verlassen.«

»Aha. Aber was meinst du denn, wo wir jetzt damit anfangen sollen, nach Hinweisen zu suchen?«, fragte Orestes und sah mich an.

Ich hatte wirklich keine Ahnung. Ich hatte geglaubt, dass es schon irgendein Zeichen geben würde, einen Pfeil oder eine Markierung, hier am Bahnhofsgebäude. Aber jetzt war da das mit den Primzahlen ...

Auf dem Bahnsteig bildete sich eine kleine Menschenmenge an der Stelle, an der der Zug für gewöhnlich hält, ein kleines Stück entfernt vom Bahnhofsgebäude. Der Zug nach Göteborg würde bald abfahren. Unter den Wartenden fiel mir jemand mit einem hellen Mantel und einer großen schwarzen Tasche auf, der genau wie unsere Lehrerin aussah. Ich wollte nicht, dass sie uns erkannte, und drehte mich rasch wieder zum Bahnhofsgebäude um. Mein Blick blieb an der Fensterreihe hängen. Hier auf der Rückseite gab es ein Mittelportal, genau wie auf der Vorderseite, sowie Fensterreihen und irgendeine Tür zu beiden Seiten des Portals. Die vier Fenster, die dem Bahnsteig am nächsten waren, waren durch das Restaurant erleuchtet, die Fenster, die uns am nächsten waren, waren dunkel und vernagelt.

Unter jedem Fenster war eine Reihe mit Ziegelsteinen, die hochkant gemauert waren statt waagerecht wie die anderen Steine.

Elf Ziegelsteine waren es, elf senkrechte Ziegelsteine in jeder waagerechten Reihe.

»Nicht der fünfte, nicht der siebte, sondern der elfte, wenn du kannst!«, sagte ich. Orestes sah mich verständnislos an. »Vielleicht hat es was mit den Ziegelsteinen unter den Fenstern zu tun«, dachte ich weiter laut. »Aber drei aus eins, zwei aus drei?« Womöglich wies das auf das richtige Fenster hin? »Der dritte Einser gilt.«

Die Fenster waren auf beiden Seiten des Portals nicht ganz gleichmäßig verteilt. Ganz links außen, wenn man auf das Portal schaute, stand ein Fenster für sich ganz allein. Dann kamen drei Fenster, enger zusammen. Dann das Portal. Dann zwei Fenster und eine Tür, dicht beieinander. Und zum Schluss ein kleines Fenster für sich allein. Ich fragte mich, ob es diese Tür da immer schon gegeben hatte. Oder ob an der Stelle früher mal ein Fenster gewesen war? Denn wenn ja: *ein* Fenster, *drei* Fenster, *ein* Portal, *drei* Fenster, *ein* Fenster. Drei Einsen und zwei Dreien. *Drei aus eins, zwei aus drei ...!* Und »der dritte Einser gilt«, also musste das entweder das erste oder das letzte Fenster sein, je nachdem, von welcher Seite aus man zählte.

Ich ging zu dem ersten Fenster von links und klopfte gegen den elften Ziegelstein. Er saß natürlich bombenfest, klar. Durch die Fensterscheibe sah ich die Leute im Restaurant und schlich mich rasch davon. Gleichzeitig war Orestes rüber zu dem einzelnen Fenster am anderen Ende des Gebäudes gegangen.

Ich kam bei ihm an, als er gerade gegen den elften Ziegelstein unter dem Fenster klopfte. Und da bemerkte ich, wie der Stein ein bisschen nachgab. Ich sah, dass er sich bewegte! Aber Orestes schien davon nichts zu merken.

»Der ist lose!«, rief ich. »Siehst du nicht, dass er lose ist? Zieh ihn raus!«

»Hä?«, machte Orestes. Er hatte bereits angefangen, an einem anderen Stein herumzufummeln, dem dritten von rechts.

»Nee, nicht den da natürlich«, meinte ich. »Den, an dem du davor geruckelt hast!«

Ich stieß ihn beiseite und griff mit beiden Händen nach dem Stein. Bestimmt rührte er sich ein bisschen, ein ganz klein bisschen? Ich ruckelte an dem Stein. Und es klappte! Der Ziegelstein löste sich nicht ganz, aber er war locker ...

Ich zerrte weiter an ihm. Jedes Mal bewegte er sich einen Millimeter auf mich zu. Vorsichtig, vorsichtig. Nach einer Weile bekam ich ihn zu fassen. Ein wenig Mörtel rieselte heraus, als ich den Stein schließlich aus dem Mauerwerk zog.

Ich hatte so Schiss, dass ich enttäuscht werden würde. Vielleicht hatte sich bloß der Mörtel seit 1892 etwas gelockert und weiter nichts. Aber dem war nicht so. Hinter dem Stein kam ein viereckiges kleines Loch zum Vorschein, komplett schwarz. Ich machte mich bereit. Dann steckte ich vorsichtig die Hand in das Loch. Darin befand sich ein harter, eckiger

Gegenstand. Ich schaffte es, mit den Fingerspitzen heranzukommen, und zog ihn heraus.

Es war ein dunkles Holzkästchen, etwas kleiner als der Ziegelstein. Meine Finger strichen vorsichtig über die glatte Oberfläche des Kästchens. Es hatte keine Kanten, keine Öffnung, kein Schlüsselloch – nichts, wo man es hätte öffnen können.

»Schieb den Stein zurück«, wisperte Orestes. »Schnell! Mach schon!«

Ich kapierte gar nichts, bis Orestes zischend hinzufügte: »Hinter dir!«

Ich drehte mich um. Der Bahnsteig hinter uns war nicht länger halb leer, sondern voll von Leuten. Ich erkannte, dass das tatsächlich unsere Lehrerin war, die da zwischen all den anderen Leuten stand und wartete. Und nicht nur sie, auch die Handarbeitslehrerin, der Sportlehrer und die Direktorin – ja, das gesamte Schulpersonal schien sich da auf dem Bahnsteig zu drängen. Machten die einen Ausflug, oder was? Ich bemerkte, wie jemand neugierig in unsere Richtung schaute. Aber niemand sagte etwas. Und ich versuchte, so unscheinbar zu wirken, wie ich nur konnte.

Orestes musste die Lehrer auch gesehen haben, denn er stellte sich dicht neben mich und tastete nach dem Kästchen in meiner Hand. Er nahm es vorsichtig an sich und ließ es in seiner Jackentasche verschwinden. Ich glaube nicht, dass das irgendjemand auf dem Bahnsteig mitbekommen hatte. Er stand immer noch vor mir, als ich den roten Ziegelstein zurück an seinen Platz schob.

Wir gingen geradewegs zu unseren Fahrrädern und sausten davon. Schnell, schnell, schnell! Meine Beine strampelten, dass es in der Gangschaltung nur so surrte und meine Haare im Wind flatterten. Mein Herz sang.

Wir hielten hinter dem Supermarkt an, neben ein paar riesengroßen Rollen mit gelbem Kabel, und sahen uns das Kästchen näher an. Es sah aus wie ein massiver Holzklotz, doch als ich auf die Oberseite klopfte, klang es eher hohl. »Wie kriegt man es auf?«, fragte ich ungeduldig. Ich versuchte, die Seiten zu verschieben, aber nichts geschah. Ein paar orange gekleidete Bauarbeiter näherten sich. Besser, wir fuhren heim. Aber erst mussten wir noch entscheiden, wer das Kästchen mitnehmen sollte. Es wurde Orestes.

Denn wenn das Kästchen bei mir zu Hause wäre:
1. Großes Risiko, dass Mama es finden würde, selbst wenn ich es unter dem Bett verstecken würde.
2. Wenn sie es fand, würde es einen Haufen Fragen geben.

Wenn das Kästchen bei Orestes wäre:
1. Keine Chance, dass seine Mutter es finden würde.
2. Selbst wenn sie es finden sollte, würde es sie nicht interessieren.

Orestes' Zimmer war ein unendlich viel sicherer Ort als meins.

12.

Es wurde Freitag. Orestes und ich beachteten einander in der Schule nicht. Wir haben das nie besprochen, aber es ist, als hätten wir ein geheimes Abkommen miteinander: In der Schule kennen wir uns kaum. Punkt.

An diesem Nachmittag war es ziemlich lustig in der Klasse, denn wir hatten eine Stunde für uns, in der wir unseren Schulsong planen konnten.

Bei der Schulabschlussfeier läuft es in unserer Schule so: Die, die von der Schule abgehen (das heißt: wir!), singen ihren eigenen Song. Dafür wählt man eine Melodie, die jeder kennt, eine aus den Charts oder so was, und dann denkt man sich seinen eigenen Text zur Melodie aus.

Es gab eine Riesendiskussion darüber, welche Melodie wir nehmen sollten und wovon der Text handeln sollte. Aber letztlich kamen wir zu dem Schluss, dass wir uns eine Woche Zeit geben würden, um Lieder vorzuschlagen und darüber abzustimmen. Ich fing sofort an, mir Gedanken zu machen, und schrieb einen supertollen Anfang: »Oh nein, oh nein, das kann doch gar nicht sein! Der erste Tag hier ist noch gar nicht lange her und jetzt sind wir schon fertig mit der

Almekärr ...« Weiter kam ich nicht mehr. Ich nahm den Zettel mit dem Lied mit nach Hause, denn ich wollte ihn übers Wochenende fertig schreiben.

Nach der Schule würden Orestes und ich das Kästchen öffnen – und endlich das Rätsel lösen, glaubte ich. Es fühlte sich ganz einfach so an, als ob es ein großartiges Wochenende werden würde. Ausnahmsweise einmal. Und als ich heimkam, hatte Mama ihren Wochenendkuchen gebacken! Karamelltarte mit Sahne. Auch das großartig!

»Komm ein bisschen her, Malin«, sagte Mama. »Papa und ich möchten was mit dir besprechen.« Sie setzten sich genau gleichzeitig an den Küchentisch. Quasi hinter den Kuchen. Beide schauten mich erwartungsvoll an.

Nein, nein, nein! Das war kein gutes Zeichen! Ausgerechnet jetzt, wo ich so gute Laune hatte. Ich ließ mich steif auf dem härtesten Stuhl ganz am Ende des Tischs nieder. Was kommt denn jetzt?, dachte ich. Muss Papa etwa schon wieder ins Krankenhaus?

»Du weißt doch, mein neues Projekt bei der Arbeit ...«, begann Mama. »Das Pi-Projekt. Das ist eine Algorithmenvariante, die mit dem Fast Illinois Solver Code angefangen hat, sich dann aber in eine eigene Richtung entwickelt hat ...« Zum Glück brach sie sofort von selbst ab, als sie merkte, dass sie abschweife. Stattdessen sagte sie das, was sie eigentlich hatte sagen wollen.

Das Pi-Projekt ist superwichtig und Mama ist dafür verantwortlich. Und sie ist unheimlich gut darin, verantwortlich zu sein – fragt mich mal! So gut, dass ihre Chefs wollten, dass sie nach Japan fährt und dort arbeitet.

In Japan!

Superweit weg!

Ohne mich!

»Aber das wäre nur für fünf Wochen«, beeilte sich Mama hinzuzufügen.

Ich weiß, dass ich mal fünf Wochen ohne meine Mama klarkommen müsste. Ich geh ja immerhin schon in die siebte Klasse. Aber ihr müsst auch verstehen, dass es die letzten Jahre in unserer Familie viele Unsicherheiten gab. Und das einzig Verlässliche war immer Mama gewesen. Sie ist die, die immer da war, am Morgen und am Abend und wenn ich mitten in der Nacht aufwachte und nicht mehr einschlafen konnte ... Ich bin es nicht gewöhnt, dass sie weg ist!

Mama kapierte gar nichts. Sie fügte nur hinzu:

»Und Papa ist ja jetzt hier.«

Papa. Wie sollte ich mich auf den verlassen können? Er kennt mich ja kaum noch. Und was sollte ich tun, wenn ihm etwas zustieß? Was, wenn sein Herz wieder stehen blieb?

»Du brauchst dir keine Sorgen zu machen, Malin«, meinte Papa. »Es passt ganz gut, dass Mama jetzt fährt, wo ich ohnehin zu Hause bin. Ich fange frühestens im Herbst wieder an zu arbeiten.«

Ich wollte nur noch heulen. Oder besser gesagt – ich wollte mich auf den Boden werfen und schreien und mit den Fäusten auf den Boden trommeln, wie ein kleines Kind, das seinen Willen nicht bekommt.

»Du findest das also nicht so gut ...«, sagte Mama leise.

Ich schüttelte den Kopf und sprang so ruckartig von meinem Stuhl auf, dass der Küchenvorleger zusammengeschoben wurde, rannte auf mein Zimmer und machte die Tür zu. Ich konnte ihnen ansehen, dass alles bereits beschlossene Sache war.

Mama würde schon nächste Woche abreisen. Das bedeutete, sie würde nicht hier sein und mich vor dem Cellokonzert beruhigen können. Sie würde nicht hier sein und mich so lange im Arm halten können, bis ich schlafen konnte. Und sie würde nicht hier sein und über meine Reime lachen, wenn ich den Text für den Schulsong schrieb. Mama würde es noch nicht mal schaffen, zur Schulabschlussfeier wieder zu Hause zu sein! Nur Papa würde dann hier sein, er, der nie irgendwas weiß und darüber hinaus nur *mich* die ganze Zeit beunruhigt. Ich knüllte den Zettel mit dem Schulsong zusammen und warf ihn in den Papierkorb. Ich hatte auch keine Lust mehr, Orestes am Nachmittag zu treffen, um uns das Kästchen näher anzusehen. Im Moment waren mir alle Geheimnisse und Hinweise der ganzen Welt schnurzpiepegal.

Am Abend aß ich ein wenig von der Karamelltarte und Mama und Papa schlichen um mich herum, als ob ich eine Bombe wäre, die jederzeit hochgehen könnte.

Nee, das wurde kein guter Abend. Als ich ins Bett gehen wollte, schaute ich rüber zu Orestes' Haus. Eine einzige Lampe leuchtete dort drüben. Ich bin sicher, es war die in seinem Zimmer.

Am Samstagvormittag ging ich über die Straße und klopfte an Orestes' Tür. Es regnete schon wieder und war so grau, dass das Graue quasi in mich hineinkroch.

»Du siehst aber traurig aus!« Orestes' Mutter sah mich fragend an, als sie aufmachte. Sie hatte eine Bandage um die Hand gewickelt und eine Art grau-braun gestreifter Wolldecke um sich gelegt. Die ließ sie nicht ganz so schrill aussehen, vielleicht ein klein wenig normaler als sonst.

Ich murmelte nur irgendwas als Antwort und legte mein Handy in das schwarze Kästchen, bevor sie noch irgendwas sagen konnte. In der Diele roch es noch intensiver als beim letzten Mal, irgendwie scharf und kratzig.

»Ich mache dir etwas Gelbwu...«, begann sie, aber da hörte ich schon Orestes' Schritte im Haus.

»Keinen Tee jetzt!«, rief er. »Wir gehen sowieso raus.«

»Ach so?«, erwiderte sie und ich dachte dasselbe: Bei dem Wetter rausgehen? Orestes antwortete nicht, zog sich bloß ein Paar grüner Gummistiefel und seine blaue Regenjacke an, und dann gingen wir.

Orestes eilte in Richtung Waldweg davon, auf dem wir für gewöhnlich zur Schule gehen.

Er ging mit langen Gummistiefelschritten und hatte sich die Kapuze aufgesetzt, sodass es unmöglich war, mit ihm zu reden. Ich hastete in meinen Sneakers und meiner dünnen Steppjacke hinterher und war sofort komplett durchgeweicht.

Erst als wir beim Klettergerüst vor dem Unterstufengebäude angekommen waren, blieb Orestes stehen. Er kroch durch die schmale Öffnung in die unterste Höhle, in der die kleinen Kinder normalerweise Kaufmannsladen spielen, und hockte sich innen rein. Ich kroch hinter ihm her.

»Ich habe die halbe Nacht lang versucht, es aufzubekommen«, sagte Orestes und fischte das Holzkästchen aus seiner Tasche. »Aber es sitzt irgendwie fest.«

Das Kästchen sah schief aus. Orestes war es gelungen, eine der Kanten zu verschieben, sodass das ganze Kästchen sich einen Hauch verzogen hatte. Es war eine schmale Rille zwischen der Kante und dem Deckel entstanden, anhand derer man das Innere des Kästchens erahnen konnte.

»Man muss zuerst den Rand vorschieben und dann das Schloss, nur einen Millimeter auf einmal«, meinte Orestes. Er führte mir eifrig vor, wie man es machen musste. »Aber jetzt sitzt es fest.«

Wir wechselten uns ab, an dem Kästchen herumzuschieben und zu drücken, versuchten auf unterschiedliche Weise, es aufzubekommen. Orestes war in seinem Element. Dieses Steife, Langweilige an ihm verflüchtigte sich, wann immer wir ein Problem gemeinsam zu lösen hatten. Er stolperte schon fast über seine eigenen Worte, als er versuchte, mir zu erklären, wie das Kästchen funktionierte.

Wir waren so in unsere Aufgabe vertieft, dass wir das Knirschen im Kies draußen fast nicht gehört hätten. Erst als etwas gegen die Außenseite der kleinen Höhle bollerte, sahen wir einander erschrocken an. Über dem Höhlendach hörten wir ein schlurfendes Geräusch und auf einmal wurde ein Kopf zum Eingang der Höhle hineingesteckt! Im Schatten erkannte ich ein verzerrtes Gesicht. Die Gestalt sprang runter auf den Boden – und auf einmal stand da Ante.

Ich hatte ihn nicht erkannt, als er da so kopfüber gehangen hatte und aussah wie hundert, obwohl er erst zwölf war.

Ausgerechnet Ante! Ich spannte die Muskeln im ganzen Körper an und zog die Schultern hoch, versuchte quasi, den Kopf einzuziehen.

Nein!, dachte ich. In ungefähr zwei Sekunden würde Ante sicher kreischen: »Malin und Orestes knutschen!«, und dann wüsste es der ganze Pausenhof.

Aber Ante schrie nicht. Er keuchte nur ein bisschen kurzatmig und strich sich seinen durchnässten Pony aus der Stirn. Mir wurde klar, dass da draußen auf dem Pausenhof niemand sonst war, dem er hätte zurufen können, weil Samstag war.

»Was macht ihr hier?«, fragte er.

Ich schielte zu Orestes rüber und versuchte, das Kästchen hinter dem Rücken verschwinden zu lassen. Aber das merkte Ante natürlich.

»Was hast du da?«, wollte er wissen. Er zog die Beine in die Höhle hinein und drängte sich an mich. Ehe ich reagieren konnte, riss er mir das Kästchen aus der Hand. Er tastete es ab und untersuchte es von allen Seiten.

»Was wollt ihr mit dem Ding hier?«, fragte er.

Sein Gesicht war so nah an meinem, dass ich sehen konnte, wie er atmete. Er schaute nur mich an, nahm Orestes kaum wahr.

»Abgeschlossen«, rutschte es mir raus. »Unmöglich zu öffnen.«

»Was denn? Willst du es geöffnet haben?«, fragte er. Er wirkte auf irgendeine Art einsam. Einsam und un-antig.

Ich nickte.

»Das krieg ich hin«, meinte er und sprang aus der Höhle, das Kästchen fest im Griff.

Ich wollte ihm hinterherrennen und sprang gleichzeitig mit Orestes auf, sodass wir am Höhleneingang zusammenstießen. Orestes hielt sich nicht damit auf zu fragen, ob alles in Ordnung war, sondern drückte mir stattdessen den Ellenbogen in die Seite und drängelte sich vor. *Warum* hatte ich nur zugelassen, dass Ante das Kästchen erwischte?

Als es uns gelungen war, uns durch den Eingang rauszuquetschen, war Ante schon auf halbem Weg zu einem der großen Felsblöcke am Rande des Pausenhofs. Ante kletterte behände an der flachsten Seite rauf, stützte sich dabei mit den Knien und einer Hand ab. In der anderen hatte er immer noch das Kästchen.

Als Orestes und ich bei dem Felsen ankamen, stand Ante breitbeinig ganz oben, die steile Seite fiel unter ihm ab. Er hob das Kästchen über den Kopf und machte sich bereit.

»Nein!«, schrie ich.

Aber Ante knallte das Kästchen voll auf den Boden. Es schlug hart im Kies auf – aber es hielt!

Ich stürzte darauf zu, um es aufzuheben, aber da tat es vor mir einen Schlag und eine Ladung Kieselsteine spritzte mir ins Gesicht.

Ante war runtergesprungen und hatte das Kästchen mit der Kante seiner supermodernen, allerneuesten Sneakers getroffen. Er machte einen Schritt zur Seite und schaute zu Boden. Das Kästchen war zerbrochen. Ante sah zufrieden aus. Er stocherte in den Holzsplittern herum.

»Nur eine Menge altes Papier drinnen.« Ante zog einen gelblichen Papierstreifen hervor, den er zwischen Daumen und Zeigefinger hochhielt.

»Gib her!«, sagte Orestes und riss ihn Ante aus der Hand. Orestes funkelte Ante aus Augen an, die den Cruciatus-Fluch in sich hatten. Er sah aus, wie ich mich fühlte: absolut stocksauer! Aber trotzdem war ich vielleicht vor allem traurig. Das Kästchen war kaputt. Ich hob die Einzelteile vorsichtig auf. Das Schloss und der ganze Rand waren eingedrückt und an der Seite stach ein spitzer Splitter heraus.

»Was denn? Ihr wolltet es doch offen haben!« Ante wirkte sauer. Aber nur ein paar Sekunden.

»Altes, wertloses Papier«, meinte er und schüttelte den Kopf. Jetzt sah er wieder antig aus und schlenderte auf seine übliche übercoole Art rüber zu seinem Fahrrad. »Sehen uns in der Schule, Kleinkinder«, sagte er, als er das Bein über sein Rad schwang und davonfuhr. »Jetzt könnt ihr allein weiterspielen!« Dann verschwand er den Hügel hinunter.

Orestes und ich standen immer noch auf dem Schulhof. Es hatte aufgehört zu regnen. Der Kiesplatz war von braunen Pfützen übersät und ich fror in meinen durchnässten Jeans.

Ich sah auf die Bruchstücke des Kästchens hinab und entdeckte, dass im Inneren ein kleiner bunter Zettel versteckt war. Er sah spröde aus, wie vergilbtes Herbstlaub. Ich traute mich nicht, ihn herauszufummeln, nicht hier draußen bei der Nässe und dem Wind.

»Wir müssen ihn untersuchen«, meinte Orestes. »Wir gehen zu dir nach Hause.«

Ich schüttelte den Kopf. »Nee, das geht nicht«, erwiderte ich. »Ganz und gar unmöglich.«

Keine Chance, dass Mama Orestes und mich bei uns zu Hause in Frieden lassen würde. Sie würde nichts unversucht lassen, um immer genau zu wissen, was wir machten, und das, was wir machten, würde sie wieder nur beunruhigen.

Wie würde das nur werden, wenn sie fünf Wochen lang am anderen Ende der Welt wäre? Wie würde sie da überwachen, was genau ich die ganze Zeit so machte?

»Dann gehen wir eben zu mir«, meinte Orestes, nachdem ich ihm erklärt hatte, dass meine Mama leider hoffnungslos neugierig war. »Natürlich nur, wenn du keine Angst vor Ratten hast. Oder Gelbwurz.«

Als Orestes fragte, ob ich Angst vor Ratten hätte, war ich sicher, er meinte wilde Ratten, die im Keller herumliefen. Aber die besagten Ratten erwiesen sich als drei riesengroße zahme Tiere, die jede in ihrem Käfig in der Küche standen und vor sich hin müffelten. Orestes' Mutter versuchte, sie von der Unart zu kurieren, sich immer wieder gegenseitig totbeißen zu wollen, indem sie sie mit Spargel fütterte und blaue Glasstückchen um die Käfige legte. Aber bisher mit überschaubarem Erfolg. Die Ratten beäugten einander zornig und ich bemerkte, dass eine von ihnen Bissspuren am Schwanz hatte.

Wir fingerten vorsichtig an den Bruchstücken des Kästchens rum. Es waren sieben kleine, spröde Blätter Papier. Sie waren zum Glück alle noch heile und wir legten sie der Reihe nach auf Orestes' Schreibtisch aus, auf der Schreibtischunterlage mit der Weltkarte. Jedes Blatt war voll mit Text, in Druckbuchstaben und nicht in so einer schwer lesbaren altmodischen Handschrift geschrieben. Die Buchstaben schienen fast durch das dünne Papier zu drücken. Dunkle Punkte waren hier und da über das Blatt verteilt und zuerst dachte ich, das seien Stockflecken – dass sie daher kamen, dass das Papier so lange in dem Kästchen gelegen hatte –, aber dann erkannte ich, dass die Pünktchen sorgfältig mit schwarzer Tinte über die Buchstaben gemalt waren. Mir wurde klar, dass das die Pünktchen über den üs, äs und ös waren.

Orestes' Zimmertür war zu und er hatte seine Mutter und kleine Schwester streng angewiesen, draußen zu bleiben.

Der Text war nicht verschlüsselt, aber es war trotzdem schwer herauszubekommen, in welcher Reihenfolge die Blätter kamen. Sie gerieten durcheinander, als Orestes und ich versuchten, sie gleichzeitig zu lesen. Und es stellte sich heraus, dass ich besser darin war, sie zu entziffern, als Orestes. Er gab es auf und stattdessen las ich die Seiten der Reihe nach laut vor, während sich Orestes Notizen machte.

Ihr ahnt gar nicht, wie lange ich gebraucht habe, mich durch die sieben Seiten zu lesen, ich war ein paarmal drauf und dran aufzugeben. Denn zum einen waren hier und da Buchstaben nahezu vollständig verwischt und ich musste raten. Und zum anderen verstand ich nicht alle Worte, obwohl der Text auf Schwedisch war (da stand überall so was wie »in höchstem Maße«!). Ich verhaspelte mich die ganze Zeit.

Nachdem ich mir jede Zeile einzeln zusammengereimt hatte, durfte ich Orestes' Notizen lesen. Ich war nicht mit allem einverstanden, was er geschrieben hatte, deswegen korrigierte ich es ein bisschen. Natürlich protestierte Orestes dagegen. Aber schließlich wurden wir auch mit den Notizen fertig.

Das hier ist der Brief (den ihr nicht lesen müsst, denn das ist wirklich ziemlich anstrengend. Ihr könnt stattdessen auch ganz bequem zu unseren Aufzeichnungen springen - wenn ihr wollt. Die sind in normaler Sprache und ihr findet sie gleich im Anschluss an den Brief):

Lerum, den 3. Dezember 1892

In meinem ersten Brief habe ich von meinem Dienst als Ingenieur des Tiefbauwesens Bericht erstattet. Mein Berufsleben bestand zur Hauptsache aus der Planung und Ausführung von Straßen und Brücken. Ich war nie verheiratet oder hatte ein gewöhnliches Familienleben.

Meine Zeit habe ich an dessen statt einem geheimen Auftrag gewidmet. Es handelt sich um die Erforschung einer Kraft, die man Erdenstrom oder Erdstrahlung nennt. Manche meinen, das sei die Kraft, derer sich Wünschelrutengänger bedienen, wenn sie nach Wasser oder Metallen suchen. Meiner Ansicht nach ist das jedoch nur in Teilen wahr. Die Erdstrahlung wird selten oder nur sehr unzureichend von der Wissenschaft beschrieben.
Damit ich meine Gedanken zu schildern und über die Erdstrahlung zu schlussfolgern vermag, muss ich eingangs die Umstände benennen, die mich zu diesem Interessensgebiet führten. Damit entledige ich mich ebenso einiger Heimlichkeiten, die mein Gewissen schon seit ehedem beschwert haben. Meine Schilderung lautet also folgendermaßen:

Im Sommer 1857 reiste ich erstmals in einem Zug. Ich war knappe neunzehn Jahr alt und gerade frischgebackener Student der Ingenieurswissenschaften an der Chalmers'schen Berufsschule. Die Geschwindigkeit der Eisenbahn wie auch ihre Effizienz imponierten mir in höchstem Maße und nach meiner Jungfernfahrt war ich gerne die neu verlegte Bahnstrecke zwischen Göteborg und Jonsered ein paarmal hin- und wieder zurückgefahren.

Man muss sich in Erinnerung rufen, dass zum damaligen Zeitpunkt eine Fahrt von Göteborg nach Stockholm für gewöhnlich vier bis sieben Tage mit dem Pferdefuhrwerk beanspruchte und nicht wie jetzt, mit modernen Fortbewegungsmitteln, weniger als vierzehn Stunden. Was hatte die Eisenbahn nicht für eine Bedeutung für das Wohl der Menschen und des Landes!

Es war geplant, dass ich einige Sommerwochen bei einem gewissen Herrn Ekdahl zubringen sollte, einem Bekannten meines Vaters, der eine Villa nahe Almekärr südlich von Lerum besaß. Von dort aus sollte ich mich auf das kommende Studienjahr vorbereiten und die weiteren Arbeiten an der Eisenbahnstrecke nach Stockholm verfolgen können. Dem sah ich natürlich sehr entgegen. Hunderte Männer arbeiteten an der Verlegung der Gleise unter der Führung des viel gerühmten und in höchstem Maße respektierten Ingenieurs Nils Ericson.

Nach einer Bootsfahrt über den See Aspen langte ich an der Ekdahlschen Villa an, wo ich von der Dame des Hauses freundlich in Empfang genommen wurde. Sie brachte mich in einem gemütlichen kleinen Zimmer in der oberen Etage unter.

Tags darauf lernte ich Fräulein Silvia kennen.
Es war noch am frühen Morgen und mich dünkte, mir drangen die lieblichen Töne eines Streichinstruments zu Ohren. Ich folgte der Musik und fand Fräulein Silvia im Salon, neben dem großen Fenster. Sie war von einem so einnehmenden Anblick, gekleidet in ein zartes weißes Sommerkleid. Die langen dunklen Haarlocken fielen ungeordnet nach vorne über ihr bleiches Antlitz, wenn sie sich über das glänzende Cello beugte, aus dem die Melodie drang.
Als sie dessen gewahr wurde, dass ich den Raum betreten hatte, beendete sie ihr Spiel sofort. Ich war einen Hauch verwundert darüber, dass uns bei meiner Ankunft niemand miteinander bekannt gemacht hatte. Soweit ich verstand, war auch sie wie ich ein Gast des Hauses.
Wir begannen ein Gespräch, dort im vom Lichte des Morgengrauens schwach erhellten Salon. Aber ich fand beinahe unmittelbar heraus, dass wir nicht dieselben Ansichten bezüglich der Eisenbahnarbeiten teilten. Während ich mit Feuereifer davon sprach, welch ungeahnte Möglichkeiten der Eisenbahn auf den Fersen folgten, befand Fräulein Silvia, dass der Eisenbahnbau zutiefst erschreckend sei. Nichts würde je wieder so sein wie vorher, behauptete Fräulein Silvia. Die Gesetze des Himmels und der Erde

würden übertreten, wenn der Mensch sich voranzwang. Uralte Muster würden gebrochen, die Natur würde zurückschlagen. Es war unmissverständlich, wie ernst es Fräulein Silvia war.

Natürlich gab ich ihr recht. Nichts würde wieder so werden wie früher – es würde alles viel besser werden! Aber Fräulein Silvia insistierte, dass man nichts gewinnen könne, ohne dass etwas verloren gehe ... Betrübt sprach sie davon, wie schrecklicher Lärm Einzug halten würde, von dem unaufhörlichen Getöse der Eisenbahn, von der Rastlosigkeit des Menschen. Ich musste einsehen, dass Fräulein Silvia, möglicherweise aufgrund ihrer lieblichen Natur, eine starrköpfige Gegnerin des Eisenbahnbaus war.

Heute hat man die Sorge, die die Eisenbahn in den Bewohnern der Dörfer damals weckte, vergessen. Die Leute glaubten, das »Eisenungetüm« könnte explodieren, dass es schädlich, ja geradezu gegen Gottes Willen sei, sich mit solch gottlos hoher Geschwindigkeit fortzubewegen. Mütter fürchteten, dass ihre Kinder der Lokomotive anheimfallen würden, und gern entbrannten Streit und Handgemenge zwischen den Eisenbahnarbeitern und Jünglingen aus dem Ort.

Ich behauptete mit Nachdruck vor Fräulein Silvia, dass man den Fortschritt nicht hinter solch kindischer Sorge zurückstehen lassen konnte. Wohl könne man sich an den Krach gewöhnen, sobald man die Segnungen, den die Eisenbahn mit sich brachte, erkannt hatte. Ich war über derart Rückwärtsgewandte verärgert. Zum Beispiel hatte ich gehört, dass ein Herr Berg, der Eigentümer des prächtigen Gutshofs Nääs, nördlich von Lerum, grundlos verweigert hatte, die Strecke über den Grund und Boden von Nääs verlaufen zu lassen! Das würde die Arbeiten beträchtlich verzögern. Nein, ich hoffte, dass Ingenieur Nils Ericson für die weiteren Bauarbeiten alle Kräfte zur Verfügung stehen würden, damit die Eisenbahnstrecke in zufriedenstellendem Tempo wachsen konnte.

Hierüber äußerte Fräulein Silvia etwas äußerst Merkwürdiges (ich erinnere mich noch heute ganz genau an die Wortfolge): »Die Herren von Nääs haben bereits siebenmal bereut. Manche Wege sollten in Frieden gelassen werden. Manches soll kommen, manches soll gehen.« Ich hinterfragte natürlich, woran Fräulen Silvia dabei dachte. »Ihr seid nicht sehr weitsichtig, Herr Åström«, sagte sie mit ruhigem Ernst. »Aber Ihr habt womöglich eine wichtige Aufgabe.« Dann nahm sie ihr Cellospiel wieder auf, welches freilich hervorragend war. Aber Fräulein Silvia mutete mir doch von einer seltsam unpraktischen und träumerischen Natur an. Unser Gespräch ließ mich mit einem Gefühl der Irritation zurück.

Am darauffolgenden Tag begab ich mich zu den Eisenbahnarbeiten, die am Ufer des Sees Aspen entlang durchgeführt wurden. Dort herrschte Aufregung, denn ein gewaltiger Einsturz, der dritte in Folge, hatte sich am Morgen wäh-

rend der Arbeiten ereignet. Gewaltige Erdmassen drohten sich zu lösen und die Gleise mit sich in den See zu reißen, ein Risiko sowohl für das Material als auch die Arbeiter.
In der Umgebung wurde gemunkelt, dass es einer uralten Volkssage nach unmöglich sei, Gleise entlang der Uferlinie zu verlegen. Dennoch war es wohl eher der lehmige Boden, der dafür sorgte, dachte ich im Stillen. Gewiss würde Ingenieur Ericson Rat wissen.
In jenen Stunden ahnte ich noch kaum, wie sehr ich ihn später aus meiner höchsten Bewunderung heraus verraten sollte, den Ingenieur Ericson – mittels meines schweren Diebstahls. Denn hiermit will ich bekennen: Bis zum heutigen Tage habe ich sein feinstes Messinstrument in Verwahrung.

Derjenige, der Antworten und weiterführende Erklärungen als diese hier sucht, muss mein Rätsel lösen:
REMINGTON2 = R,XOMXHYPM3XT
Lasst den Letzten den Ersten sein.
Alle Unbekannten müssen fort!
SMXD,SMXDRLRXMDTPYXDDB;

Orestes und ich waren uns nicht ganz einig, welche Punkte wichtig waren für unsere Zusammenfassung von Axels Bericht. Orestes schrieb die Punkte eins bis sieben auf. Dann notierte ich die Punkte acht bis elf. Und dann fügte Orestes noch einen letzten Punkt hinzu. Und so sah die Liste schlussendlich aus:

1. Der, der den Brief geschrieben hat, hieß Axel Åström. Der Brief ist aus dem Jahr 1892.
2. Sein Beruf war es, Straßen zu bauen.
3. Im allerersten Brief sagt Axel, dass er etwas gestohlen hat. (Aber nicht genau, was.)
4. Er schreibt von Erdstrahlung – was ist das?
5. Er berichtet außerdem von etwas, das im Sommer 1857 passiert ist, als er neunzehn Jahre alt war.
6. Damals (also 1857) ist Axel in Lerum, um sich den Bau der Eisenbahnstrecke anzusehen.
7. Der Eisenbahnbau ist beschwerlich, die Gleise stürzen in den See. Nils Ericson leitet die Bauarbeiten!!
8. Axel scheint ein ganz schöner Langweiler zu sein.
9. Er begegnet Fräulein Silvia.
10. Fräulein Silvia macht einen komischen Eindruck.
11. Fräulein Silvia spielt Cello.
12. Axel gibt zu, Nils Ericsons feinstes Messinstrument gestohlen zu haben.

Silvia hatte auch gemeint, es würde ein gewaltiges »Getöse« geben. Dieselben Worte wie in dem Lied: *Getös' ohne Ende und ohn' Unterlass Gebraus, Menschenwege breiten sich aus.* Ich kapierte gar nichts. Unfug, dachte ich und eine Sekunde später: Hilfe! Ich werde schon wie Orestes!

Aber als wir uns endlich durch den Brief gearbeitet hatten, fiel mir auf, dass das eine Menge Gedanken bei Orestes geweckt hatte. Seine Augen glänzten vor Eifer.

»Hat er wirklich Nils Ericson getroffen?« fragte er. »Bist du ganz sicher, dass das da steht?«

»Klar bin ich sicher«, erwiderte ich. »Wenn da nicht Vils Ericson steht, aber so kann man ja wohl auf keinen Fall heißen ...«

»Nils Ericson war doch ein superberühmter Ingenieur.«

»Okay ...?«

»Aber das ist doch fantastisch!«

Orestes drehte vor Aufregung eine Runde mit dem Schreibtischstuhl. Aber ich begriff nicht, was daran so spannend sein sollte.

»Also, du bist doch sicher schon hundertmal in Göteborgs Hauptbahnhof gewesen?«

»Jaa ...«

»Hast du nie bemerkt, dass es da einen Ort gibt, der Nils-Ericson-Terminal heißt?«

So heißt das Gebäude, das an den Hauptbahnhof angebaut ist und von dem alle Busse abfahren. Das wusste ich natürlich! Es fiel mir nur in dem Moment nicht ein.

Orestes sah so unerträglich zufrieden aus, eher wie ein kleiner alter Mann als irgendwas. Unglaublich nervig! Ich starrte ihn an.

»Okay«, sagte er. »Nils Ericson ist einer der berühmtesten Ingenieure Schwedens. Er hat den Trollhätte-Kanal gebaut. Und ... die ersten großen Eisenbahnstrecken. Und ... na ja, eine ganze Menge eben.«

Den Trollhätte-Kanal? Ich wusste nicht mal, dass es einen Kanal in Trollhättan gab. Wer weiß denn so was?

Ich schaute Orestes lange an, der vor lauter Begeisterung kaum still sitzen konnte. Wenn man nur dran dachte, wie wenig Interesse er an allem Spannenden hatte – geheimnisvolle Männer in der Nacht, Sternenfelder, Erdenströme und geheime Briefe an auserwählte Kinder ... Und daran, wie irrsinnig interessiert er plötzlich wurde, wenn sich alles als richtig, richtig langweilig herausstellte. Der Kanal in Trollhättan!

Orestes war ein Nerd, ein echter Nerd. Er sah nicht nur so aus wie einer, Orestes war durch und durch nerdig. Von Äußerlichkeiten wie Hemd und Aktentasche bis in sein Hirn hinein, voller mathematischer Tabellen und Formeln. Er war so nerdig, dass ich im Vergleich zu ihm das coole Mädchen von nebenan war, genau wie in dieser Fernsehserie, die Mama immer anschaut.

Man könnte auch so eine Skala anlegen, eine mit Ante am einen Ende und Orestes ganz am anderen Ende. Und auch wenn ich selbst wesentlich näher an Orestes als an Ante landen würde, wäre ich zumindest auf jeden Fall irgendwo zwischen den beiden.

Ich selbst hielt das, was Axel über diese geheimnisvolle Silvia erzählte, für das Spannendste in dem Brief. Was meinte sie mit »Erdenströmen«? Und stellt euch nur vor, sie spielte auch Cello – genau wie ich! Aber ich freute mich, dass Orestes sich freute, denn jetzt war er genauso wild darauf wie ich, weiter an der Lösung des Rätsels zu arbeiten.

»Axel schreibt, dass er irgendwas von Nils Ericson gestohlen hat«, fuhr Orestes fort. »Dessen feinstes Messinstrument. Darüber müssen wir mehr rausfinden!«

Als ich am Sonntagmorgen frühstückte, blätterte ich im *Lerumer Tagblatt* auf dem Küchentisch. Es standen die üblichen Sachen drin über ein Altersheim, in dem das Essen schlecht war, einen Schulbasar und einen hiesigen Künstler, der seine Bilder ausstellte. Und dann noch etwas, das mich erstarren ließ:

Lerumer Tagblatt – Samstag, 14.5.

Vandalismus am Lerumer Bahnhof

Am Donnerstag wurde ein Fall von schwerem Vandalismus am alten Bahnhofsgebäude in Lerum bekannt. Die Außenmauern des Gebäudes wurden von den Tätern mit scharfem Werkzeug attackiert. Eine Vielzahl Ziegelsteine wurde zerschlagen und herausgerissen. Große Schäden sind an der Fassade entstanden.

»Unser Restaurant hat die Verwüstung glücklicherweise unbeschadet überstanden«, sagt René Karasanis, Eigentümer des Restaurants Chicago. »Aber es ist traurig, dass so etwas passieren muss!«, fügt er hinzu.

Das alte Bahnhofsgebäude wurde 1892 errichtet. ■

Ich drehte die Zeitung um. Sie war von Samstag. Orestes und ich waren genau am Donnerstag dort gewesen. Aber wir hatten doch keine »großen Schäden an der Fassade« verursacht. Oder doch?

Ich bekam Magengrummeln. Hatten wir wirklich die Fassade kaputt gemacht? Wie sollte ich das nur jemandem erzählen? Und wie konnte ich es niemandem erzählen?

Ich fühlte mich den ganzen Vormittag über seltsam und zu guter Letzt ging ich mit der Zeitung rüber zu Orestes. Er sah ebenfalls besorgt aus, als er den Artikel las.

»Wir müssen hin und nachsehen«, meinte er.

Ich wollte wirklich nicht noch mal zurück zum Bahnhof fahren, aber ich sah ein, dass er recht hatte. Wir mussten nachschauen, was passiert war.

Wir holten unsere Räder.

Als wir dort ankamen, entdeckten wir sofort die zerschlagenen Ziegelsteine auf dem Asphalt vor dem Bahnhofsgebäude und das große Loch in der Fassade.

Das waren wir *nicht*! Wir hatten die Ziegelsteinfassade auf dieser Seite nicht mal angefasst. Ich war erleichtert. Das war auf keinen Fall unsere Schuld, wir waren nicht die, die den »schweren Vandalismus« begangen hatten. Aber das bedeutete dann ja, dass ... jemand nach uns dort gewesen war.

Ich versuchte, rasch im Kopf eine Liste zu erstellen. War jemand Orestes und mir am Donnerstag zum Bahnhof gefolgt? Wenn ja, wer? Und warum? Aber das machte keinen Sinn. Die einzige geheimnisvolle Person, die ich je in Lerum getroffen hatte, war der Mann mit der Pelzmütze. Aber das konnte ja wohl kaum er gewesen sein, denn den verschlüsselten Brief hatten wir ja von ihm bekommen, oder? Warum sollte er sich die Mühe machen, uns den Brief zu geben, wenn er selbst an das Kästchen kommen wollte? Nein, ich kam auf keinen Verdächtigen, sosehr ich es auch versuchte.

VERDÄCHTIGE:
1.
2.
3.

Am Nachmittag backte Mama Baiser. Sie macht große, luftige Baisers. Jeder bekommt einen, macht ein Loch in die Mitte und füllt ihn bis zum Überlaufen mit Sahne und frischen Beeren.

Ich liebe sie. Mama weiß das.

Wir wechselten uns ab, den Eischnee von Hand zu schlagen, denn Mama ist davon überzeugt, dass er mit dem Handmixer nicht so fluffig wird.

Ich nutzte die Gelegenheit zu fragen, ob sie wusste, was Erdstrahlung war. Weil es typisch für sie wäre, alles über so was zu wissen.

»Es gibt nichts, das Erdstrahlung genannt wird«, erwiderte sie. »Schwerkraft hingegen ...«

»Nee«, sagte ich. »Erdstrahlung. So was mit Wünschelruten und so.«

»Humbug, Humbug, alles bloß Humbug!«, antwortete Mama automatisch, während sie dazu im Takt mit dem Schneebesen die Eimasse schlug.

»Was?«

»Bloß Humbug, bloß Humbug ... Ach, tut mir leid«, sagte Mama. »Aber es gibt absolut keinen Beweis dafür, dass diese Form von Kraft, die Erdstrahlung genannt wird, überhaupt existiert.«

Dann erklärte sie mir, dass schon eine Menge kleinere wissenschaftliche Versuche gemacht wurden, um zu beweisen, dass man Wasser oder Metalle mithilfe einer Wünschelrute finden kann, es aber nicht gelungen war. Eine Wünschelrute ist übrigens eine Art gegabelter Stock, den man mit beiden Händen hält und mit dem man herumgeht. Wenn sich der Stock plötzlich Richtung Erde biegt, liegt das daran, dass sich die Erdstrahlung verändert hat, und es bedeutet, dass es dort ein Wasser- oder Metallvorkommen (oder wonach man auch sucht) unter der Erdoberfläche gibt. Das meinen jedenfalls die, die an Erdstrahlung glauben. Aber meine Mama ist davon überzeugt, dass sich der Stock biegt, weil die, die die Wünschelrute halten, mit den Armen daran ziehen.

»Also gibt es keine Erdstrahlung? Und keine Kraftkreuze?«, wollte ich wissen. Ich dachte an die letzten Zeilen in dem Vers, den ich aus dem ersten Brief hatte, welchen Axel Silvias Lied nannte: *Sternenfelder sich krümmen und Erdenströme schlagen. Nur du kannst Macht übers Kräftekreuz haben.*

»Nee, würde ich nicht meinen«, erwiderte Mama. Und dann sagte sie noch, dass sie es verabscheue, wenn Leute wissenschaftliche Begriffe wie »Strahlung« oder »Kraft« für irgendwelche Hirngespinste verwendeten.

Sie fing wieder an im Takt zu rühren und rief:

»Keine Beweise! Keine Beweise! Keine Beweise!«, dass es nur so aus der Schüssel spitzte.

Orestes dachte natürlich genau wie Mama, dass das mit der Erdstrahlung und den Wünschelruten bloß Blödsinn war. Und obwohl er so wahnsinnig von diesem Nils Ericson beeindruckt war, gab er nicht viel auf das, was Axel in dem Brief geschrieben hatte.

»Erdenströme«, schnaubte er. »Wie kann ein Ingenieur nur an so was Idiotisches glauben?«

Ich dachte immer noch über Silvias Lied nach: *Sternenfelder sich krümmen und Erdenströme schlagen ...*

»Erdenströme – das muss dann wohl Erdstrahlung sein«, überlegte ich. »Und *Sternenfelder* ... Könnten das Sternbilder sein?«

Orestes stöhnte lautstark. Und ich beschloss in dem Augenblick, dass ich nicht weiter nachfragen würde, was er von Sterndeutung, Horoskopen und solchen Sachen hielt. Ich war mir sicher, dass ich es schon wusste.

Wir fingen stattdessen an, uns an der Lösung des nächsten Rätsels zu versuchen.

Axels Brief endete mit:

Derjenige, der Antworten und weiterführende
Erklärungen sucht, muss mein Rätsel lösen:
REMINGTON2 = R,XOMXHYPM3XT
Lasst den Letzten den Ersten sein.
Alle Unbekannten müssen fort!
SMXD,SMXDRLRXMDTPYXDDB;

»Remington2« klang wie ein Lösungswort, daher versuchten wir natürlich zuerst, REMINGTON2 als Schlüssel in eine Vigenère-Chiffre einzusetzen. Aber es kam nichts dabei raus. Wir versuchten es auch mit 2NOTGNIMER und natürlich auch mit REMINGTONZWEI ...

Aber dabei kam auch nichts raus.

Orestes sagte, er habe auf einem der Computer in der Bibliothek nach »Remington 2« gesucht, aber alles, was er gefunden hatte, waren jede Menge Bilder von Gewehren gewesen. Er musste die Bilder blitzschnell wegklicken, damit die Bibliothekarinnen ihn nicht für einen waffenverrückten Irren hielten.

Warum sollte uns Axel einen Hinweis auf ein Gewehr geben?

Wir kamen in dieser Woche nicht mehr weiter. Und ich hatte zudem auch noch anderes im Kopf.

Das Haus stand Kopf.
Die Ordnung war aus den Fugen.
Und Mama war noch nicht einmal weg!

Mama sollte in zwei Tagen nach Japan abreisen und sie war von schlimmstem Reisefieber befallen. Gleichzeitig musste sie arbeiten und sich auf alle Aufgaben vorbereiten, die sie in Japan haben würde. »Damit ich nicht plötzlich noch einmal dorthin muss, mein Schatz.« Sie sagte, sie müsse packen, verstreute aber lediglich ihre Sachen überall. Und dann murmelte sie so Sachen wie: »Woher soll man wissen, wie das Wetter in Osaka wird? Ist es dort genauso warm wie in Tokio?«

Papa versuchte ihr zu helfen, indem er alle alltäglichen Erwachsenenaufgaben übernahm, die zu Hause zu erledigen waren. Aber es war schon so lange her, dass er mal was anderes zu tun hatte, als gesund zu werden, dass er die Abläufe vergessen hatte.

»Also, Malin, ich weiß, ich bin nicht Mama. Okay? Aber vielleicht bin ich ja doch nicht komplett unbrauchbar?«

Das sagte er, als er so ziemlich alles durcheinandergebracht und versucht hatte, am Sonntagabend meine Schultasche mit meinen Englischsachen zu packen, obwohl man am Montag sein Wochenbuch mitbringen muss. Das war aus genau zwei Gründen falsch:
1. Falsches Fach.
2. Ich packe meine Schultasche selbst.

Mama schaut immer nur noch mal nach, ob ich meine Hausaufgaben eingepackt habe, was etwas komplett anderes ist, als die Tasche für mich zu packen!
Dann rannte Papa mit einer kleinen Flasche rum und goss alle Topfpflanzen. Nicht dass wir so viele davon hätten, aber trotzdem. Und dann verschwand er unten in der Waschküche.
Ich versuchte, mit Mama über den Schulsong und das Cellokonzert und solche Dinge zu reden, von denen ich wusste, dass sie mich beschäftigen würden, wenn sie weg war. Aber es machte den Eindruck, als sei sie in Gedanken schon ans andere Ende der Welt gereist.
»Ihr bekommt das schon hin«, meinte sie nur. Aber da war Papa bereits mit einem Haufen unsortierter Socken vor sich auf dem Sofa eingeschlafen.

Am Montagmorgen rannte Mama rum und scheuchte Papa auf, sodass ich froh war, dass ich zur Schule gehen durfte und etwas Ruhe hatte. Ich wollte auch gern mit Orestes reden, ich sehnte mich gradezu nach seinen ruhigen, logischen

Gedankengängen nach all der Hektik zu Hause. Aber auch in der Schule ging es nur chaotisch zu und am Nachmittag gab es wieder Schulsong-Stress. Sanna war die weltbeste Melodie für den Schulsong eingefallen, aber dann fingen alle an, sich um den Text zu streiten. Ante und seine Gang dachten sich nur Reime mit so schlimmen Wörtern aus, dass ich sie nicht wiederholen möchte, und Sanna wurde knallrot im Gesicht. Ich wollte nur noch weg. Trotzdem ergab sich keine Möglichkeit, mit Orestes zu reden, denn der saß am anderen Ende des Klassenzimmers und sah gelangweilt aus.

Ich hoffte, dass ich Orestes stattdessen auf dem Heimweg treffen würde, aber als die Schule aus war, war er plötzlich verschwunden. Er hatte zwar nichts gesagt, aber ich glaube, unser Sportlehrer hatte ihn für die Staffellaufmannschaft oder so angeheuert, denn er hatte sein Sportzeug dabei, obwohl wir an diesem Tag keinen Sport hatten. Also ging ich allein über den Waldweg nach Hause. Es war lau draußen, obwohl die Sonne gar nicht schien. Einer von diesen Tagen, an denen die Luft so feucht ist, dass sie erfüllt ist vom Duft von Erde und Holz und Gras. Mein Kopf war ganz leer nach all dem Gezanke. Und zu Hause würden immer noch überall Klamotten und Koffer herumfliegen. Ich hatte es nicht wirklich eilig, nach Hause zu kommen.

Es knackte tiefer drinnen im Wald, genau neben mir. Irgendwas flatterte davon. Ich blieb ruckartig stehen. Es war nur ein Vogel, aber es ist echt irre, wie laut sich so ein Vogel anhört, wenn es ringsum ganz still ist. Ich stand regungslos auf dem Weg und spürte, wie heftig mein Herz schlug. Auf einmal nahm ich einen anderen Laut wahr, ein Rufen ganz weit in der Ferne: »...via ..., i ...via ...«

»Silvia?«, dachte ich. »Ruft da jemand Silvia?« Aber das war vielleicht nur Einbildung. Die Bäume hatten bereits ausgeschlagen, sodass man nicht mehr zwischen all den kleinen Sträuchern am Wegrand hindurchschauen konnte. »...ivi...« Ich stand wie angewurzelt und lauschte. Plötzlich hörte ich das Knacken eines Zweiges. Noch ein Vogel, dachte ich. Aber dann sah ich Mona, Orestes' Mutter, aus dem dichten Unterholz kommen.

Sie trug eine hellgrüne Tunika und Gummistiefel. Ich glaube, das war das erste Mal, dass ich sie mit etwas an den Füßen sah. Die Stiefel sahen seltsam groß aus, sie schlupften ein bischen vor und zurück, während sie lief. Ihre nackten Beine stachen daraus hervor wie zwei weiße Äste.

»Malin!«, rief sie aus, als sie mich erblickte. »Wie schön, dich hier auf dem Waldweg zu treffen!« Sie lächelte auf ihre übliche Weise, sodass ich mich wie der einzige Mensch auf der ganzen Welt fühlte. Und das stimmte auch fast, denn wir waren ja auch ganz allein auf dem Pfad.

»Du siehst bedrückt aus«, sagte Mona und sah mir unverwandt in die Augen. Ihre seltsam hellen Augen hatten dunklere Sprenkel und Striche in ihrem Blau. Mir wurde schwindelig, als ich in ihre Augen blickte, als ob ich in den Himmel aufsteigen würde.

»Das ordnet sich schon wieder«, meinte sie. Und dann fügte sie flüsternd hinzu: »So ist das in der Welt. Es sind bloß die Muster im Gewebe, die sich ändern. Himmel und Erde, quasi alle Wege, spiegeln sich ineinander. Und so verändern sie sich, das war schon immer so. Aber manchmal geht das zu schnell. Manchmal wird es zu schwer. Dann erzittert alles, bis sich das Muster wieder neu legt.«

Was sie sagte, war zwar unverständlich, aber trotzdem war es schön, ihre weiche Stimme zu hören. Es war, als redete sie von etwas, das ich bereits wusste. Etwas, das ich wiedererkannte. Es klingt verrückt, aber ich kann es nicht besser erklären.

Sie tätschelte mir hastig die Wange. Da bemerkte ich, dass sie einen Korb bei sich hatte und kleine grüne Blättchen und Zweiglein darin lagen. Es lag auch noch irgendein kleines Metallding darin, ich wusste nicht, was das war. Sie folgte meinem Blick.

»Ja«, sagte sie mit ihrer freundlichen Stimme, »im Wald hat es zu sprießen begonnen. Willst du mitkommen und Schösslinge setzen?«

Und das wollte ich.

Die Schösslinge waren offensichtlich nicht das, was sie im Korb hatte, wie ich gedacht hatte. Stattdessen holte sie einige der abgeschnittenen Milchtüten und ein paar von den kleinen Kübeln, die an der Hauswand entlang aufgereiht standen, und gab mir den Auftrag, kleine Mulden in ein ganz neues Beet zu graben.

Mona klaubte das kleine Metallding aus dem Korb. Es war eine Kette mit einer runden Kugel, die an einem Ende hing. Sie schwang die Kette, sodass die Kugel hin- und herpendelte. »Hm«, machte sie. Dann zog sie ein paar Striche mit einem Holzspaten in die dunkle Erde.

»Du musst dich an die Reihen halten, die ich zeichne«, erklärte sie. »Das sind Erdlinien ... Und genau hier darfst du keine Pflanze setzen.« Sie machte ein Kreuz mit dem Spaten. Ich war etwas verwundert. Was ich bisher von Mona gesehen hatte, wirkte eher so, als liefe bei ihr alles darauf hinaus, Dinge eben nicht in geraden Reihen zu haben. Aber jetzt begriff ich, warum Orestes solche Ahnung von diesem Zeug mit der Erdstrahlung hatte! Mit etwas in der Art musste seine Mutter sich beschäftigen, selbst wenn sie diese kleine Kugel anstatt einer Wünschelrute verwendete.

»Vergiss nicht zu atmen«, meinte sie, als ich die erste Pflanze in die Erde steckte. Mein Atemzug wurde zu einem tiefen Seufzer.

Ich hatte zwar erdige Finger, war aber ruhiger im Herzen, als ich nach Hause ging, nachdem ich dreiunddreißig kleine Pflänzchen an ihren Platz in der dunklen Erde gepflanzt hatte. In meinem Zimmer suchte ich gleich nach *Die Kunst, in die Zukunft zu sehen*, dem Buch, das ich zuletzt in der Bibliothek ausgeliehen hatte. Ich wollte herausfinden, was Mona da gemacht hatte, als sie ihre Reihen im Garten gezeichnet hatte. Und es stand tatsächlich eine ganze Menge über Erdstrahlung in dem Buch!

In erster Linie, dass Erdstrahlung Kraftlinien oder Kraftströme sind, die wie Spuren kreuz und quer in der Erde unter uns verlaufen. Man kann herausfinden, wo die Kraftlinien verlaufen, da Pflanzen, die entlang der Linien Wurzeln geschlagen haben, größer und gesünder sind als solche, die ein Stück entfernt wachsen. Aber an Stellen, an denen sich zwei Linien kreuzen, ist es genau umgekehrt! Das nennt sich dann ein Kraftkreuz und dort gehen die Pflanzen ein. Manche glauben, die Kraftkreuze seien gefährlich. Wenn man zum Beispiel sein Bett auf einem Kraftkreuz stehen hat, kann man krank werden! Ich fragte mich, ob man in diesem Fall auch wieder gesund werden könnte, wenn man sich von Kraftkreuzen fernhielt? Ob wohl für das Herz dieselben Regeln gelten wie für Pflanzen?

Dem Buch zufolge kann man Kraftlinien in der Erde entweder mit der Wünschelrute oder einem Pendel aufspüren. Ein Pendel ist ein Gegenstand aus Metall, den man von einem Draht oder einer Kette hängen lässt, sodass er vor- und zurückschwingen kann. Also war das, was Mona da hatte, ein Pendel! Dort, wo sich die Wünschelrute biegt oder das Pendel stehen bleibt, befinden sich Kraftlinien. Aber das funktioniert nicht bei jedem, sondern nur bei besonderen Leuten, die man »Wünschelrutengänger« nennt. Nur sie haben die Gabe, die Erdstrahlung zu erspüren.

Versteht ihr?! Wünschel-*ruten*-gänger! *Ruten*-kind! Wie der Mann mit der Pelzmütze gesagt hat, als er mir im Winter den Brief gegeben hat. *Ruten*-kind wie in Silvias Versen! Wenn Orestes' Mutter eine Wünschelrutengängerin ist und Kraftlinien erspüren kann, dann ist Orestes vielleicht auch einer.

Leider stand in dem Buch nichts darüber, woran man erkennt, ob jemand ein Wünschelrutengänger ist, und ich glaube, es würde schwierig werden, Orestes dazu zu bringen, eine Wünschelrute auszuprobieren.

Jedoch fand ich ein Kapitel über Numerologie, in dem erklärt wurde, wie man jemandes Namenszahl ausrechnen konnte, indem man die Buchstaben des Namens auf eine bestimmte Weise durch Zahlen ersetzte. Ich versuchte es mit Orestes Nilsson. Das ergab fünf. Aber was hatte das zu bedeuten? Ist fünf eine gute Zahl für ein Rutenkind?

Man sollte wohl auch recht misstrauisch gegenüber einem Buch sein, das zehn verschiedene Arten, in die Zukunft zu sehen, aufzählte. Ich meine, mit einer sollte es ja auch reichen.

Spät am Abend, als ich eigentlich schlafen und Mama rumstressen und ihre letzten Sachen packen sollte, hörte ich, wie die Haustüre klappte. Ich schlich mich ein paar Stufen die Treppe hinunter, um in die Diele runterlinsen zu können, ohne selbst gesehen zu werden.

Da stand Mama in ihrem Regenmantel und irgendwelchem Gestrüpp in der Hand. Offensichtlich war sie rausgegangen, um spätabends noch Blumen zu pflücken. Manche haben eben etwas seltsameres Reisefieber als andere.

»Was ist das hier, Fredrik?«, fragte sie Papa.

Er murmelte irgendwas aus der Küche, leider konnte ich nicht hören, was.

»Das hier wächst im Garten von dieser Mona! Das kann wer weiß was sein!«, fuhr sie fort. »Etwas Giftiges! Oder sogar gesetzeswidrig. Fredrik! Ich verlass mich drauf, dass du das überprüfst!«

Dann wandte sie den Kopf, dass ihr Blick der Treppe gefährlich nahe kam, und ich gezwungen war, mich wieder rauf in mein Zimmer zu schleichen, lautlos wie ein Gespenst.

Warum war Mama in Orestes' Garten rumgerannt? Sie musste sich so reingestresst haben, weil sie wegen der Reise ganz beunruhigt war. Aber es war wahrscheinlich auch für sie ungewohnt, dass sie nicht bei mir zu Hause sein würde.

Der Morgen, an dem Mama abreisen sollte, war grau. Es war Lehrerfortbildungstag und ich weigerte mich aufzustehen. Ich hörte, wie sie in mein Zimmer geschlichen kam und wisperte: »Mach's gut, Malin.« Ich tat so, als ob ich schliefe. Dann hörte ich die Haustür wieder klappen. Und die Autotür. Da stand ich auf und sah durch den Spalt zwischen der Jalousie und dem Fenster, wie das Auto rückwärts aus der Einfahrt rollte. Papa würde sie zum Flughafen bringen.

Ich schlich mich runter in die Küche. Sie hatte es eilig gehabt. Ein schmutziger Kaffeebecher stand auf dem Küchentisch, er war noch warm und es war noch ein Schluck Kaffee drin. Ich umfasste ihn mit beiden Händen. Dann ging ich zurück ins Bett.

Als ich wieder aufwachte, hatte Papa das Radio in der Küche eingeschaltet. Ich zog mir meinen Kuschelpulli an und ging runter zu ihm.

»Hallo, Liebes!«, sagte er. »Gut geschlafen?«

Es duftete nach Zitrone und Kaffee in der Küche.

Papa hatte die Gesundheitsblume, die er von Mona bekommen hat, vom Fensterbrett in die Mitte des Küchentischs gestellt. Sie war gewachsen, seit er sie bekommen hatte, jede Menge kleiner gelbgrüner Blätter sprossen aus dem Topf. Vermutlich, weil er sie so oft gegossen hatte.

Ich setzte mich Papa gegenüber und rührte meine Cornflakes in den Joghurt.

»Fühl mal!«, sagte er und strich mit den Fingern über die Blätter der Pflanze. Der Zitronenduft um die Pflanze wurde intensiver und Papa atmete ihn übertrieben langsam ein.

»Willst du heute mit ins Einkaufszentrum kommen?«, wollte Papa wissen, als er wieder ausgeatmet hatte. »Ich muss ein paar Besorgungen machen. Dachte, wir könnten vielleicht auch Kuchen essen gehen?«

Ich nickte. Es würde ein richtig langweiliger Tag werden. Ich konnte also genauso gut mit ins Einkaufszentrum gehen.

SPORTGESCHÄFT
Papa: Sportsocken, Radlerhose, Wasserflasche …
Ich: nichts.

APOTHEKE
Papa: Schmerztabletten, Herzmedikament, Badeschaum, Ohrenstöpsel, Halsbonbons …
Ich: nichts.

SCHUHGESCHÄFT
Papa: klobige Ich-bin-zu-allem-bereit-Stiefel mit Goretex …
Ich: nichts.

FRANZÖSISCHES CAFÉ
Papa: eine einfache Tasse Kaffee.
Ich: Chai-Latte Rhabarber, Schokoladenbiskuit mit Erdbeeren drauf, Mandelcantuccini und drei Macarons ...

Noch nie zuvor hatte ich ein so volles Tablett die Wendeltreppe ins obere Stockwerk des Cafés getragen.

Ich mag das Einkaufszentrum nicht, es ist einfach nur riesig und chaotisch und viel zu viele Leute dort. Aber im Französischen Café gibt es weiche Stühle mit glänzendem Bezug und geschwungener Rückenlehne. Wenn man dort sitzt, kann man sich vorstellen, dass man gar nicht im Einkaufszentrum, sondern an irgendeinem spannenderen Ort ist. In Paris zum Beispiel.

Abgesehen von dem Cafébesuch war das einzig Interessante, was bei dieser Shoppingtour passierte, etwas, das ich zufällig von der anderen Seite eines Regals im Schuhgeschäft mitbekam:

»Was meinst du mit *unnötig*? Jetzt finde ich aber schon, dass du undankbar bist! Du willst doch nicht wie ein Vollidiot aussehen, oder? Diesen Sommer werden alle coolen Jungs solche hier tragen. Jetzt probier sie an!«

Also, es war wirklich unmöglich, das nicht zu hören. Die klang ungefähr wie meine Mama, wenn ich keinen neuen Computer wollte. Ich linste vorsichtig zwischen den Regalbrettern hindurch und konnte den Rücken von jemandem in schwarzen Stiefeln mit hohen Absätzen, Destroyed-Jeans und mit einer üppigen Mähne sehen. Sie beugte sich über einen blonden Jungen, der zusammengesunken auf der Anprobierbank saß. Auf einmal erkannte ich, dass der Junge Ante war! Zum Glück sah er mich nicht.

Ich war pappsatt, als wir heimfuhren, und merkte nicht, dass Papa die nächstgelegene Ausfahrt zur Schnellstraße verpasst hatte. Es fiel mir erst auf, als wir schon falsch gefahren waren. Oder hatte Papa gedacht, wir müssten jetzt noch einen Ausflug machen?

»Aber was machst ...?«, setzte ich an. Doch genau in dem Augenblick wurde die Antwort offensichtlich, denn er bog in den gigantosaurischen Parkplatz vor dem Gartencenter ein. Was sollten wir denn hier?

Ich folgte Papa durch die Glastüren hinein, die vollkommen lautlos auseinanderglitten. Wir begegneten einer Frau, die einen Wagen so voll mit Blumentöpfen und Grünpflanzen vor sich herschob, dass er wie ein Dschungel auf Rädern aussah.

Papa nahm einen Einkaufskorb und dann kreuzten wir ein bisschen hier und da durch die Gänge. Auf einmal blieben wir stehen. Er hob einen Topf mit einer kleinen Schlingpflanze hoch.

»Die hier vielleicht«, meinte er. »Was hältst du von der?«

Ich zuckte mit den Schultern.

»Meinst du, dass ... Wie heißt sie gleich? Mona? Ich meine Orestes' Mama ... dass sie die mögen würde?«

Hä, Orestes' Mutter? Warum um alles in der Welt sollte Papa für Orestes' Mutter eine Topfpflanze kaufen?

»Wir sollten ihnen eine Kleinigkeit zum Einzug schenken«, meinte Papa und stellte den kleinen Topf in den Korb. »Damit sie sich in unserer Straße willkommen fühlen. Und es scheint ja so, als würden ihr Blumen gefallen ...«

Aha. Ich war mir nur nicht sicher, ob es *mir* gefiel, dass Papa mit einem Geschenk zu ihr rübertraben wollte.

Was, wenn Papa fand, dass es bei Orestes zu Hause zu chaotisch war, mit all dem komischen Zeug und diesen riesigen Ratten in der Küche? Oder was, wenn Mona anfangen würde, über ihre ungewöhnlichen Interessen zu reden, wie diese komischen Muster oder Erdstrahlung? Dann würde Papa vielleicht auch beunruhigt sein und dann dürfte ich nicht mehr zu Orestes nach Hause gehen.

Papa verabscheut Unordnung, glaube ich. Ich erinnere mich nicht so gut an die Zeit, bevor Papa krank wurde. Aber ich weiß noch, dass es ihn immer ganz verrückt gemacht hat, wenn Mama und ich unsere Sachen überall verteilt hatten, halt ein bisschen heimelig. Als ob er kein bisschen froh war, dass es uns gab, wenn er endlich von seinen Geschäftsreisen heimkam. Sondern nur genervt darüber, dass wir zu Hause Unordnung gemacht hatten.

Das Chaos von Orestes' Mutter war mindestens tausendmal schlimmer als Mamas und meins. Deswegen hoffte ich, Papa würde sich damit zufriedengeben, Mona die Pflanze im Garten zu überreichen, statt ins Haus zu gehen.

Aber Papa kam natürlich doch in Orestes' Haus, und zwar am Tag nach unserer Shoppingtour. Er musste ganz einfach geklopft haben, um seine Willkommenspflanze zu überreichen, und von Mona sofort hereingebeten worden sein. Aber er reagierte ganz und gar nicht so, wie ich gedacht hatte, auf all die komischen Sachen dort.

Es war ein Mittwoch und deswegen hatte ich natürlich wieder Schule. Auf dem Heimweg traf ich Orestes auf dem Pfad im Wald. Wir hatten beide über den Hinweis – REMINGTON 2 – nachgedacht, aber keiner von uns war damit vorangekommen. Wir beschlossen, weiter im *Code-Buch* zu suchen, in dem Orestes die Vigenère-Chiffre gefunden hatte, die beim ersten Code funktioniert hatte.

Ich war froh, dass Orestes seine Meinung nicht wieder geändert hatte. Früher war ich nie wirklich sicher gewesen, ob er weiter dabei mitmachen wollte, das Rätsel zu lösen, oder nicht. Aber dieser berühmte Ingenieur hatte die Sache für Orestes geändert. Also ging ich mit zu ihm nach Hause.

Orestes steckte den Schlüssel ins Türschloss und drehte ihn um. Er hatte die Tür kaum aufgemacht, als er sie auch schon wieder schnell zuschlug.

»Ach nee!«, wisperte er.

»Was denn? Was ist los?«, wollte ich wissen. »Ist irgendwas passiert?«

Orestes sah so aus, als hätte er wieder Kopfschmerzen bekommen.

»Mama hat eine Reinkarnations-Yoga-Gruppe zu Hause.«

Ich hatte keine Ahnung, was Reinkarnationsyoga war.

»Das bedeutet, dass die erst ein paar Stunden summen, und dann kann jeder in der Gruppe anfangen, hysterisch von einem früheren Leben zu quatschen. Wenn man nicht grade richtig Pech hat und sie in ihrem früheren Leben Tiere waren; denn dann kann es passieren, dass sie anfangen, stattdessen zu brüllen.«

»Aber das *Code-Buch* ist doch bei dir, also müssen wir reingehen«, meinte ich. »Die können uns doch wohl egal sein, oder?«

»Ich hab dich gewarnt«, sagte Orestes und öffnete langsam die Tür.

SZENE: Orestes' Wohnzimmer (wie zuvor beschrieben, will sagen: richtig unordentlich).

IN EINEM KREIS AUF DEM BODEN: sechs erwachsene Menschen sitzen im Fersensitz, die Augen geschlossen und halten sich an den Händen.

Eine davon ist Orestes' Mutter. Das war zu erwarten. Häkchen ins Kästchen.

Ein anderes Mitglied im Kreis ist ein Mann mit schütterem Haar, in Jeans und einem T-Shirt mit Sportaufdruck. Er summt lautstark. *Mein Papa!*

Total unerwartet! Ausrufezeichen ins Kästchen.

»Papa!«, platzte es aus mir raus. Er schlug die Augen auf und versuchte aufzustehen.

»Malin, ich ...«, setzte er an. Aber Orestes' Mutter hielt seine Hand fest und zog ihn wieder hinunter in den Kreis.

»Mach weiter, es kann gefährlich sein, den Zirkel zu durchbrechen«, sagte sie in einem bestimmteren Ton, als ich ihr zugetraut hatte.

Papa sah mich an und mimte irgendwas. Ich glaube, es war: »Wir reden später.«

Alle im Kreis schlossen wieder die Augen. Orestes' Mutter summte eintönig und die anderen machten es ihr nach. Papa auch.

Ich stand weiter in der Diele, wie festgefroren.

»Komm«, meinte Orestes und knuffte mich in den Rücken. »Die können uns doch wohl egal sein, oder wie war das?«

Bloß als ich das gesagt hatte, wusste ich noch nicht, dass mein Papa auch dort sein würde. Da dachte ich noch, es wären nur Orestes' Mutter und ein paar Fremde.

Man kann nicht gerade behaupten, dass ich konzentriert bei der Sache war, als ich kurze Zeit später auf Orestes' Bett saß und versuchte herauszukriegen, was mit REMINGTON2 = R,XOMXHYPM3XT gemeint war. Alles, woran ich denken konnte, war Papa da draußen im Wohnzimmer. Was, wenn er plötzlich meinte, ein alter Römer zu sein, und anfangen würde, Befehle auf Latein zu rufen?!

Orestes hingegen war ungewöhnlich vergnügt.

Er las laut aus dem *Code-Buch* vor.

»Wusstest du, dass man Codes seit Tausenden Jahren anwendet?«, meinte er. »Und dass sie eine entscheidende Rolle in der Geschichte gespielt haben? Die Alliierten haben zum Beispiel im Zweiten Weltkrieg die Chiffriermaschine der Deutschen, Enigma, geknackt. Aber dann hatten sie ein Problem: Wenn sie die Informationen, an die sie durch die Entschlüsselung der geheimen Mitteilungen gekommen waren, verwendet hätten, hätten die Deutschen ja kapiert, dass die Alliierten den Code geknackt hatten.«

»Wie das? Was meinst du?« Ich hatte nicht richtig zugehört.

»Na ja, mal angenommen, du schnappst eine verschlüsselte Botschaft auf, in der steht: ›Wir greifen das Panzerschiff *Hajen* im Morgengrauen an.‹ Wenn du sofort eine Menge Flugzeuge und so schickst, um die *Hajen* zu verteidigen, wird der Feind doch misstrauisch und denkt, dass du auf irgendeine Weise von der geheimen Nachricht Wind bekommen hast. Wenn das mehrere Male passiert, wird er wahrscheinlich so misstrauisch, dass er den Code ändert. Und dann hast du deinen Vorteil verspielt.«

»Aber was macht man denn dann?«, wollte ich wissen.

»Manchmal kann man gar nichts tun«, antwortete Orestes. »Das ist das einzig Rationelle. Manchmal muss man einfach so tun, als wisse man von nichts.«

Aber wozu sollte es in so einem Fall dann gut sein, überhaupt etwas zu wissen?, überlegte ich. Zum Beispiel über die Zukunft?

Genau in dem Augenblick wollte ich viel lieber über Erdstrahlung reden als über Chiffren. Aber Orestes sagte, genau wie zuvor, dass das zum Dümmsten gehörte, das er je gehört hatte.

»Die, die sich damit befassen, sind sich ja nicht mal selbst einig. Sie zeichnen die ganze Zeit neue Linien auf, unterschiedliche Linien, ohne jede Logik. Und dann geben sie den Linien noch Namen wie Hartmann-, Curry-, Ley- oder

Drachenlinie und was nicht noch alles … Wo auch immer man sich also befindet, gibt es immer irgendeine Linie oder irgendein Kreuz, die erklären, was dort passiert. Diesen Spinnern zufolge. Und sollte es mal kein Kreuz geben an einem Ort, an dem etwas Wichtiges passiert ist, liegt das nur daran, dass sie dort neue Linien und ein neues Kreuz finden müssen, und schon ist das Problem gelöst!«

Er verstummte plötzlich, als ein gellender Schrei durch die Tür zu hören war.

Hilfe, fangen die jetzt an?, dachte ich und wünschte, dass Papa nicht da draußen auf dem Boden sitzen würde. Aber Orestes ging rasch aus dem Zimmer und kam gleich mit seiner verstrubbelten kleinen Schwester auf dem Arm zurück.

»Sie hat geschlafen«, erklärte er. Er setzte Elektra aufs Bett, wo sie eine Weile am Daumen nuckelte. Dann wurde sie munterer und am Ende zeichneten wir Strichmännchen und knüllten Papier zu Bällen, die wir hierhin und dorthin warfen, um sie zu beruhigen. Ich faltete einen Mund aus Papier und ließ ihn sprechen. Da lachte sie, dass sie fast keine Luft mehr bekam.

»Mona hat die Blume gefallen«, sagte Papa, als wir Orestes' Einfahrt hinuntergingen.

Ich war erleichtert: Er sah aus und klang wie immer. Nicht wie ein Bauer aus dem Mittelalter oder so …

»Aber der Tee hat schon etwas seltsam geschmeckt …«, fügte er hinzu und klopfte sich auf den Bauch.

Bevor Orestes und ich angefangen hatten, Papier durch die Gegend zu werfen, waren wir zu dem Schluss gekommen, dass wir nach verschiedenen Arten, den neuen Code zu knacken, suchen mussten. Zwei Tage später, am Freitag nach der Schule, radelten wir noch mal zur Bibliothek.

Papa fragte überhaupt nichts! Nicht, was wir da machen wollten, noch, wann wir nach Hause kommen würden. »Viel Spaß!«, meinte er nur.

Wir setzten uns an einen Computer und suchten noch mal nach »Remington 2«, aber wir bekamen wieder nur jede Menge Bilder von Gewehren angezeigt. Konnte Remington noch etwas anderes sein? Eine Person oder ein Haus oder so? Da Axel schon vor so langer Zeit gelebt hatte, fragten wir die Bibliothekarin, ob es auch Bücher über Lerum zu früheren Zeiten gab. Es stellte sich heraus, dass es ein ganzes Regal voll gab!

Das alte Lerum war der hochspannende Titel des Buches, das ich mir heraussuchte. Die Seiten waren voll mit körnigen, schwarz-weißen Fotografien. Leute bei der Arbeit, Leute, die fein herausgeputzt vor der Kamera standen. Ich vergaß fast, dass ich nach Remington suchte, und sah mir nur die Bilder an.

Ich betrachtete lange ein Bild, das sich über eine ganze Doppelseite erstreckte. Es war draußen aufgenommen worden und zeigte ein Feld, das eigentlich grün gewesen wäre, wenn das Foto nur nicht schwarz-weiß gewesen wäre. Das Feld wogte hinunter zu einem See mit grauem Wasser und einem hellgrauen Himmel obendrüber. Etwas an dem See und der Uferlinie kam mir so bekannt vor. Aber ich kam nicht drauf, was.

»Aspen«, stand in der Bildunterschrift.

Was?

Jetzt erkannte ich die Form des Sees, die Bucht mit dem Badestrand, den Steilhang auf der gegenüberliegenden Seite ... Aber sonst sah sich nichts ähnlich.

Heutzutage stehen überall am See entlang Häuser, viele Häuser mit schmalen Straßen dazwischen. Und da, wo die Häuser aufhören, verläuft die Autobahn. Die schlängelt sich wie ein brüllender Drache, der quasi alles um sich herum auffrisst, am einen Ende des Sees entlang und einmal quer durch Lerum.

Und diese Wiese da auf dem Bild, die gibt's nicht mehr. Die ist unter Straßen und Häusern, Kreisverkehren und Tankstellen verschwunden.

Ich war traurig wegen der Wiese. Sie sah so still und schön aus und wirkte, als würde man sich wunderbar frei fühlen, wenn man über sie hinunter zum See rannte. *Etwas ist gekommen, etwas wurd genommen,* dachte ich.

»Wie sah dieser alte Knacker, der dir den Brief gegeben hat, eigentlich aus?«, fragte Orestes plötzlich. Er blätterte in einem anderen alten Buch mit schwarz-weißen Fotos auf dem Umschlag.

Orestes wollte wissen, ob ich mich noch an etwas anderes als die Pelzmütze erinnern konnte. Irgendwas.

Ich dachte nach, konnte ihn mir aber nicht mehr richtig ins Gedächtnis rufen. Es war dunkel an diesem Abend gewesen und ich hatte Angst gehabt und gefroren. Mir fiel wieder ein, dass meine Finger, mit denen ich den Becher Zucker gehalten hatte, eiskalt gewesen waren.

»Wie sah er aus?«, beharrte Orestes. »Denk nach.«

»Er war etwas größer als Papa, glaube ich«, erwiderte ich. Das muss er gewesen sein, denn ich erinnere mich, wie ich gedacht hatte, dass er lang und dürr war.

»Er trug eine komische Pelzmütze, so eine, die man über die Ohren runterklappen kann. Aber das hatte er nicht gemacht, sodass die Ohrenklappen stattdessen aufgekrempelt waren. Sie war groß und zottelig.«

»Hatte er große Fausthandschuhe?«, fragte Orestes.

»Jaa ...«

»Aus Leder? Und einen großen schwarzen Überrock?«

»Jaa ...« Orestes klang seltsam. Ich verstand nicht, worauf er hinauswollte.

»Genau so, oder?« Er warf das aufgeschlagene Buch auf den Tisch vor mir hin.

Aber das war er ja! Ich erkannte ihn sofort wieder. Den Typen, der auf dem Foto vor dem Bahnhofsgebäude von Lerum stand. Große Mütze, schwarzer Mantel, langer Schnurrbart. Das Gesicht war ziemlich unscharf, das Foto war so alt und verschwommen. Ich drehte das Buch um und sah mir die Vorderseite an. *Lerum vor hundert Jahren* hieß es.

Ich verstand nur Bahnhof.

»Lies die Bildunterschrift«, meinte Orestes.

»Dipl.-Ing. Axel Åström vor dem Bahnhofsgebäude in Lerum im Jahre 1892«, stand da in kleinen, kursiven Buchstaben unter dem Foto.

Axel Åström. Genau so hieß doch der, der den Brief geschrieben hatte. Es fühlte sich so an, als täte sich ein Loch in mir auf.

Orestes' Wangen glühten rosig. Ich hatte begriffen, dass er nicht rot werden konnte wie andere Menschen, wenn sie richtig sauer sind.

»Du hast dir das alles nur ausgedacht«, zischte er. »Du dachtest, ich würde dieses Bild nicht finden, was? Hat es dir Spaß gemacht?« Er fing an, rasch seine Sachen von dem Stapel unserer Bücher und Notizzettel zusammenzusammeln, die chaotisch über den Tisch verteilt lagen.

Ausgedacht? Aber, was? Natürlich hatte ich mir das alles nicht ausgedacht! Ich versuchte, es ihm zu erklären, aber just in dem Moment rutschte einer meiner Notizzettel aus dem Durcheinander und segelte Orestes genau vor die Füße. Seine Augen wurden schwärzer als schwarz.

O=6, R=9, E=5, S=1, T=2, E=5, S=1 → 11
→ 2 N=5, I=9, L=3, S=1, S=1, O=6, N=5
→ 30 → 3, 2+3 → 5
Ist Orestes Nilsson ein Rutenkind?

Meine Berechnung von Orestes' Namenszahl. Die ich gemacht hatte, als ich *Die Kunst, in die Zukunft zu sehen* las.

Bevor ich reagieren konnte, nahm er seine Jacke und stürmte davon. Ich saß immer noch mit dem Buch auf dem Schoß da. Axel Åström stand da auf dem Foto und sah mich an.

Ich traute mich nicht aufzustehen.

Mir machte das hier ganz und gar keinen Spaß mehr.

Ich musste zwangsläufig alleine nach Hause radeln. Orestes war nirgends zu sehen. Zum Glück war es draußen noch hell. Aber ich hatte trotzdem Schiss. Mir zitterten die Knie, als ich auf mein Fahrrad stieg. Ich weiß nicht, ob das nun daran lag, dass Orestes so sauer geworden war oder dass ich zufällig dieses Bild entdeckt hatte.

Als ich heimkam, saß Papa dösend auf der alten Holzbank hinter dem Haus, mit dem Rücken an die Ziegelsteinmauer gelehnt. Er hatte sein Hemd aufgeknöpft und ich konnte seine blaurote Narbe sehen, quer über dem Brustkorb. Papa hatte die Augen geschlossen und saß so still da. Aber auf einmal schlug er die Augen auf.

»Hey, Malin. Wo bist du gewesen?«, fragte er und lächelte. Er musste vergessen haben, dass ich zur Bibliothek wollte.

»Nur ein bisschen hier und da«, erwiderte ich und wollte plötzlich am liebsten weinen. Ich weiß nicht, warum.

»Es ist warm und schön hier«, meinte er. »Es ist schön, zu Hause zu sein.«

Dann sagten wir lange gar nichts mehr. Ich setzte mich neben ihn auf die Bank und lehnte mich ebenfalls an die Wand. Es war, als ob der Winter aus mir heraussickern würde, dort in der Sonne.

Ich muss eingedöst sein, denn ich wachte mit einem Ruck auf. Ich dachte, dass ich jemanden rufen hörte, dahinten im Wald: »...i...ia...i...via...« Silvia? Aber ich konnte nichts erkennen, nicht mal ein Reh. Papa saß immer noch mit geschlossenen Augen an die Wand gelehnt da. Mir lief ein Schauder über den Rücken. Ich saß ganz still da und lauschte weiter auf die Stimme. Aber alles, was ich hörte, waren die Vögel, die im Eichenwäldchen sangen, und natürlich das Rauschen der Autobahn ganz in der Ferne.

»Ich glaube, ich geh jetzt rein«, sagte ich.

Papa murmelte irgendwas im Schlaf.

»Orestes Nilsson«, stand da auf dem Zettel. Typisch. Seit wir in der Bibliothek gewesen waren, hatten wir nicht mehr miteinander geredet, und das war ein paar Tage her.

Es war der Tag, an dem wir Schulausflug hatten. Unsere Klasse sollte mit einem Bus zum Schloss Nääs fahren. Eigentlich war das gar kein Schloss, erklärte unsere Lehrerin, sondern ein großer Gutshof gleich außerhalb von Lerum. Dort gibt es Volkstanz und irgendwelche alten Sachen. Unsere Klasse würde eine Führung über den Gutshof bekommen, aber zuerst sollten wir im Park irgendeine Rallye machen und Fragen beantworten.

»Und damit nicht alles genau wie immer abläuft«, meinte unsere Lehrerin, »habe ich immer zwei von euch zusammengelost.«

Mit »genau wie immer« meinte sie, glaube ich, unseren letzten Schulausflug, auf dem Emilia und Sanna plötzlich verschwunden waren. Es hatte sich schließlich herausgestellt, dass sie den Bus genommen hatten und in der Innenstadt von Lerum ins Café gegangen waren. Und Elias und Elliott hatten sich verlaufen und irgendwo am Weg Elliotts

Portemonnaie verloren. Keiner von uns hatte mehr die Kraft gehabt, den ganzen Weg zurückzugehen und nach ihnen zu suchen.

Seit Orestes und ich *Lerum vor hundert Jahren* in der Bibliothek entdeckt hatten, habe ich es noch mal durchgeblättert und festgestellt, dass da nichts weiter über Axel Åström drinstand. Es gab bloß dieses Foto. Das fühlte sich unbegreiflich gruselig an. Und ich hatte niemanden, mit dem ich reden konnte, da Orestes ja sauer auf mich war.

Ich glaube, unsere Lehrerin hat gelogen, als sie meinte, sie hätte uns zusammen*gelost*. Keiner von uns sah sonderlich zufrieden aus, als wir uns paarweise auf dem Parkplatz aufstellten, um die Karten zu bekommen.

Ich fröstelte. Es war kühl und grau und immer wieder nieselte es mir in den Jackenkragen. Warum nur konnte dieser Frühling nicht endlich mal richtig in Gang kommen? Ich schob die Hände tief in die Taschen. Orestes hatte Handschuhe an, verfilzte braune Fingerhandschuhe, und seine normale dunkelblaue Jacke.

»Sollen wir dann los?«, meinte er.

Ante war mit Sanna zusammengelost. Das sollte ihm gefallen, denn Sanna ist nett und alle mögen sie. Aber er ließ sie stehen und sich allein mit der Karte herumplagen und als Orestes und ich vorbeigingen, rief er: »Orestes und Malin! Geht ihr jetzt spielen?« Aber niemand scherte sich um ihn, denn alle waren vollauf damit beschäftigt, herauszubekommen, was wir eigentlich machen sollten.

Seltsamerweise hatte Ante in der Schule kein Wort über das verloren, was auf dem Spielplatz geschehen war, auch nicht über das Kästchen. Ich fragte mich, ob er jetzt damit anfangen würde, uns damit aufzuziehen. Orestes jedenfalls war Ante vollkommen egal. Als ich daran dachte, fühlte ich mich schon ein bisschen weniger sauer auf ihn. In manchen Situationen ist es einfach gut, mit jemandem zusammen zu sein, der sich um nichts schert.

Wir sollten an verschiedenen Stationen anfangen, an denen Fragen zu beantworten waren. Orestes und ich waren schnell mit den ersten drei fertig. Das lag daran, dass Orestes gerade mal so viel wie nötig schrieb, um die Fragen über die Familie Berg, die vor langer Zeit auf Nääs gelebt hatte, zu beantworten.

Wir kamen zur sechsten Frage: *Worauf begründete Teodor Berg sein Vermögen?*

»Das kann man sich ja wohl denken«, meinte ich. »Wahrscheinlich sperrte er Leute in einer von diesen kohlschwarzen Fabriken ein, wo sie die ganze Zeit schuften mussten, und ließ sie nur einmal am Mittsommertag raus, damit sie ein bisschen in die Sonne blinzeln konnten.«

»Wie bitte?«, fragte Orestes. »Was glaubst du denn, haben die Leute vorher gemacht?«

Vorher? Wie, vorher? Keine Ahnung, sie werden wohl auf irgendeinem Bauernhof gearbeitet und Kühe gemolken haben oder so.

Orestes fing an, etwas auf den Antwortzettel zu schreiben:

Antwort: Er baute die Nääser Baumwollfabriken,
in denen die Leute arbeiten konnten und so nicht mehr
jeden Tag morgens um vier aufstehen
und Kühe melken mussten.

Das war nicht wirklich das, was ich gesagt hatte.

Wir gingen um das große Gebäude herum, bogen runter zum See ab und suchten nach Frage sieben.
 Ich fand sie als Erste.
 Da waren ein Stein und ein kleines Kreuz mit orangenen Blumen ringsum. »Zum Gedenken an sieben Geschwister«, stand auf dem Kreuz.
 »Was ist das da?«, fragte ich. Es sah betrüblich aus.
 Orestes blätterte in dem Heft, das wir mitbekommen hatten. Das ging ziemlich langsam, weil er immer noch seine Handschuhe anhatte.
 »Hier steht es«, sagte er zufrieden, als er die richtige Seite gefunden hatte. »Ein Gedenkstein für die sieben Kinder der Familie Berg, die das Erwachsenenalter nicht erreicht haben.«
 »Sieben tote Kinder?«, fragte ich. »Sieben? Wie können denn sieben kleine Kinder sterben?« Mir wurde ein bisschen schlecht, als ich an die sieben kleinen Gesichter, die sieben kleinen Menschen dachte, die nicht groß werden sollten. Und sieben Beerdigungen ...
 »Ich weiß nicht, wie klein sie waren«, sagte Orestes. »Hier steht nichts darüber, wie alt ...«

Da traf es mich plötzlich wie ein Blitz: die Zahl Sieben!
»Aber Orestes, das ist ja genau, wie Silvia gesagt hat!«
Die Herren von Nääs haben bereits siebenmal bereut, hallte es in meinem Kopf wider. Genau das hatte Silvia zu Axel gesagt, als sie über die Eisenbahn und über Nääs geredet haben.

Orestes war natürlich nicht einer Meinung mit mir. Er fand es gar nicht ungewöhnlich, dass gleich sieben Kinder der Familie Berg gestorben waren.

»Das war zu der Zeit eben so. Da half es gar nichts, dass man reich war und ganz Nääs besaß, die Fabriken und alles. Die Kinder starben trotzdem.« Er schaute endlich von seinem Heft auf. Jetzt würde er mich sicher wieder belehren.

»Das war eben so, bevor das alles hier gebaut wurde: die Eisenbahnstrecken, Straßen und Fabriken, von denen du so schlecht denkst. Es gab nur Elend! Die Leute schufteten und starben, und es gab nichts, was man dagegen tun konnte. Nicht mal gegen Zahnschmerzen konnte man etwas machen! Alle, die sich nur über Autobahnen und Technik beschweren, die können ja mal ausprobieren, ohne zu leben! Wenn sie dann Mandel- oder Blinddarmentzündung bekommen, können sie ja ein bisschen die Sterne anschauen. Oder eine Namenszahl ausrechnen oder so! Denn Krankenwagen und Schnellstraßen, auf denen der Krankenwagen kommt und ihnen Penizillin bringt, wollen sie ja nicht haben, nein, vielen Dank.«

Autsch, das saß. Orestes war also immer noch sauer darüber, dass ich seine Namenszahl ausgerechnet hatte.

Er hatte natürlich recht. Es war schrecklich in früheren Zeiten. Die Leute, vor allem Kinder, starben wie die Fliegen und niemand konnte etwas dagegen machen. Aber trotzdem: *sieben* tote Kinder! Sieben Mal bereut. Ich erschauderte. Wer war dieses Fräulein Silvia? Warum sagte sie so was?

»Jetzt denk mal nach«, sagte Orestes, als wir zur nächsten Station gingen. »Axels Brief handelt doch von etwas, das 1857 geschehen ist. Die Familie Berg hat vorher hier gelebt, diese Kinder wurden in den 1820er-Jahren geboren. Also konnte Silvia leicht davon erfahren und einfach irgendetwas Düsteres über die sieben Kinder gesagt haben.«

Ich musste zugeben, dass es doch nicht so seltsam war, dass Silvia von den Kindern wusste, aber es war auf jeden Fall komisch, dass sie so etwas zu Axel gesagt hatte! Das war ja genau da, wo er darüber gesprochen hat, dass die Eisenbahn eben nicht hier über den Grund von Nääs verlaufen durfte, sondern ganz außenrum verlegt werden musste. »Manche Wege sollte man in Frieden lassen«, hatte Silvia gesagt. Meinte sie damit wirklich normale Wege? Oder meinte sie damit vielleicht Erdstrahlungslininen? Was, wenn die Familie Berg die Erdstrahlung hier vor langer Zeit gestört hatte, als sie ihre Fabriken baute? Und dann sind schreckliche Dinge passiert. Vielleicht wollten sie deshalb nicht riskieren, dass hier auch noch eine Eisenbahnlinie gebaut wurde?

Orestes seufzte bloß über meine Theorien.

»Ich sage es gerne noch mal«, meinte er, »etwas wie Erdstrahlung gibt es nicht. Die, die dafür gesorgt haben, dass wir es heute viel besser haben, dass Kinder heute nicht mehr sterben wie die Fliegen, das waren Menschen, denen solcher Schwachsinn egal war. Männer der Wissenschaft. Ingenieure.«

Orestes wirkte ein bisschen stolz, fast so, als ob er ebenfalls ein Mann der Wissenschaft oder ein genialer Ingenieur wäre.

Aber als wir unsere Lehrerin wiedertrafen, fragte ich sie auf jeden Fall, ob es stimmte, dass die Besitzer des Gutshofs abgelehnt hatten, die Eisenbahnlinie über ihren Grund verlaufen zu lassen.

»Ja«, erwiderte sie. »Es heißt, dass die, denen Nääs und die Fabriken gehörten, Angst hatten, dass ihre Fabrikarbeiter abhauen würden, wenn die Eisenbahn so nahe wäre. Und deswegen musste die Strecke in einem Umweg um Nääs herum gelegt werden.«

Unsere Lehrerin sagte kein Wort über irgendwelche Erdstrahlungslinien, logisch. Aber vielleicht hatte die Familie auf Nääs das auch geheim gehalten. Ich kam nicht dazu, unsere Lehrerin zu fragen, denn sie fing an, die Klasse durchzuzählen, und diesmal waren alle da, als wir in das große Gebäude hineingehen sollten.

Die Führerin war mit altmodischen Sachen verkleidet und man merkte, dass sie diese Tour schon mindestens hundertmal gemacht hatte, denn sie redete superschnell. Am Anfang hörte ich kaum, was sie sagte, sondern lauschte nur auf den Silbenrhythmus: »ta, tara-tat-tat-tat, tara-tat-tat-tat, tarata.«

Aber nach einer Weile beruhigte sie sich ein wenig oder ich gewöhnte mich dran.

Das Besondere an Schloss Nääs war, dass dort seit dem Ende der 1890er-Jahre nichts mehr verändert worden war. Als der letzte Bewohner des Hauses starb, zog keine neue Familie ein. Alle Sachen – Teppiche und Möbel, Bilder und Porzellanfigürchen – waren so stehen geblieben. Und standen immer noch so da. »Wie eine Zeitreise«, meinte die Führerin. »Willkommen in den 1890er-Jahren!«

Die 1890er-Jahre waren düster. Dunkle Tapeten und dunkle Möbel. Überall Schnörkel. Und jede Menge Nippes. So stand zum Beispiel ein kleiner ausgestopfter Hund in der Eingangshalle!

Ansonsten war das Seltsamste, dass es hier und da zwischen all den schönen vergoldeten Bildern und Spiegeln, den echten Teppichen und Polstermöbeln kleine Schalen gab, die man Spucknäpfe nannte. In diese Schalen sollten die Männer spucken, wenn sie Tabak kauten.

Der größte und schönste Raum war nur für Feste, aber es gab natürlich auch kleinere Zimmer, die die Bewohner alltags benutzten.

Wir blieben in einem dieser kleinen Zimmer, wohl ein Arbeitszimmer, stehen. An den Wänden hingen Diplome, so als ob der, der in diesem Raum am Schreibtisch gesessen und gearbeitet hatte, sehr stolz auf sie gewesen wäre. Ich sah mir einige von ihnen genauer an und blieb noch einen Moment dort, als der Rest der Gruppe weiterging. Orestes drückte sich auch noch dort rum.

»Malin«, wisperte er. Er deutete auf etwas, das am Rand des Schreibtischs stand. Eine Maschine, was auch immer es sein mochte.

Sie war schwarz, ganz schön groß. Mit weißen Buchstabenknöpfen, die einer Computertastatur ähnelten. Oben drauf waren Hebel und Walzen und andere seltsame Sachen.

Mitten auf der Maschine war ein kleines Metallschild mit einem Symbol angebracht: ein weißer Kreis über einem roten Dreieck. Neben dem Symbol stand in goldenen Buchstaben: REMINGTON.

Remington!

Ich zuckte zusammen. Das Wort Remington, nach dem wir so gesucht hatten. Was machte es hier? Orestes und ich starrten die Maschine lange an.

»Wie seltsam!«, sagte eine Stimme dicht hinter uns, und ich zuckte noch mal zusammen. Es war die Führerin, die zurückgekommen war. »Die steht normalerweise nicht dort. Ich frage mich, ob sie vom Dachboden stammt. Da gibt's massenhaft Zeug ...«

»Was ist das?«, fragte Orestes schnell.

»Das da war einstmals eine echte Neuheit«, meinte die Führerin. »Anfang der 1890er-Jahre begann man, Schreibmaschinen zu benutzen. Davor hat man alles mit der Hand geschrieben.«

Orestes und ich sahen einander an.

»Wie funktioniert die?«, wollte Orestes wissen und hielt die Führerin auf, die bereits auf dem Weg hinaus war.

»Wie eine normale ...«, begann sie, doch dann meinte sie:

»Stimmt ja, ihr seid noch so jung. Ihr habt natürlich noch nie eine Schreibmaschine gesehen, oder?«

Wir schüttelten die Köpfe.

»Als ich ein Kind war, sahen sie fast noch genauso aus wie diese. Man spannt einen Bogen Papier zwischen diese Walzen und wenn man auf die Tasten drückt, schnellen die Hebel mit den einzelnen Buchstaben hoch und drucken die Buchstaben auf das Papier.«

Wir kapierten gar nichts. Schnellen Hebel mit Buchstaben hoch? Doch während die Führerin redete, erkannten wir auch, was ganz unten auf der Schreibmaschine stand. In derselben goldenen Schrift wie auf dem kleinen Metallschild mit dem Logo:

REMINGTON STANDARD TYPEWRITER NO. 2

Remington2 also?

Wir kamen ziemlich spät von Nääs nach Hause. Ich musste immer noch an diese Kinder denken, die sieben toten Kinder. Im Gutshaus gab es übrigens auch mehrere Porträts einer Dame, die gestorben war, noch bevor sie dort einziehen konnte. Offenbar starben dort alle. Im Übrigen sterben immer noch alle. Nur niemand, den ich kenne. Noch nicht, auf jeden Fall.

Papa hatte Spaghetti Bolognese gemacht. Das ist so ziemlich das Einzige, was er kann. Als ich den Tisch decken wollte, musste ich erst mal eine Menge dicker brauner Umschläge wegräumen, die auf dem Küchentisch lagen.

»Pass auf!«, rief Papa. »Die Briefe will ich morgen wegschicken!« Vermutlich irgendwas für seinen Job. Aber er wollte doch eigentlich noch nicht wieder arbeiten? Jedenfalls noch nicht jetzt.

Die Spaghetti waren lecker. Ich habe einen Riesenberg gegessen und Papa blieb länger auf als gewöhnlich, denn es kam irgendein Fußballspiel im Fernsehen. Ich schaute zwar mit, wusste aber nicht mal, welche Mannschaften da spielten. Aber das war egal, denn das eigentlich Lustige daran war, mit Papa dazusitzen und »Schwach!« zu seufzen und ihm zuzustimmen, welcher Spieler der beste und welcher der schlechteste war und wann einer die rote Karte bekommen sollte.

Wir gingen erst ins Bett, als das Spiel zu Ende war, und ich war sicher, dass ich schlafen würde wie ein Stein. Doch als ich grade dabei war einzuschlafen, schreckte ich auf. Ich hatte etwas gehört! War da jemand auf dem Balkon? Mein Herz hämmerte.

Ich kroch aus dem Bett, um aus meinem Zimmer zu lugen, da hörte ich wieder das Geräusch. Es klang so, als würde jemand etwas gegen die Fensterscheibe werfen. Ich kroch zum Fenster, damit mich niemand sehen konnte, und linste durch den Spalt zwischen dem Raffrollo und der Wand hindurch.

Da war das Geräusch schon wieder! Eine Handvoll Sand oder Kieselsteine gegen die Fensterscheibe. Da unten stand jemand auf dem Rasen. Ich war schlagartig hellwach und öffnete die Balkontür.

»Orestes, was machst du hier?«, rief ich im Flüsterton.

»Ich bin draufgekommen!«, zischte er, so laut er sich traute.

Er wirkte fröhlich. Stand mit zerzausten Haaren und ohne Jacke da draußen im Nieselregen. Er hüpfte fast schon auf und ab vor Tatendrang.

Ich konnte nicht anders, als zu lachen.

»Was ist los, warum lachst du?«, rief Orestes. Er versuchte, sich die zerzausten Haare glatt zu streichen, und hörte auf zu hüpfen.

Ich konnte nichts antworten, denn ich hatte keine Ahnung. Ein durchgeknallter Zugnerd stand unter meinem Fenster und ich konnte nur lachen.

Dann schlich ich mich in die Diele runter und ließ Orestes rein. Wir saßen ganz schön lange in meinem Zimmer und er erklärte mir flüsternd, worauf er gekommen war.

Orestes' Notizen: DIE SCHREIBMASCHINE

Die erste Schreibmaschine wurde im 18. Jahrhundert von Henry Mill entwickelt. Aber erst zum Ende des 19. Jahrhunderts setzte sie sich durch.

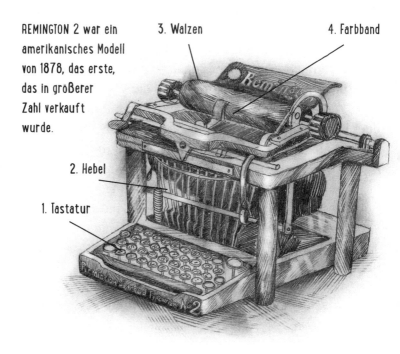

REMINGTON 2 war ein amerikanisches Modell von 1878, das erste, das in größerer Zahl verkauft wurde.

3. Walzen

4. Farbband

2. Hebel

1. Tastatur

1. Tastatur mit Druckknöpfen mit Buchstaben drauf.
2. Hebel. Jede Taste ist mit einem Hebel verbunden. Ganz vorne an dem Hebel ist ein Stempel, der dem Buchstaben auf der Taste entspricht, angebracht.
3. Walzen, zwischen denen man das Papier einspannt.
4. Farbband. Das ist so was wie ein Stempelkissen, nur in Form eines Bandes (sieht man nicht auf dem Bild).

Wenn man auf eine Taste (1.) drückt, schnellt der Hebel (2.), der mit der Taste verbunden ist, hoch und schlägt gegen das Papier, das um die Walze (3.) gespannt ist.
Der kleine Stempel am Ende des Hebels (2.) drückt das Farbband (4.) gegen das Papier, sodass sich der Buchstabe auf das Papier durchdrückt.

Die Walze bewegt sich, während man schreibt, damit nicht alle Buchstaben an derselben Stelle landen. Die Tastatur sieht so aus:

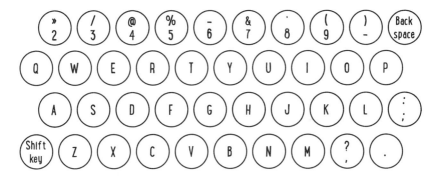

Die Anordnung der Tastatur heißt QWERTY, nach den ersten Buchstaben der obersten Reihe. Sie wurde 1867 erfunden.
Die QWERTY-Tastatur löste das Problem, dass sich die Hebel der Schreibmaschine ineinander verfingen, wenn man zu schnell schrieb.
Heutzutage gibt es keine Hebel mehr am Computer, aber die Tastatur sieht noch genauso aus.

Wenn man das Lösungswort nimmt: R,COMCHYPM3CT
Dann schreibt man es ab, ABER verschiebt dabei die Finger auf der Tastatur einen Schritt nach links! Dann kommt dabei raus: EMXINXGTON2XR

»Lasst den Letzten den Ersten sein«, schrieb Axel.
Dann ergibt das: REMXINXGTON2X
Und »alle Unbekannten müssen fort«, meinte Axel. In der Mathematik sind Unbekannte für gewöhnlich x, y oder z. Also nehmen wir alle x raus. Dann ergibt das REMINGTON2
Jetzt kennen wir die Chiffre!

Also machen wir mit dem codierten Text dasselbe:
,YC,SMMCDROVJRCMDEIXR:DCDDES
Auf der Tastatur einen Schritt nach links verrutschen →
MTXMANNXSEICHEXNSWURZELSXSSWA
Lasst den Letzten den Ersten sein → AMTXMANNXSEICHEXNSWURZELSXSSW
Nimm alle x fort → Amtmannseichenswurzelssw
Amtmannseichens Wurzel ssw ist die Lösung!

Er ist wirklich ziemlich clever, der Orestes. Und er meinte, das Modell zwei der Remington hätte kein ü, ä und ö! Deswegen also hatte Axel diese Buchstaben nicht verwendet!

Aber eine Frage stand noch aus: Was sollte *Amtmannseichens Wurzel ssw* bedeuten? Warum gab Axel einen derart unverständlichen Hinweis? Und was sollten wir mit ihm anstellen?

Was auch immer wir tun wollten, wir würden bis morgen damit warten müssen. Ich glaube, ich war schon eingeschlafen, noch bevor Orestes über den Wendeplatz nach Hause geschlichen war.

20.

Dienstag war ein ganz normaler Schultag. Dachte ich jedenfalls erst.

»Orestes und Malin«, sagte unsere Lehrerin direkt vor der ersten Pause, »könnt ihr bitte noch kurz dableiben?«

Was war denn nun los? Ich packte meine Mathebücher langsam zusammen, während alle anderen in einem undefinierbaren Haufen in den Korridor verschwanden. Das Klassenzimmer wurde leer und still. Nur die Lehrerin, Orestes und ich waren noch dort.

»Die Direktorin möchte euch sprechen«, erklärte sie. »Jetzt sofort.«

»Warum das?«, rutschte es mir raus. Ich musste noch nie zuvor zur Direktorin. Was konnte sie von mir wollen?

»Ich weiß nichts Genaues«, antwortete die Lehrerin. »Aber es ist sicher nichts Ernstes«, fügte sie hinzu und lächelte mich beruhigend an. Offenbar sah ich also beunruhigt aus. Warum kann man nur nicht selbst bestimmen, wie man wirkt, warum muss man es mir immer ansehen, was ich denke? Ich wünschte, ich wäre mehr wie Orestes, der völlig unbekümmert wirkte.

Er sagte kein Wort, als wir den Korridor zum Direktorat entlanggingen. Als wir dort ankamen, war die Tür nur angelehnt. Wir sahen einander mit mulmigem Gefühl an. Orestes räusperte sich laut.

»Kommt rein«, klang es aus dem Büro. Also gingen wir hinein.

Die Direktorin saß hinter einem großen Schreibtisch aus hellem Holz und schrieb etwas. Ihr Armband klimperte.

»Setzt euch«, sagte sie und wir setzten uns auf die Stühle vor ihrem Schreibtisch. Die Direktorin legte den Stift hin und strich ihr langes, dichtes Haar auf eine übertrieben sorgfältige Art aus dem Gesicht, die mich nervös machte. Dann verzog sie das Gesicht zu einem Lächeln.

»Ihr wart ja gestern draußen auf Nääs«, begann sie langsam. Wir nickten, aber die Direktorin erwartete eigentlich keine Antwort. »Ich hoffe, das hat euch Spaß gemacht«, fuhr sie im selben Atemzug fort. »Es ist von großer Bedeutung, dass wir Ausflüge in den Lehrplan einschließen können, damit wir unseren sozialen, kulturellen und geografischen Lehrauftrag erfüllen können.« Sie lächelte immer noch, also lächelte ich zurück. Ich verstand kein Wort.

Die Direktorin wickelte ihren dunkellila Strickschal noch einmal um sich und fügte hinzu:

»Aber die Sache ist die, dass mich die Leiterin von Nääs gestern angerufen hat. Sie hat mir zu verstehen gegeben, dass ein Gegenstand aus der Sammlung fehlt.«

Fehlt? Was denn? Dachte sie etwa, dass wir etwas mitgenommen hätten?

»Es handelt sich um eine alte Schreibmaschine. Eine schwarze Maschine mit Buchstaben dran. Wisst ihr, welche ich meine? Habt ihr sie gesehen?«

»Jaa ...«, erwiderte ich. Ich fühlte mich total eingeschüchtert. Mal wieder.

Warum hat man immer, wenn Erwachsene mit einem reden, gleich das Gefühl, dass man etwas falsch gemacht hat? Als ob man die Unzuverlässigkeit in Person sei.

»... die stand auf einem Schreibtisch«, fuhr ich fort. »Aber die war doch riesengroß! So eine kann doch niemand einfach mitnehmen. Wie denn? Unter der Jacke vielleicht?«

Die Direktorin sah mich ernsthaft an. Ich konnte den Blick nicht erwidern, sondern starrte ihre Kette mit den großen Holzperlen an, die über dem zotteligen Schal hing, und war so gestresst, dass ich superschnell weitersprach: »Ja, also, die stand da. Sie stand da, als wir reinkamen, und auch noch, als wir wieder rausgingen. Ist ja nicht so, dass wir uns sonderlich viel aus einer alten Schreibmaschine machen würden. Wir haben sie nur zufällig gesehen. Die Führerin hat gesagt, dass ...«

Orestes räusperte sich. Ich hörte auf zu reden und wusste, dass ich knallrot im Gesicht war.

Orestes sah der Direktorin direkt in die Augen. »Es wirkt ziemlich unpassend«, sagte er mit so leiser Stimme, dass die Direktorin sich nach vorne lehnen musste, um ihn zu verstehen, »Kinder über verschwundene Gegenstände auszufragen, die so groß und schwer sind, dass die Kinder sie unmöglich von dem Gutshof hätten abtransportieren können. Es ist

Zeit- und Ressourcenverschwendung, sich damit zu beschäftigen, Kinder zu beschuldigen, die unter keinen Umständen etwas damit zu tun haben können. Ich schlage vor, dass Sie das der Leiterin schnellstens mitteilen.«

Er stand auf und war bereit zu gehen.

Einige Sekunden war es mucksmäuschenstill.

Die Direktorin wirkte aufgewühlt und fummelte an ihrer Holzkette herum. Dann lächelte sie schwach und nahm wieder ihren schleppenden Ich-spreche-mit-Kindern-Tonfall an.

»Aber meine Lieben«, sagte sie und lachte. »Es glaubt doch niemand, dass ihr sie gestohlen habt! Ich wollte nur herausfinden, ob sie gestern noch da war, als ihr dort zur Besichtigung wart. Die Angestellten waren nämlich nicht wirklich sicher. Aber dann war sie es, nicht wahr?«

Sie schaute mich an. Ich nickte stumm und sah zu Boden.

»Dumme Gans«, wisperte Orestes, als wir wieder auf dem Korridor vor dem Direktorat waren. Ich sah zu ihm auf und begriff, dass er die Direktorin meinte, nicht mich.

Ein paar Tage später stand etwas über die gestohlene Schreibmaschine in der Zeitung:

Lerumer Tagblatt – Donnerstag, 26.5.

Diebstahl auf Nääs

Der Vorstand von Gut Nääs hat am Montag entdeckt, dass nach einer Führung ein wertvoller Gegenstand aus der Sammlung des Gutshofs fehlt. Dabei handelt es sich um eine antike Schreibmaschine. »Es muss ein Auftragsdiebstahl gewesen sein«, sagt Anette Andergård, Leiterin von Nääs. »Nur Sammler zeigen normalerweise Interesse an dieser Art Antiquität.« Das Interieur von Nääs ist seit 1898 unberührt geblieben. ■

Papas Handy lag neben der Zeitung auf dem Küchentisch. Seine PIN war leicht zu merken, es war nämlich die Zahl Pi. Ich tippte 0314 ein. Ich schwöre, ich wollte Mama nur ein kurzes Hallo mailen. Aber ich blieb an einer Mail von Mama an Papa hängen, die ich zufällig entdeckte:

An: fredrik.b@home.net
Von: Susanne.berggren@ebi.com
Betreff: Lerum

Fredrik,
was geht denn da eigentlich in Lerum vor sich? Ich lese die Zeitung online. Warum gibt es plötzlich sowohl Vandalismus am Bahnhof als auch Leute, die versuchen, den Ausbau des Glasfasernetzes zu behindern? So was ist ja wohl noch nie passiert!
Ich hoffe wirklich, die Störungen verzögern den Glasfaserausbau

nicht. Ich brauche einen richtig schnellen Internetzugang, wenn ich von zu Hause aus arbeite, und ich habe wirklich gedacht, wir hätten schon Glasfaseranschluss im Haus, wenn ich heimkomme. Als ich abgereist bin, lagen die Glasfaserkabel schon ungefähr bis zum Supermarkt. Haben sie gar nicht mehr weitergemacht?
Ich verlasse mich drauf, dass du Malin von alldem da fernhältst. Sie regt sich immer so schnell auf, nach allem, was passiert ist. Ich will wirklich nicht, dass sie wieder in Schwierigkeiten gerät! Sie braucht Ruhe und Frieden und nicht, wieder in irgendwas Merkwürdiges reingezogen zu werden. Sie ist doch wohl nicht zu lange alleine draußen?
Ich hoffe, es geht euch gut, allen beiden.
Übrigens bekommt man hier im ganzen Land nirgendwo einen vernünftigen Gugelhupf!
Kuss, Suss

An: susanne.berggren@ebi.com
Von: fredrik.b@home.net
Betreff: Re: Lerum

Hi, Suss,
Malin übt jeden Tag ungefähr eine Stunde Cello und macht zusammen mit dem Nachbarsjungen, Orestes, Hausaufgaben. Manchmal machen sie auch eine kleine Radtour. Sie ist jeden Abend zu Hause.
Uns geht's gut. Entspann dich.
Fühl dich gedrückt, Fredrik

Ich kapierte erst nicht, was Mama mit dem Glasfaserausbau meinte, aber dann entdeckte ich einen weiteren Artikel im *Lerumer Tagblatt*.

Lerumer Tagblatt – Donnerstag, 26.5.

Unbefugte behindern Glasfaserausbau

Die Arbeiten am neuen Glasfasernetz der Gemeinde, welches die Surfgeschwindigkeit für alle angeschlossenen Computer und Smartphones verzehnfachen wird, verzögern sich. Der Grund dafür ist, dass die Arbeiten von Unbefugten sabotiert wurden, die sich zu verschiedenen Baustellen, an denen die Grabungsarbeiten stattfinden, Zutritt verschafft haben.

»Wir wissen, dass Unbefugte hier gewesen sind. Aber wir konnten noch keine direkten Schäden feststellen. Wir haben dennoch beschlossen, Kabelvorräte sowie einen Teil der Maschinerie von der Hauptbaustelle zu verlagern, um das Risiko für Beschädigungen zu mindern«, sagt Stefan Bengtsson von Fiber Sweden Communications. »Wir tun, was wir können, damit die Arbeiten die Allgemeinheit nicht beeinträchtigen«, fügt Stefan Bengtsson hinzu. »Aber um die Kabel zu verlegen, müssen wir jede Straße der Gemeinde aufgraben. Wir hoffen, die meisten Bürger haben Verständnis dafür, dass es einige Zeit dauern kann, bis alle Straßen wiederhergestellt sind.« ∎

Neben dem Artikel war ein Bild, auf dem man sehen konnte, wie die Glasfaserkabel überall in ganz Lerum verlegt werden sollten. Es sah wirklich aus wie ein Netz mit Fäden, die unter der Erde verliefen und alle Straßen miteinander verbanden, jedes einzelne Haus.

Ja, genau. Jetzt erinnerte ich mich dran, dass Mama so wahnsinnig versessen darauf gewesen war, dass unser Haus ans Glasfasernetz angeschlossen werden sollte.

»Wenn wir das haben, können wir im Internet surfen und fernsehen und arbeiten, alles gleichzeitig«, hatte sie fröhlich gesagt. Aber dann hatte sie mich angesehen und war verstummt. Gewisse Menschen sollten ihr zufolge ja nicht ins Internet.

»Amtmannseiche«, flüsterte mir Orestes am nächsten Tag in der Schlange an der Essensausgabe zu.

»Was?«

»Amtmannseiche«, wisperte er noch mal. »Ich weiß, wo die ist. Wir treffen uns nach der Schule.«

Das Letzte sagte er blitzschnell, weil die Lehrerin uns beobachtete. Ich starrte auf mein Tablett, bis schließlich eine graue Frikadelle auf meinem Teller landete.

Als ich Orestes jedoch nach der Schule in unserer Straße wiedertraf, war er nicht mehr auf dem Weg zur Amtmannseiche. Stattdessen schob er einen leeren Kinderwagen vor sich her.

»Heute geht's nicht«, sagte er verkniffen. »Mama organisiert ein Tanzfest. Ich muss Elektra abholen.« Er ging an mir vorbei und weiter den Wendeplatz entlang Richtung Straße. Ich hastete hinterher.

»Warum ...«, begann ich, hielt dann aber doch die Klappe. Orestes war so sauer, dass es aussah, als würde es in ihm brodeln. Ich dachte, es würde seine Laune sicher nicht bessern, wenn er erklären musste, was genau seine Mutter machte, sodass er sich um Elektra kümmern musste.

»Ach was!«, meinte ich stattdessen. »Sie kann doch mitkommen! Ist doch schönes Wetter.«

Und das stimmte, es war einigermaßen schönes Wetter. Oder wenigstens hatte es einige Tage schon nicht mehr geregnet.

»Dann laufen wir eben, statt mit dem Rad zu fahren!«, japste ich und machte einen Sprung, denn Orestes machte größere Schritte als ich, und ich kam aus dem Tritt, als ich versuchte mitzuhalten.

»Mal sehen«, murmelte Orestes und wirkte, als hätte er sich schon wieder etwas beruhigt. »Aber dann muss ich erst noch mal nach Hause, ein paar Sachen holen.« Ich ging mit zu Orestes nach Hause und half, die Ausrüstung zu holen, die aus Spaten, Landkarte und Kompass bestand. Im Garten hingen eine Menge Fähnchen und es duftete irgendwie nach Kräutern aus einem großen Topf auf dem Herd, aber ansonsten fand ich es nicht seltsamer als sonst bei Orestes zu Hause.

Ich musste die Spaten tragen, Orestes schob den Kinderwagen. Und so zogen wir noch mal Richtung Kita los.

Orestes versuchte es so aussehen zu lassen, als ob er sich mit einer ziemlich lästigen Pflicht abplagen würde, als er Elektra mit ihren Handschuhen und Mützen und Regenhosen und all den selbst gemalten Bildern (zwei Striche auf jedem Blatt) abholte. Aber ich sah, wie er Elektra knuddelte, während er sie im Kinderwagen festschnallte, und wie sorgfältig er ihre kleinen Handschuhe hochzog, damit keine Lücke zwischen dem Rand der Handschuhe und den Ärmeln entstand.

Elektra brabbelte den ganzen Weg an der Sekundarschule vorbei und runter zur Autobahn vor sich hin. Aber sie schlief ein, als wir durch die Unterführung gingen, die nichts weiter als eine riesige Röhre unter der Autobahn ist. Dann gingen wir auf dem Kiesweg an den Eisenbahngleisen entlang, bis wir zum Bahnhof von Aspedal kamen und schließlich in den Weg am See entlang einbiegen konnten.

»Also, die Amtmannseiche?«, sagte ich. »Erzähl.« Orestes erzählte mir die Geschichte von der Amtmannseiche, während wir am Ufer des Aspen entlanggingen. Es war merkwürdig, dass ich sie noch nie zuvor gehört hatte. Immerhin hatte ich und nicht Orestes schon mein ganzes Leben hier in Lerum gewohnt.

Im siebzehnten Jahrhundert war Lerum nicht mehr als ein kleines, einsam gelegenes Dorf auf dem Land gewesen und es hatte im Bezirk einen Amtmann gegeben, den alle verabscheuten. Er war unmenschlich hart und sah es als seine oberste Pflicht an, unnachgiebig Steuern von der armen Bevölkerung des Dorfes einzutreiben. Eines Abends waren es die Bewohner Lerums leid. Sie nahmen den gierigen Amtmann gefangen und hängten ihn mit einem Seil um den Hals auf. Die Eiche, an der man ihn erhängte, wird seitdem die Amtmannseiche genannt. Anfang des zwanzigsten Jahrhunderts starb die Eiche. Da war sie drei- bis vierhundert Jahre alt und riesig.

»Also war die Amtmannseiche in den 1850er-Jahren, als Axel hier in Lerum war, schon uralt«, meinte Orestes.

»Aber woher sollen wir wissen, wo der Baum stand? Gibt es den Stumpf noch?«, wollte ich wissen.

»Keine Ahnung«, erwiderte Orestes.

Ich erschauderte und umklammerte die Spaten fester. Ein eiskalter Wind blies vom See.

»Hier ist es«, sagte Orestes auf einmal und blieb stehen.

»Hier?«, fragte ich. Wir waren den Weg, der am Seeufer entlangläuft, ein gutes Stück weit gegangen. Den ganzen Weg am Aludden und dem großen Spielplatz vorbei und dann weiter an den langen Stränden, die im Sommer voll mit Leuten sind. Wir waren sogar bis zu der Stelle gegangen, an der der Weg am Ufer schmaler wird, weil er sich zwischen den Reihen von alten Bäumen hindurchschlängelt.

Wir standen neben einem kleinen Spielplatz mit ein paar Schaukeln, einem Sandkasten und einem Klettergerüst. Hinter dem Sandkasten schlossen sich eine Wiese und ein paar Birken mit hellgrünen Blättern an.

Orestes nickte zu den Wegweisern neben dem Spielplatz. »Amtmannseiche« stand auf dem einen, »Amtmannsweg« auf dem anderen. Aha. Hier sah es kein bisschen nach einem Ort aus, an dem man Amtmänner hängt.

Wir ließen den Blick über den See schweifen. Es war einer dieser schmutziggrauen Tage, an denen das Wasser und der Himmel dieselbe aschfahle Farbe haben. Ich stellte mir vor, wie die Wolken sich dunkel über dem See aufgetürmt hatten an diesem gruseligen Abend, an dem der Amtmann gehängt wurde, wie sich die mächtige Eiche dem Himmel entgegengereckt hatte und der Amtmann als Schatten in ihrer Krone baumelte.

Elektra wachte auf und Orestes nahm sie umständlich aus dem Kinderwagen. Sie rannte Richtung Sandkasten davon, sobald sie die Füße auf dem Boden hatte. Orestes und ich drehten uns zu ihr um.

Wir sahen ihn gleichzeitig, glaube ich. Aus der Ferne sah er nur wie ein Haufen Steine aus. Gleich neben den Birken beim Sandkasten. Aber waren das überhaupt Steine? Das war doch nicht …?

Doch, das war es. Es waren die Reste eines Baumstumpfs, eines gigantischen Baumstumpfes.

Ich war froh, dass wir den Baumstumpf gefunden hatten, aber gleichzeitig auch ein bisschen enttäuscht. Denn ich hatte mir ausgemalt, dass Orestes und ich nach den gespenstischen Überresten der Amtmannseiche suchen würden, und wenn wir sie gefunden hätten, wären wir die Einzigen in ganz Lerum, die wussten, wo sich die Eiche befand. Aber dieser Stumpf hier war deutlich sichtbar für Hinz und Kunz. Irgendjemand hatte sogar Asphalt drüber gekippt. Der schwarze Teer lag wie ein flacher Deckel auf der runden Oberfläche des Stumpfes, möglicherweise, um ihn zu schützen. Aber die alten, knorrigen Wurzeln waren nicht bedeckt, sie stachen in alle Richtungen hervor und wanden sich wie ein Netz um den Teerdeckel.

Sicher war das ein großer, alter Baumstumpf, aber die unheimliche Stimmung wurde von dem Sandkasten und den Schaukeln direkt daneben zerstört. Ich weiß nicht, wer in Lerum für die Planung von Spielplätzen zuständig ist, aber es ist in jedem Fall jemand, dem jegliches Geschichtsbewusstsein fehlt.

Die Chiffre besagte »Amtmannseichens Wurzel ssw«, dort solle sich etwas finden. Aber wo? Das war ein Umkreis von vielleicht acht Metern rund um den Stumpf. Der Baum muss absolut riesig gewesen sein! Wir konnten schlecht rings um den ganzen Stumpf graben, das würde mehrere Tage dauern. Aber Orestes setzte sich auf eine Bank beim Spielplatz. Er faltete die Landkarte auseinander, holte den Kompass hervor und begann, die Karte nach dem Kompass auszurichten. Offenbar hatte er einen Plan.

Ich blieb bei der Eiche stehen. Ich berührte eine große Wurzel. Sie war hart und stark, sie musste sich noch immer tief in den Boden bohren, wie sie es über Hunderte von Jahren getan hatte, um dem riesigen Baum Kraft zu spenden.

Wenn es wirklich ein Netz aus Erdstrahlen gab, das hier kreuz und quer unter mir verlief, müsste man dann nicht etwas davon spüren können? Müsste man dann nicht auch spüren können, wo irgendwelche Geheimnisse im Boden vergraben lagen? Wenn man Wünschelrutengänger war, vielleicht. Aber dann bräuchte man eine Wünschelrute oder ein Pendel. Ich tastete nach meiner Kette am Hals, die mit dem Fischeanhänger dran. Sie war warm von meiner Haut. Ich nahm die Silberkette ab und hielt die Fische fest in der Hand.

Warum es nicht mal ausprobieren? Rasch streifte ich die dünne Kette über meinen Zeigefinger und ließ den Anhänger hin- und herbaumeln.

Ich ging vorsichtig um die Eiche herum, genau wie Mona es an dem Tag getan hatte, als ich ihr geholfen hatte, reihenweise neue Pflanzen zu setzen. Die Kette pendelte sanft. Der Anhänger war so leicht, dass ich ihn kaum spürte, wenn ich ihn an der Kette von meinem Zeigefinger hängen ließ. Aber wenn ich einen zu hastigen Schritt machte, begann er, hin- und herzupendeln. Das zählte natürlich nicht, deswegen wartete ich, bis die Fische aufgehört hatten, sich im Kreis zu drehen, bevor ich weitermachte.

Ich ging fast um den ganzen Stamm herum, ohne dass etwas passierte. Ich kam mir blöd vor. Pendel und Äste funktionieren vielleicht bei manchen; bei Wünschelrutengängern oder Rutenkindern oder Leuten wie Mona. Bei mir klappte das offensichtlich nicht.

»Ma-in!« Elektra hatte genug vom Sandkasten und rannte stattdessen hinter einer Taube her. Ihre Mütze hing auf halb acht. »Ma-in«, wiederholte sie und sprang auf den Baumstumpf. »Ma-in, Ma-in.« Sie stampfte mit den Stiefeln auf den Asphalt und schaffte es, so mit dem Fuß auf eine dicke Wurzel zu treten, dass sie auszurutschen drohte. Ich warf mich nach vorne und bekam grade noch ihren Arm zu fassen, bevor sie auf den Boden fallen konnte. Sie lachte nur und rannte weiter hinter der Taube her.

Die Kette hatte sich irgendwie verheddert. Sie drehte sich um sich selbst, was vielleicht nicht so überraschend war, aber sie hörte gar nicht mehr auf! Sie zog ein wenig an meinem Zeigefinger und der Fischeanhänger blitzte auf, während er kreiste und kreiste. Ich konnte meinen Puls in den Ohren spüren. In dem Moment war Orestes schon fertig mit dem Ausmessen.

»Ich glaube, es ist genau hier«, meinte er. »*Amtmannseichens Wurzel ssw* steht für süd-süd-west. Und genau dieser Punkt hier ist in Süd-Süd-Westlicher Position, wenn man die Abweichung des Kompass' einrechnet.«

»Ich auch«, erwiderte ich. »Also, ich glaube auch, dass es hier ist.«

Orestes machte den ersten Spatenstich in den Rasen neben dem Stumpf, dann wechselten wir uns mit dem Graben ab. Beinahe sofort stieß der Spaten auf Wurzeln, weshalb wir ein bisschen schief graben mussten. Und dann stießen wir auf noch mehr Wurzeln. Das wird nie was, dachte ich.

Doch dann stieß ich mit dem Spaten auf etwas Hartes. Etwas, das sich wie Metall anhörte, als der Spaten daran kratzte.

Es war eine Röhre. Lang und schmal, mit einer kleinen Kappe am einen Ende. Fast wie eine Rakete. Orestes hob sie vorsichtig hoch und bürstete dunkle Erde von ihr ab. Er tastete vorsichtig den Deckel ab. Er war verrostet.

»Komm schon!«, rief ich. »Mach sie auf!«

»Der Deckel sitzt fest«, meinte Orestes. »Außerdem ist es wohl besser, wir machen sie zu Hause auf.«

Orestes wandte sich dem Kinderwagen zu. Er war natürlich leer, denn Elektra spielte ja im Sandkasten.

Das Dumme war, dass der Sandkasten auch leer war.

22.

Ich verstehe ja, dass man in Panik gerät, wenn die eigene kleine Schwester verschwindet, selbst wenn ich keine Geschwister habe. Was ich aber nicht verstehen konnte, war, wie sehr Orestes sich auf einmal aufregte. Wir hatten ja noch nicht mal mit dem Suchen begonnen.

Orestes wurde käseweiß im Gesicht (also, noch weißer als sonst) und benahm sich, als ginge es um Leben und Tod.

»Elektra! Elektra! Malin, such doch! Such!«

Er rannte in Richtung Fußweg davon und rief nach ihr.

Ich hielt das für total bescheuert und dachte, dass ein Kind, das einen ganzen Spielplatz für sich hat, sicher nicht in Richtung eines trostlosen Weges weglaufen würde. Also suchte ich beim Klettergerüst.

Ich hatte recht. Beinahe sofort entdeckte ich Elektra, die in eine der kleinen Höhlen unter dem Klettergerüst gekrochen war und dort so tat, als ob sie Sandkuchen in einem Spielzeugofen backte.

»Kuchen?«, fragte sie mich, als ich zu ihr kam. Da lag tatsächlich ein richtiges Kuchenstück, ziemlich sandig in ihrer Handfläche. Ich musste so tun, als ob ich es essen würde.

»Elektraaaaa!« Orestes schrie, als ob ein Brand ausgebrochen wäre.

»Sie ist hier!«, rief ich zurück. Ich reichte Elektra die Hand und sie nahm sie artig. Wir gingen zum Kinderwagen, wo wir Orestes trafen, der uns mit Schweiß auf der Stirn entgegengerannt kam. Er schnallte Elektra sofort extra sorgfältig mit einem kleinen weißen Geschirr im Kinderwagen fest.

»Aber wo ist denn jetzt die Röhre?«, wollte ich wissen.

Keiner von uns hatte sie.

Zum Glück lag sie noch auf dem Rand vom Sandkasten.

Das Trommeln war schon weit die Straße hinab zu hören, als wir mit unseren Spaten, der Röhre und dem Kinderwagen den Almekärrsväg entlangkamen. Wir stellten alles in die Garage, dann gingen wir bei Orestes ins Haus, um die Lage zu checken.

Es war Chaos! Sowohl das Haus als auch der Garten waren vollgepackt mit Leuten.

Die meisten tanzten.

Die meisten waren barfuß.

Die meisten waren im Alter meiner Eltern.

Und so alte Leute sehen seltsam aus, wenn sie tanzen!

Die Trommler waren auf der kleinen Terrasse auf der Rückseite des Hauses, auf der Roséns weiße Gartenmöbel gestanden hatten und Orestes' Mutter normalerweise Pflanzen in großen Kisten anbaut. Jetzt musste sie sie anderswo verstaut haben.

Im Wohnzimmer übte eine ganze Gruppe kompliziert aussehende Yogaübungen, wie Kopfstand und so was.

Orestes rannte auf sein Zimmer und atmete auf, als er sah, dass seine Mutter einen Zettel an der Tür befestigt hatte: ZUTRITT VERBOTEN. Offenbar handelte es sich bei diesen Tanzleuten um normalerweise gewöhnliche Menschen, die sich an Verbotsschilder hielten.

Papa stand in der Küche und schenkte sich ein trübes, teefarbenes Getränk aus einer Porzellankanne ein. Er war verschwitzt und hatte zerzauste Haare.

Was macht er hier?, überlegte ich.

»Malin! Wie schön!«, rief er. »Hilfst du mir?«

Er deutete mit dem Kinn auf eine Schale mit giftgrünen Blättern und Stielen, die pfeffrig rochen. »In jedes Glas gehört eins davon. Machst du mit?«

»Was ist das denn?«, fragte ich, während ich artig ein bisschen von dem Grünzeug in jedes Glas stopfte.

»Irgendeine Sorte Dill, glaube ich«, meinte Papa. »Hier geht schon den ganzen Nachmittag die Post ab. Ich glaube, gegen Abend ist auch noch Mantra-Singen geplant. Cool, oder?«

Da war ich nicht so sicher. Ich bin es nicht gewohnt, dass Erwachsene überall herumtanzen und in die Hände klatschen und mit Schellen rasseln.

Ich half Papa, das Dillwasser an alle zu verteilen, die welches haben wollten. Obwohl es so grau und kalt draußen war, waren viele der Tänzer da draußen im Garten ganz verschwitzt. Einige von ihnen sahen ziemlich ungewöhnlich aus, wie der Mann mit den Federn am ganzen Körper, den wir letztens auf der Straße gesehen hatten, oder einer der Trommler, dessen Gesicht wie ein Löwe geschminkt war. Aber die meisten waren stinknormale Erwachsene, solche wie Papa.

Es tanzten auch nicht alle. Manche sammelten Reisig für einen großen Haufen in der hintersten Ecke des Gartens. Orestes' Mutter stand bei den Beeten und unterhielt sich und deutete herum und führte ein paar Gästen ihr Pendel vor.

Auf einer Bank am Haus saß eine Frau mit einem zotteligen Strickschal über einen Blumentopf gebeugt und murmelte »Lavendel, Lavendel, Lavendel«, und dann hob sie plötzlich den Kopf und rief aus: »Ich *liebe* Lavendel!« Und obwohl ihre Wangen von Lavendelblüten verdeckt waren, erkannte ich unsere Schuldirektorin. Ich meine, unsere Direktorin! Sie sah überhaupt nicht so aus wie sonst hinter ihrem Schreibtisch in der Schule.

Ich ließ Papa da draußen und leistete Orestes und Elektra in Orestes' Zimmer Gesellschaft. Wir spielten mit Elektra und versuchten, nicht an all die merkwürdigen Erwachsenen da draußen zu denken. Wir waren uns einig, mit dem Öffnen der Röhre zu warten. Man konnte ja nicht wissen, ob nicht doch jemand plötzlich neugierig die Tür aufreißen würde. Nach einer Weile wurde es etwas leiser draußen.

»Wir schleichen uns raus und sehen nach, ob es irgendwas zu essen gibt«, schlug Orestes vor. Auf einmal merkte ich, wie hungrig ich war, aber als ich aus dem Zimmer trat, vergaß ich es sofort wieder.

Zwei Polizisten in blauen Uniformen standen mitten in der Küche und redeten mit Papa. Sie hatten ihre Polizeimützen nicht abgenommen. Elektra sah verzückt aus. Orestes hingegen nicht.

Mir wurde innerlich eiskalt. Denn damals, nach dem Internet-Vorfall, kam auch die Polizei.

Aber Papa wirkte total ruhig. Er bot den beiden Polizisten einen Dilldrink an. Und die Polizisten sagten, sie wollten nur mal schauen, was hier im Gange war. Dass das Ganze in Ordnung wäre, solange alle vor 22 Uhr abends aufhörten, Krach zu machen.

»Das ist kein Problem«, meinte Papa. »Wenn ich die Sache richtig verstanden habe, machen die hier ohnehin Schluss, wenn die Sonne untergeht.«

»Die?«, wiederholte einer der Polizisten. »Sind denn nicht Sie verantwortlich für dieses Fest?«

Da erklärte Papa, dass er nur ein Nachbar sei, der mithalf.

Es war wohl gut, dass Papa da war, denn er wirkte seriös.

Wenn die Polizisten geahnt hätten, dass Orestes' Mutter die Veranstalterin des Festes war (just in dem Moment war sie damit beschäftigt, ungefähr zehn Leuten kleine, unterschiedlich farbige Steine auf die Köpfe zu legen), wäre es vielleicht nicht so gut gelaufen.

Orestes gab den Versuch auf, etwas Essbares im Kühlschrank zu finden, und wir gingen stattdessen zu mir nach Hause. Elektra nahmen wir mit.

Ich schaltete eine alte Wonder-Pets-Folge für sie ein und sie war sofort in die Helden verliebt: eine Schildkröte, eine Ente und ein Hamster. Ich fand eine Tüte Mikrowellenpopcorn im Vorratsschrank und dann machten wir uns belegte Brote. Im Kühlschrank waren hauptsächlich komische braune Papiertüten mit Gemüse, aber ich fand auch eine große Flasche Cola.

Es fühlte sich ungewohnt, aber gut an, Orestes und Elektra bei uns zu Hause auf dem Fernsehsofa zu haben und Butterbrote zu essen. Fast so, als wären wir Geschwister oder so. Vielleicht Cousin und Cousine.

Gegen halb zehn kam Papa heim. Er hatte das Hemd aufgeknöpft und eine Sonne mit Hennafarbe auf die Stirn gemalt.

Da war Elektra schon auf dem Sofa eingeschlafen.

Am Morgen nach dem Tanzfest schlief Papa lange. Und ich konnte in meinem Kuschelpulli in der Küche sitzen und in aller Ruhe meine Cornflakes mit Joghurt essen. Vielleicht ein bisschen viel Ruhe. Schlussendlich musste ich doch ins Schlafzimmer linsen, um zu sehen, ob Papa wirklich nur schlief.

Papa lag auf seiner Seite vom Bett zusammengerollt unter der Decke, in einem großen, verworrenen Haufen. Mamas Seite war leer und frisch gemacht. Ich konnte nicht erkennen, ob er atmete, also schlich ich mich bis zur Bettkante vor. Mein Herz schlug wild. Er lag so still da und sah so blass aus. Ich lehnte mich vor, um zu sehen, ob er sich zumindest noch ein bisschen bewegte. Genau in dem Augenblick streckte Papa die Arme aus und drehte sich mit einem unfassbar lauten Schnarchen um. Ich erschreckte mich zu Tode und flog nur so aus dem Schlafzimmer, die Treppe runter und in die Küche.

Malin Berggren. Hat Schiss vor ihrem eigenen Papa.

Ein Herzschrittmacher ist ein kleines Ding, das dafür sorgt, dass das Herz schlägt, wie es soll, wenn es selbst nicht kapiert, dass es das tun soll. Er ist so programmiert, dass er die ganze Zeit winzig kleine Stromstöße abgibt – und dann schlägt das Herz. Ich weiß, dass Papa so gut wie gesund war, seit er den Schrittmacher bekommen hatte. Ich weiß, dass er sich nicht plötzlich selbst abschaltete, sondern mehrere Jahre lang funktionierte. Aber manchmal muss ich einfach nachschauen.

Ich saß sicher eine Viertelstunde zusammengekauert auf einem Stuhl, die Knie unter den Kuschelpulli gezogen, bis ich mich wieder beruhigt hatte. Die ganze Zeit starrte ich aus dem Küchenfenster. Niemand ging vorbei.

Gegen zehn Uhr klopfte Orestes an die Haustür. Er winkte mit der Röhre, die wir ausgegraben hatten, und fragte hoffnungsvoll, ob es noch Cola gab. Aber die war alle. Wir setzten uns an den Küchentisch.

Orestes schaffte es, den rostigen Deckel der Röhre abzubekommen, und eine längliche Hülle fiel heraus. Ungefähr fünf Zentimeter breit und vielleicht dreißig Zentimeter lang. Sie war aus hellbraunem, ganz hartem Leder. Ich wusste nicht, dass Leder so fest sein konnte, fast wie Holz. Am einen Ende der Hülle war eine Klappe mit einer Schnalle dran. Ich versuchte sie zu öffnen, aber es ging schwer. Der Lederriemen in der Schnalle wollte sich nicht richtig biegen lassen, damit ich ihn rausfummeln konnte. Aber schließlich ging es doch.

Eine Rolle mit altem, sprödem Papier fiel aus der Hülle. Als ich sie aufhob, spürte ich, dass in der Rolle noch etwas anderes war. Ich schob das Papier vorsichtig zur Seite und fand eine Art Lineal. Es war dicker als gewöhnliche Lineale und hatte mehr Striche drauf, jede Menge unterschiedlich langer Striche. Orestes drehte und wendete es, während ich mir die Blätter näher anschaute.

Es war dieselbe Sorte gelbes, dünnes Papier wie bei Axels bisherigen Briefen. Und mehrere Seiten waren voll mit maschinengeschriebenem Text mit handschriftlichen Pünktchen über dem ü, ä und ö, genau wie beim letzten Mal. Einer der Bögen war größer als die anderen und mehrfach eingerollt. Es war eine Karte.

»Oooh ...«

»Das ist Lerum«, sagte ich. »Sieh nur, da ist der Aspen! Und die Kirche. Aber es gibt ja fast gar keine Häuser!« Es war natürlich eine alte Karte von Lerum. »1892« stand darauf, genau wie auf dem ersten Brief. Stellt euch nur vor, als irgendwer diese Karte gezeichnet hat, war es das Jahr 1892!

»Aber was sind das für Linien?« Orestes zeigte mit dem Lineal auf die Karte, genau wie ein Lehrer.

»Weiß nicht«, meinte ich. »Auf Karten gibt es wohl einfach Linien.«

»Aber keine so schiefen«, erwiderte Orestes. Jetzt sah ich auch, dass schräge, wellenförmige Linien über die ganze Karte verliefen. An den Enden jeder Linie standen Buchstaben, aber ich glaube, das ist bei Landkarten so.

»Vielleicht soll man die Linien abmessen?«, schlug ich vor. »Steht denn da nichts auf dem Lineal?«

Aus dem Obergeschoss drangen knarzende Schritte in die Küche und dann das Geräusch von laufendem Wasser. Papa musste aufgewacht sein. Orestes und ich sahen einander an.

Bald würde Papa kommen, um seinen Morgenkaffee aufzusetzen, und er würde sicher wissen wollen, was wir machten.

»Wenn ich das hier mitnehme ...«, sagte Orestes und schnappte sich blitzschnell das Lineal samt Hülle, »dann schaust du dir den Rest an.« Er verdrückte sich lautlos durch die Haustür.

Ich rollte rasch den Brief und die Karte auf und stopfte sie hinter einige Bücher im Wohnzimmerregal.

Papa kam wie üblich in Jogginghose und T-Shirt in die Küche.

»Hallo«, sagte er und strich mir über die Haare. »Tolles Fest gestern, oder?« Er hatte versucht, sich die Hennafarbe von der Stirn zu waschen, aber das hatte nicht so richtig geklappt.

»Toll, toll ...«, erwiderte ich und blieb brav in der Küche sitzen, während Papa Eier kochte. Frühstück für ihn, Mittagessen für mich.

Während Papa duschte, holte ich den Brief und die Karte wieder hervor und ging rauf in mein Zimmer, um sie zu lesen.

Der Bericht knüpfte genau an der Stelle an, an der Axel im letzten Brief geendet hatte. Er erzählte, wie die Arbeiten an der Eisenbahnstrecke dadurch behindert wurden, dass es am Ufer des Sees, wo die Gleise entlanglaufen sollten, einen Erdrutsch gegeben hatte.

(Ich las mir natürlich den ganzen Brief durch. Aber wenn euch das zu viel ist, könnt ihr auch die Zusammenfassung lesen, die ich dann geschrieben habe.)

In den darauffolgenden Tagen setzten sich die Probleme beim Eisenbahnbau fort. Es wurde deutlich, dass die Unbeständigkeit des Untergrunds eine Gefahr sowohl für die Arbeiter als auch für alles Baumaterial darstellt. Es wurde gemunkelt, dass Ingenieur Ericson eine ungewöhnliche Lösung im Sinne hatte. Man sagte, es befinde sich ein uraltes Messinstrument in seinem Besitz, das dereinst Polhem höchstselbst gehört hatte. Mithilfe des besagten Messinstruments könne man ein Muster aus sogenannten Erdenströmen ablesen, welche auf unterirdischen Bahnen in der Erde verlaufen. Mit diesem Instrument könne man des Weiteren den Verlauf der Erdenströme beeinflussen, sodass sich die Eigenschaften des besagten Untergrunds veränderten. Dies jedoch, hieß es, ginge mit beträchtlichen Risiken einher.

Den Gerüchten zufolge war Ingenieur Ericson jedoch bereit, diese Risiken auf sich zu nehmen, und gedachte, Polhems Messinstrument zu verwenden, um die Stabilität des Untergrunds zu verbessern und den lebensgefährlichen Erdrutschen ein Ende zu setzen. Dies jedoch solle nur dann eintreten können, wenn das Instrument genau in der Mittsommernacht angewandt würde.

Kräfte, die ausschließlich in der Mittsommernacht angewandt werden konnten, klangen einzig wie dummer Aberglaube in meinen Ohren. Ich befand es überhaupt als wenig wahrscheinlich, dass ein rationaler Mann wie Ingenieur

Ericson sich mit Dingen wie »Erdenströmen« befassen sollte.

An einem lauen Sommerabend erwartete ich eigentlich, Fräulein Silvia wie gewöhnlich im Salon vorzufinden. Ich hatte es mir zur Gewohnheit gemacht, abends ihrem Cellospiel zu lauschen, und ich schätzte ihre Gesellschaft, vor allem, da die Familie Ekdahl zu diesen Gelegenheiten immer andernorts beschäftigt zu sein schien. Der Raum war jedoch leer, bloß Fräulein Silvias Cello stand dort. Ich ergriff das Instrument und sinnierte darüber, wie perfekt die sanften Kurven des Holzes darauf abgestimmt waren, den überwältigend seelenvollen Ton in Fräulein Silvias Spiel hervorzubringen.

Da bemerkte ich, wie Fräulein Silvia ohne Vorwarnung direkt neben mir stand. Sie überraschte mich in einem solchen Maße, dass mir das wunderbare Instrument entglitt. Es fiel mir aus der Hand und stieß gegen die Ecke eines Sekretärs, doch just bevor es auf dem Fußboden aufschlagen konnte, gelang es mir, es aufzufangen. Ich armer Tölpel! Eine tiefe Schramme auf der Rückseite des Cellos war die Folge meiner Ungeschicktheit, eine Schramme in Form eines S.

Mit Entsetzen bat ich Fräulein Silvia um Vergebung. Sie jedoch nahm die Sache mit Gleichmut auf und befand, dass der Schaden den besonderen Klang des Instruments nicht beeinträchtigen dürfte.

S wie in Silvia, versuchte ich zu scherzen. Doch ich schämte mich und befand mich in Wahrheit in einem sehr aufgewühlten Geisteszustand. Fräulein Silvia schien meine Unruhe zu ahnen, was sie dazu veranlasste, das Cello sanft zu umfangen und ihr Spiel zu beginnen. Es stimmte mich froh zu hören, dass das Cello unter ihren Händen unverändert klang. Gleichzeitig sang sie eine eigenartige Melodie. Ihre Stimme war klar wie ein Quell und sie sang dieselben Worte wieder und wieder, bis sie sich in meinem Kopf festgesetzt hatten. Endlich kamen meine Gedanken zur Ruhe.

Ich saß vollkommen regungslos an meinem Schreibtisch und las. Ich vergaß schon fast, Luft zu holen. Da stand, dass Axel Fräulein Silvias Cello umgestoßen hatte, sodass es eine Schramme in S-Form bekommen hatte!

Ich hob den Blick vom Brief und schaute mein eigenes Cello an, das wie immer in der Ecke neben der Balkontür angelehnt stand. Mein Cello, das einen tiefen, wunderschönen Klang hat. Mit steifen Beinen und eiskaltem Rücken stand ich vom Schreibtischstuhl auf. Es kribbelte in meinen Fingern, als ich über das Cello strich.

Ich hielt es am Hals, gleich unterhalb der hübsch verzierten Schnecke, und drehte es um. Da war die Schramme, quer über den glänzenden Boden des Instruments. Ich hatte sie natürlich vorher auch schon gesehen, aber nie bemerkt, dass sie die Form eines S hatte.

Fräulein Silvias Cello war *mein* Cello!

Konnte es wirklich wahr sein, dass ich dasselbe Cello spielte, das auch Fräulein Silvia gehört hatte? Das fühlte sich unheimlich an, so, als ob irgendjemand vorausgesehen hätte, dass ausgerechnet ich die Erste sein würde, die den alten Brief las, seit er bei der Amtmannseiche vergraben worden war. Als ob ich auf irgendeine Weise in genau diesem Augenblick genau dorthin gelenkt worden wäre.

Als ich das Cello wieder an seinen Platz stellte, kam ich zufällig gegen eine der Saiten, sodass ein reines A den Raum erfüllte. Der Ton klang noch in meinen Ohren nach, als ich weiterlas. Mein Herz hämmerte heftig.

Am folgenden Nachmittag studierte ich den Eisenbahnbau bis in den späten Abend. Es dämmerte bereits, als ich zu meiner Wanderung zurück zum Haus der Familie Ekdahl aufbrach. Auf einmal gewahrte ich eine weiß gekleidete Gestalt, die langsam über das Feld in Richtung Wald schritt. Ich erkannte Fräulein Silvias zögernden Schritt und befand es in höchstem Maße seltsam, dass sie so spät am Abend noch einen Waldspaziergang vorzunehmen

gedachte. Konnte Frau Ekdahl hierfür Erlaubnis erteilt
haben?
Ich eilte hinter Fräulein Silvia her, verlor sie aber aus den
Augen, als der Wald um mich herum immer dichter wurde.
Dennoch ging ich weiter voran. Bisweilen deuchte mir, sie
vor mir zu sehen. Der Steig führte in sanften Windungen an
dem großen Bach entlang, der durch den Wald in Richtung
der Ländereien von Almekärr braust. Es schien mir, als ob
es im dichten Unterholz um mich herum beständig wisperte
und raschelte.
Plötzlich erblickte ich wieder Fräulein Silvia. Sie stand,
aufrecht und elfengleich, mitten auf einer Lichtung. Flügel
flatterten um ihre seltsam helle Gestalt; es waren Vögel,
die sie umkreisten, ganz nahe.
Ich hörte sie singen, dieselbe sonderbare Melodie, die sie
abends im Salon zu singen pflegte:

Etwas ist gekommen,
Etwas wurd genommen,
Nun da Bergmanns Macht
über die Erd' hat gebracht
Getös' ohne Ende, ohn' Unterlass Gebraus,
Menschenwege breiten sich aus.
Wir erwarten dich, Rutenkind, in Menschengestalt,
Dich, das gewahren soll die vergessene Kraft,
Wenn die Sterne sich treffen in der Mittsommernacht,
Wo sich kreuzen die Wege und die Schiene glänzt kalt.
Vögel folgen deinem Weg über Land,

Sternenuhrs Pfeil weist in deine Hand.
Sternenfelder sich krümmen und Erdenströme schlagen,
Nur du kannst Macht übers Kräftekreuz haben.

Nachdem die Töne verklungen waren, wandte sich Fräulein
Silvia zu mir um. Sie schien nicht im Mindesten darüber
verwundert, mich dort anzutreffen. »Axel«, sagte sie sanft.
»Du bist der Mann der neuen Zeiten. Du bist der, der
kommt. Aber das hier ...« Sie machte eine ausladende Geste,
die den Wald und die Vögel und nachgerade sie selbst einzuschließen schien. »Das hier ist das, was genommen wird.«
In dieser Nacht erzählte mir Fräulein Silvia viele eigentüm-
liche Dinge. Doch nachdem sie über diese Wunderlichkeiten
gesprochen hatte, schien alles so deutlich und klar, dass es
mir nicht in den Sinn kam, an ihren Worten zu zweifeln.
Was sie erzählte, knüpfte an den alten Aberglauben an, den
man sich rund um den Eisenbahnbau zumunkelte. Es
stimmte, meinte sie, dass Erdenströme im Boden verliefen,
die sowohl belebte als auch unbelebte Dinge beeinflussten.
Doch, behauptete sie, gäbe es auch Sternenfelder, die die
Bewegungen der Himmelskörper lenkten. Die Kräfte des
Himmels und der Erde seien ineinander verwoben, ein sich
ewig wandelndes Muster, welches seit Menschengedenken
eine lenkende Kraft über die Erde gewesen sei. (Vielleicht
die Absicht des Herrn?)
Aber nun, meinte sie, würden die Menschen ihr Schicksal
selbst in die Hände nehmen und sich weder vom Himmel
noch von der Erde aufhalten lassen.

Sie berichtete davon, dass Nils Ericson bereits als Kind, als er zwischen Värmlands Bergwerken aufwuchs, Kenntnis von den uralten Kräften der Erde erlangt hatte. Er sei der Bergmann, meinte sie, und nahm ohne Zweifel Bezug auf ihr Lied. Er habe viele Begabungen und er gehöre zu der Zeit, die nun anbräche – eine Zeit des Beherrschens und Bemeisterns.

Sie erzählte auch von dem alten Instrument, das Nils Ericson in seinem Besitz hatte, einen Gegenstand, den sie Sternenuhr nannte. Mit diesem sollte es möglich sein, die Muster zwischen den Kräften von Himmel und Erde abzulesen und sie regelrecht beeinflussen zu können.

Das, so meinte Fräulein Silvia, sei ein ungeheures Risiko. Es anzustreben, Erdenströme und Sternenfelder zu steuern, könne Katastrophen heraufbeschwören. Lediglich in einer fernen Zukunft, in der der Mensch aufs Neue nach neuen Wegen suchen würde, könne so etwas zuträglich sein.

Sie bat mich, ihr zu helfen. Ich, der ich dachte, der neuen Zeit anzugehören, war der, der das drohende Unheil abwenden und darüber hinaus die Sternenuhr für die Zukunft erhalten sollte.

Ich war immer ein rationaler Mann gewesen. Dennoch ließ ich mich von Fräulein Silvias Worten überzeugen. Möglicherweise hatte die ganze Stimmung an diesem sommerhellen Abend Einfluss auf mich, für mich fühlte es sich an, als ob der Erdboden, die Bäume und Sterne, die Tiere und Vögel Fräulein Silvia zuhörten.

Als ich über den schmalen Steig im Wald und sodann über die freien Felder Richtung Almekärr zurückging, tat ich das mit Fräulein Silvias schmaler weißer Hand in der meinigen und mit einem Entschluss im Herzen: Ich würde tun, um was sie mich bat. Koste es, was es wolle – ich würde Nils Ericsons Sternenuhr stehlen, damit er seine Pläne, die Erdenströme zu verändern, in der Mittsommernacht nicht verwirklichen konnte.
Mlpiegagwdibeenjcn. Ich bin der Schlüssel.

Malins Notizen:
1. Es heißt, dass Nils Ericson ein Messinstrument hat, das er dafür verwenden will, das Problem mit den Erdrutschen beim Eisenbahnbau zu verhindern, obwohl Axel das nicht für möglich hält.
2. Axel beschädigt versehentlich Silvias Cello, sodass es eine s-förmige Schramme bekommt. Genau so eine Schramme hat auch mein Cello! Heißt das, dass Silvias Cello mein Cello ist?
3. Axel folgt Silvia hinaus in den Wald.
4. Dort erzählt Silvia Axel von etwas, das man Erdenströme nennt, die gemeinsam mit Sternenfeldern Muster bilden.
5. Silvia sagt, Nils Ericson hat ein Messinstrument, das Sternenuhr genannt wird, welches er benutzen kann, um die Muster und Erdenströme zu beeinflussen. Aber Silvia meint, das sei gefährlich.
6. Silvia will, dass Axel Nils Ericson die Sternenuhr stiehlt, damit er sie nicht in der Mittsommernacht benutzen kann.
7. Zuletzt gibt es einen neuen verschlüsselten Text:
MLPIEGAGWDIBEENJCNA.
Ich bin der Schlüssel.

Ich verstand nur Bahnhof. War es die Erdstrahlung, die drohte Nils Ericson den Eisenbahnbau kaputt zu machen? Sind das vielleicht solche Linien, Erdstrahlungslinien, die auf der Karte eingezeichnet sind? Was ist in dem Fall dann ein Sternenfeld?

Ich wünschte, ich hätte Axel schütteln können, um noch mehr aus ihm herauszubekommen! Was meinte Silvia damit, dass Nils Ericson diese Sternenuhr nicht benutzen durfte? Aber dass man sie vielleicht in der Zukunft benutzen könnte?

Und die Schramme auf dem Cello, auf meinem Cello? Das Ganze war doch total verrückt! Es konnte nicht wahr sein. Oder ...?

Ach, wie gerne hätte ich mit Orestes geredet.

Am selben Tag fand ich eine Mail auf Papas Handy. Sie war von Mama an unsere Direktorin:

An: direktorat@almekarsskolan.lerum.se
cc: fredrik.b@home.net
Von: susanne.berggren@ebi.com
Betreff: Sicherheit

Hallo, Frau Ängslycka Brodin,
ich schreibe Ihnen, weil ich beunruhigt bin über die Praxis, die kürzlich im Almekärrsväg in der Nähe der Schule eröffnet wurde. Es handelt sich um irgendeine Form von New-Age-Bewegung, die offenbar eine große Zahl Menschen unterschiedlichen Hinter-

grunds anzieht. Am Freitagabend wurde beispielsweise ein »Tanzfestival« veranstaltet, an dem etwa hundert merkwürdige Personen teilnahmen. Dem Lerumer Tagblatt zufolge kam es sowohl zu unsachgemäß entfachtem Feuer als auch zu Séancen.
Ich frage mich, welche Maßnahmen die Schule ergreift, um die Sicherheit der Kinder unter diesen Umständen zu garantieren? Wie wird sichergestellt, dass keine Unbefugten auf das Schulgelände eindringen? Werden die Kinder hinsichtlich der Risiken, die vom Kontakt mit fremden Personen ausgehen, unterwiesen?
Mit freundlichen Grüßen
Susanne Berggren

An: susanne.berggren@ebi.com
Von: direktorat@almekarsskolan.lerum.se
cc: fredrik.b@home.net
Betreff: Re: Sicherheit

Sehr geehrte Frau Berggren,
ich kann Ihnen versichern, dass die Abläufe in der Schule so gestaltet sind, dass die Sicherheit der Kinder höchste Priorität hat. Unser Personal ist im Umgang mit derartigen Vorkommnissen ausgebildet und es wurde bereits eine Routine für die elektronische Anzeige von besonderen Vorfällen eingeführt.
Seit Sie im Herbst auf Defizite hinsichtlich der Internetsicherheit der Schule hingewiesen haben, haben wir auch eine strikte Routine, die die Anwendungsmöglichkeiten der Kinder von Tablets etc. im Internet begrenzt. Wir haben mittlerweile sogar vollstän-

dige Einsicht in die vom Schulaccount versendeten E-Mails der Kinder.

Uns ist die vor Kurzem eröffnete Praxis in der näheren Umgebung bekannt, wir konnten aber noch nicht feststellen, dass Außenstehende die Räumlichkeiten der Schule oder die Schulhöfe aufsuchen. Zu manchen Gelegenheiten haben wir eine neue Geräuschkulisse festgestellt. Die Kinder scheinen dies jedoch recht gelassen genommen zu haben, aber sollte ein Kind Anzeichen von Beunruhigung aufweisen, werden sich unsere Pädagogen dessen annehmen.

Hinsichtlich der größeren Veranstaltung, die vergangenen Freitag ausgerichtet wurde, kann ich Ihnen sagen, dass ich diese höchstpersönlich besucht und sie als eine bereichernde und friedfertige Atempause empfunden habe.

Mit freundlichen Grüßen
Kristina Ängslycka Brodin

Möglicherweise war es ein »Anzeichen von Beunruhigung« bei mir, dass ich an diesem Abend nur schwer einschlafen konnte. Schließlich stand ich auf und trank in der Küche ein Glas Milch. Die Nacht war hell. Ich sah hinten im Garten ein Reh an einem Johannisbeerstrauch knabbern und öffnete die Terrassentür, um es zu verscheuchen. Aber dann – ich schwöre! – hörte ich eine Stimme aus dem Wald:

»Silvia!«, rief jemand aus weiter Ferne. Ich konnte den Namen deutlich verstehen: Silvia.

Dann hörte ich noch eine andere Stimme, deutlich näher:

»Jetzt hau schon ab!«

Das Reh machte einen hohen Satz und verschwand. Ich knallte die Tür zu. Mit pochendem Herzen stand ich da und starrte hinaus in die dichten Schatten des Waldes. Ich meinte, einen hellen Schein hinter den Eichen zu sehen, ganz oben auf dem Hügel. Dann sah ich jemanden den Steig entlanggehen, es war Orestes. Es musste Orestes sein, denn niemand sonst ging wie er, dermaßen aufrecht. Er war auf dem Heimweg. Ich blieb reglos stehen und sah ihm nach, bis er hinter den Haselnussbüschen verschwand.

Es dauerte eine ganze Weile, bis ich einschlief.

Orestes verlor kein Wort darüber, was er an dem Abend da draußen in der Dunkelheit gemacht hatte. Und ich fragte auch nicht. Ich wollte nicht, dass er dachte, ich würde ihn ausspionieren.

Er zeigte mir sein blaues Notizheft mit allem, was er über dieses merkwürdige Lineal herausgefunden hatte, das wir bei der Amtmannseiche ausgegraben hatten.

Orestes fand das äußerst interessant.

ORESTES' AUFZEICHNUNGEN
ZUM RECHENSCHIEBER
Erfinder: William Oughtred 1622

Der Rechenschieber besteht aus mehreren Linealen mit unterschiedlichen Skalen.
Man rechnet damit, indem man ein Lineal gegen ein anderes verschiebt.
Bis zum Durchbruch des Taschenrechners in den 1980er-Jahren war der Rechenschieber für Ingenieure das wichtigste Werkzeug, um Berechnungen durchzuführen.
Man kann damit alle Grundrechenarten, Logarithmen, etc. rechnen.

Will man addieren, verwendet man die linearen Striche.
Um 3+5 auszurechnen, verschiebt man das oberste Lineal so, dass dessen 0 über der 3 des anderen steht.
Dann kann man das Ergebnis am anderen Lineal ablesen, genau unter der 5 des ersten Lineals. Antwort: 8!
Will man multiplizieren, verwendet man die logarithmischen Striche ...

Also, ich kann hier natürlich nicht alles wiedergeben, was Orestes über den Rechenschieber geschrieben hat! Denn das ist eine ganze Menge. Das hier muss reichen!

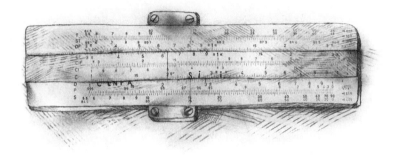

Wir schlussfolgerten, dass Axel uns einen alten Rechenschieber hinterlassen hatte. Aber wozu? Sollten wir irgendwas ausrechnen? Das musste dann also ein neuer Hinweis sein.

Orestes fand den Rechenschieber total faszinierend. Ich fand ihn eher kompliziert. Aber er hatte natürlich recht damit, dass ein moderner Taschenrechner, der in der Erde vergraben war, nicht mehr funktionieren würde, wenn er nach hundert Jahren wieder ausgegraben würde.

»Es gäbe keine passenden Batterien mehr und ohne Batterien würde man nicht mal verstehen, dass das ein Taschenrechner war. Aber mit dem Rechenschieber braucht man nur loszulegen!«

Ich weiß nicht, wie viele Stunden Orestes damit zugebracht hat, mit dem Ding rechnen zu lernen. Er hatte ihn immer und überall dabei und es zischte nur so unter seinen Fingern, wenn er die Lineale vor- und zurückschob. Er musste der absolut letzte Mensch auf der Erde sein, der sich das Rechnen damit beigebracht hat – der letzte »Rechenschieberschieber«.

»Ist das dann also dieses Messinstrument?«, fragte ich. »Der Rechenschieber? Ist es das, was ›von Polhem höchstpersönlich‹ stammt, wie Axel schreibt?«

»Was? Nee ...«, meinte Orestes. »Oder vielleicht ... Aber Polhem lebte im 17. Jahrhundert. Ich frage mich, ob der Rechenschieber so alt sein kann.«

»Wer ist dieser Polhem eigentlich?«

»Wie bitte?« Orestes warf mir wieder einen Blick aus seinen unendlichen Höhen der Weisheit zu. Dann erklärte er mir, dass Polhem ein Erfinder war. Aus dem 17. Jahrhundert. Jaja. Woher soll ich das denn wissen?

»Hat er sich also mit diesen Sternenfeldern und Erdenströmen beschäftigt? Um die es in Axels Brief geht? Oder mit Mustern von Sternenfeldern und Erdenströmen?«, hakte ich nach. »Konnte man so was messen?«

»Ach«, machte Orestes und schob den Rechenschieber hin und her. »Mit so einem Unsinn beschäftigt sich doch kein seriöser Wissenschaftler. Obwohl man es zu der Zeit vielleicht nicht besser wusste. Hundertzwölf durch sieben?«

Orestes wischte weiter auf dem Rechenschieber rum und antwortete selbst:

»Sechzehn. Dreizehn hoch acht?«

»Äh ...«, machte ich.

»Achthundertsechzehnmillionen«, meinte Orestes.

Das war unendlich nervig. Eigentlich hatte ich Orestes vom Cello und der Schramme erzählen wollen, ich wollte wirklich dringend mit jemandem darüber reden. Und darüber, was mit Silvia da draußen im Wald vor sich gegangen war. Und darüber, warum Silvia meinte, dass Nils Ericson der Bergmann war, der Straßen baute, die »Getös' ohne Ende« machten. Aber Orestes schien nicht zuhören zu wollen, er interessierte sich bloß für diesen Rechenschieber.

»Nur, Orestes«, meinte ich, »ich kapier das nicht.«

»Was denn? Die Logarithmen?« Er sah mich eifrig an und ich glaube, er hoffte, er könne mich an seinem Wissen dazu teilhaben lassen.

»Nee«, erwiderte ich rasch. »Ich meine deine Mutter. Warum lässt sie dich keinen Taschenrechner haben? Sie benutzt doch selbst einen CD-Player. Ich hab ihn gesehen. Wo ist da der Unterschied, genau genommen?«

»Der Unterschied liegt darin, dass Mama nicht logisch denkt.« Er sah auf und blickte mir direkt in die Augen. »Aber du schon.« Er schaute schnell wieder weg.

Waaaas?!

Ich glaube, Orestes Nilsson hat mir ein Kompliment gemacht!

Ich kann nicht in die Zukunft blicken. Keine geheimen Erdenströme aufspüren oder die Sterne am Himmel deuten ... Aber noch bevor ich am Dienstag, den 31. Mai zur Schule ging, wusste ich, wie es aussehen würde, wenn ich ankam. Die ganze Klasse wäre in Aufruhr. Alle würden nur über eine Sache reden!

Vermutlich hatte sich die sensationelle Neuigkeit bereits gestern wie ein Lauffeuer in der Klasse rumgesprochen. Und nun fragten sich alle, wie das hatte passieren können. Und was solle Ante jetzt machen?

Bei uns läuft das so: Die Almekärr-Schule geht nur bis zur siebten Klasse, das heißt, wenn man in die achte kommt, muss man die Schule wechseln. Die Klassen werden aufgeteilt und man weiß nicht, mit welchen Klassenkameraden man in die neue Klasse kommt. Und gestern kam der Brief, der darüber informierte.

Als ich den Brief mit dem Logo von Lerum drauf sah, begriff ich nicht sofort, was los war, und bekam ein ungutes Gefühl im Magen, versuchte aber, es locker zu nehmen. Ich setzte mich und öffnete den Umschlag, löste vorsichtig den Kleber auf der Rückseite und faltete das Blatt auf.

Zuerst konnte ich nur meinen eigenen Namen sehen. »Berggren, Malin«, stand da fast ganz oben auf der Klassenliste. Ich atmete tief durch und las mir die restlichen Namen durch. »Cermak, Sanna«, stand genau unter meinem Namen. Und auch: »Nilsson, Orestes«. Orestes und Sanna. Ich war tatsächlich ein bisschen froh darüber.

Aber die große Sensation, über die die ganze Klasse redete, hatte nicht das kleinste bisschen mit Orestes, Sanna oder mir zu tun. Nein, es war der Name, der ganz unten auf der Liste stand, der alle ausflippen ließ. »Åkesson, Anton«, stand da.

Anton! Ante! Was machte er denn in meiner Klasse? Und warum war der Rest der coolen Gang nicht auch dabei? Ich las mir die Liste noch mal langsam durch und es stimmte: In der 7F waren nur ich, Sanna, Orestes und Ante. Total abgefahren, dachte ich, als ob irgendwer die ganzen Einzelgänger ausgewählt hätte ... Und zum Schluss noch Ante mit reingeschmissen hätte, als irgendeine Art Strafe.

Es war dann genau, wie ich gedacht hatte. Alle redeten davon, in welcher Klasse sie gelandet waren, mit wem und warum und wie das wohl werden würde. Und alle waren superverwundert darüber, dass Ante nur mit uns dreien in einer Klasse gelandet war. Wir waren ja nicht mal Freunde.

Der Einzige, der vollkommen entspannt wirkte, war Ante. Also, irgendwas ist neuerdings seltsam an ihm. Er kam genau wie immer ins Klassenzimmer geschlendert und zuckte nur mit den Schultern, als seine Kumpel anfingen rumzustöhnen, wie ungerecht das Ganze doch war ... Manchmal glaube ich, Ante ist es selbst leid, Ante zu sein. Er wollte ja ernsthaft nicht länger die allercoolsten Sneakers haben. Aber das wusste natürlich nur ich.

Unserer Lehrerin gelang es die ganze erste Stunde nicht, uns wieder in die Spur zu bringen.

Doch das Beste an diesem Tag war, dass ich eine Mail von Mama in meinem Schulpostfach hatte. Sie war am Tag zuvor abgeschickt worden.

An: mabe06@almekarsskolan.lerum.se
Von: susanne.berggren@ebi.com
Betreff: Hallo

Hallo, Malin,
ich hoffe, dir und Papa geht's gut. Ich bin heute in einem riesengroßen Mangaladen gewesen. Die haben alle möglichen Totoro-Sachen. Magst du Totoro immer noch? Es ist schon so lange her, seit du und ich den Film zum ersten Mal gesehen haben.
Magst du lieber einen Becher, ein Schlampermäppchen oder einen Bademantel, in dem du aussiehst wie ein grauer, zotteliger Dschungeltroll?
Vermisse dich!
Mama.

Ich schrieb ihr zurück, dass ich Totoro immer noch liebte und sie aussuchen sollte, was sie mir kaufen wollte. An dem Tag hatte ich mein Cello dabei, denn Alexandra und ich wollten nach der Schule wieder üben. Ich stellte es ganz hinten im Klassenzimmer ab, und jedes Mal, wenn ich es dort in seinem schwarzen Koffer stehen sah, fühlte es sich ein bisschen unheimlich an. Die ganze Zeit dachte ich an Silvia. Aber während wir übten, ging es komischerweise besser. Es war, als hätte ich alles um mich herum außer der Musik vergessen.

Auf dem Heimweg kam ich mit dem Cello kaum voran, weil der Waldweg so schmal wird, wenn die ganzen Blätter austreiben. Tief drinnen im Unterholz hörte ich jemanden hinter mir. Erst dachte ich, es wäre Mona, die wieder mal Kräuter pflückte. Aber das war nicht sie. Es war Ante, der mir hinterherlief. Er war rot und verschwitzt im Gesicht und hatte vergessen, seinen Hosenstall zuzumachen, sodass er nicht ganz so cool wirkte wie sonst. Aber er hörte sich genau wie immer an:

»Hey«, sagte er. »Du wohnst hier, oder?« Ich kam nicht dazu zu antworten, denn plötzlich streckte Ante die Hand aus und versuchte, mein Cello zu packen!

Ich machte einen Satz zurück und schrie: »Was soll das? Lass mich in Ruhe!«

»Aber ich wollte dir doch nur helfen«, schrie Ante zurück. Nur nicht ganz so laut wie ich, er schrie sozusagen in normaler Lautstärke, während ich geschrien hatte, als wollte mich jemand umbringen.

»Du bist ja echt nicht ganz dicht«, meinte er und rannte weiter den Pfad hinunter.

Am liebsten hätte ich ihm hinterhergerufen und gefragt, wo er hinwollte, aber ich ließ es bleiben.

Am Schluss von Axels Brief, den wir unter der Amtmannseiche gefunden hatten, stand »mfxeeaicwxqxeyvfezop« und dann: »Ich bin der Schlüssel.« Und wir brauchten nicht mal den Rechenschieber für irgendwas zu verwenden, denn der Code war nicht sonderlich schwer!

»Ich bin der Schlüssel« – das war natürlich »Axel«, der, der den Brief geschrieben hatte. Schlüssel: Axel. Code: mfxeeaicwxqxeyvfezop. Also eine Vigenère-Chiffre, genau wie beim allerersten Code.

Schlüssel	A	X	E	L	A	X	E	L	A	X	E	L	A	X	E	L	A	X	E	L
Klartext	m	i	t	t	e	d	e	r	w	a	m	m	e	b	r	u	e	c	k	e
Code	M	F	X	E	E	A	I	C	W	X	Q	X	E	Y	V	F	E	Z	O	P

»Mitte der Wammebrücke«, hieß es also.

Und ich wusste genau, wo die Wammebrücke war. Das ist die alte steinerne Brücke, die in der Nähe der Stadtmitte über den Fluss führt. Es ist ganz einfach, dorthin zu kommen. Wir mussten also auf der Wammebrücke nach dem nächsten Hinweis suchen.

Ich war es, die die Chiffre knackte, und nachdem ich Orestes sogar zeigen konnte, dass die Wammebrücke bereits auf Axels alter Karte eingezeichnet war, hatte er keine Einwände.

Und wo er gerade schon mal richtig zuhörte, erzählte ich Orestes auch gleich noch von meinem Cello. Dass der Kratzer darauf genauso aussah wie die Schramme auf Silvias Cello.

»Ach Quatsch«, meinte er. »Haben nicht alle alten Instrumente irgendwo eine Schramme?«

»Ja, aber diese hier sieht aus wie ein ›S‹«, erwiderte ich. *S wie in Silvia*, hatte Axel geschrieben.

»Sie sieht genauso aus, wie Schrammen eben aussehen«, meinte Orestes. »Also gibt es keine Beweise für das, was du behauptest.«

Keine Beweise. Nee, das vielleicht nicht. Aber es hat nicht *jedes* Cello so eine Schramme!

Mein Cello haben wir in einem Musikgeschäft in Göteborg gekauft. Ich habe es seit etwa einem Jahr. Davor hatte ich immer nur geliehene Instrumente aus der Musikschule. Aber nach dem Cellokrieg bekam ich ein eigenes.

Der Cellokrieg
KONZERT FÜR ZWEI STIMMEN: 1. Mama, 2. ich.
TEMPO: *vivace* (lebhaft)
CAPO (Einleitung): Mama will mir einen neuen Computer kaufen. Mal wieder. Sie meint, der alte tauge nicht mehr.

CRESCENDO (anschwellende Lautstärke): Ich äußere möglicherweise etwas Ironisches über Computer. Mama wird sauer. Ich werde wütend und sage, dass ich stattdessen ein eigenes Cello haben will. Dann rutscht mir noch heraus, dass Computer das Blödeste sind, das ich kenne.
FORTISSIMO (superlaut): Mama schnappt total über.
DIMINUENDO (abnehmende Lautstärke): Mama beruhigt sich.
FINE (Ende): Ich bekomme ein neues Cello.

Nachdem wir aufgehört hatten zu streiten und Mama fast einen ganzen Tag lang sehr still (PIANISSIMO) gewesen war, fuhr sie mit mir ganz unerwartet nach Göteborg in ein Geschäft voller Streichinstrumente. Geigen, Bratschen, Cellos, Kontrabässe. Glänzendes Holz und sanft geschwungene Oberflächen.

»Probier aus, welches du willst«, sagte der Mann im Musikgeschäft. Ich ging in dem kleinen Laden herum und spielte ein Cello nach dem anderen zur Probe. Sie waren alle besser als mein altes, aber das ist keine große Kunst. Doch auf einmal, als ich das fünfte oder sechste Cello ausprobierte, passierte etwas Merkwürdiges. Es war wie bei Harry Potter, als er den richtigen Zauberstab findet. Es stimmte einfach alles. Und Mama, sogar Mama, der größte Muggel von allen, hörte den Unterschied. Sie brach mitten im Satz ab, wie sie so dastand und mit dem Verkäufer redete. Drehte sich um und sah mich an.

Seitdem weiß ich, dass mir das Cello genauso viel bedeutet wie ihr der Computer. Und seitdem habe ich ein eigenes Cello mit einem ungewöhnlich seelenvollen Klang. Aber keinen Computer.

»Das Cello hatte den Kratzer schon, als wir es gekauft haben«, erklärte ich Orestes. »Und das ist schon sehr seltsam ... Überleg doch mal, dass ich ausgerechnet dieses Cello ausgewählt habe! Und dass ich in Lerum wohne, in Almekärr, genau dort, wo Axel Silvia darauf spielen gehört hat!«
Orestes sah immer noch skeptisch aus.

Und wo wir sowieso schon von merkwürdigen Zufällen sprachen, nutzte ich die Gelegenheit, um von etwas anzufangen, über das ich bereits nachgedacht hatte, seit Orestes seinen Anfall in der Bibliothek bekommen hatte:

»Ich hab ihn mir übrigens nicht ausgedacht, Orestes. Ich hab den Mann nicht erfunden, der an diesem Winterabend plötzlich dastand. Er war ganz genau wie Axel gekleidet, auf dem alten Foto, das du in dem Buch gefunden hast. Er sah ... er war ihm zum Gruseln ähnlich!« Insgeheim dachte ich, dass der Alte, der mir den Brief gegeben hatte, vielleicht Axel selbst gewesen war. Aber das war so verrückt, dass ich mich nicht traute, es vor Orestes auszusprechen. Er sah mich ernsthaft an.

»Aber ...«, sagte er, »was, wenn es am Cello lag, dass dieser Typ dir den Brief gegeben hat? Wenn er wusste, dass es in dem Brief um Axel und Silvia ging?«

Ich hatte mir so was in etwa auch schon gedacht. Was, wenn der Kerl, der mir den Brief gegeben hatte, der Celloverkäufer gewesen wäre? Dann würde beides auf irgendeine Weise zusammenhängen. Aber wie und warum?

»Glaube ich nicht«, erwiderte ich. »Er konnte doch nicht wissen, wer das Cello kaufen würde, oder dass es wieder hier in Lerum landen würde. Was, wenn ich mir ein anderes Cello ausgesucht hätte? Oder wenn Mama darauf beharrt hätte, mir stattdessen einen Computer zu kaufen?«

»Nee, so meinte ich das nicht«, sagte Orestes. »Ich meinte, dass irgendwer herausgefunden hat, wer das Cello gekauft hat, und dann hier nach Lerum gekommen ist, um dir den Brief zu geben.«

»Das erklärt aber immer noch nicht, dass das Cello ausgerechnet in Lerum gelandet ist!«

»Wenn der Brief denn echt ist, natürlich. Wenn wir nicht gründlich reingelegt wurden ...«, meinte Orestes. »Vielleicht hat sich irgendwer das Ganze nur ausgedacht?«

Ich weiß, dass Orestes echt clever ist und so, aber hier lag er wirklich falsch. Wir hatten einen verschlüsselten Brief, der im Bahnhofsgebäude eingemauert war, aufgestöbert und noch einen, der unter der Amtmannseiche vergraben war ... Und die Briefe waren echt alt! So was kann man nicht fälschen.

Papa war nirgends zu sehen, als ich heimkam. Stattdessen lag ein Zettel mitten auf meinem Schreibtisch.

Hallo, Liebes!
Mama meint, sie kann sehen, dass du im Computerraum warst. Wie du weißt, möchte sie nicht, dass du die Computer benutzt. Sie meint, wenn du das noch mal machst, sperrt sie das Netzwerk komplett …
Offenbar kann sie das von Japan aus machen. Und in dem Fall geht dann auch das Fernsehen flöten – also sei so lieb und lass es!!!
Ich bin am Nachmittag eine Weile draußen im Wald und pflücke Eichenableger und dann muss ich noch ein paar Sachen zur Post bringen.
Wir sehen uns zum Abendessen!
Drück dich, Papa

Was? Jetzt kapierte ich gar nichts mehr. Ich war ja gar nicht in Mamas Computerraum gewesen, ich war noch nicht mal in der Nähe der Tür gewesen!

Allerdings merkte ich, dass Papa in meinem Zimmer rumgestöbert hatte. In jeder einzelnen Schreibtischschublade! Denn zwei davon standen offen. Mein Schreibtisch ist nämlich so alt und schief, dass die Schubladen superschwer aufgehen, daher hatte Papa es wohl nicht geschafft, sie hinterher wieder ordentlich reinzuschieben.

Okay. Was er kann, kann ich auch, dachte ich mir und ging runter in die Küche, um nach Papas Handy zu suchen. Er legt es immer in dieselbe Ecke, neben den Brotkasten auf der Arbeitsplatte. Ich gab den Sicherheitscode ein: 0314. Und dann suchte ich nach Mamas Mail an ihn.

An: fredrik.b@home.net
Von: susanne.berggren@ebi.com
Betreff: Computerraum

Fredrik,
es ist jemand im Computerraum gewesen. Das muss Malin gewesen sein! Selbst wenn sie mir von deinem Handy aus Mails schreiben darf, musst du drauf achten, dass sie das Internet sonst nicht benutzt. Andernfalls musst du dich neben sie setzen und im Auge behalten, was sie macht.
Ich weiß, das ist hart.
Aber du warst nicht zu Hause, als das Ganze passiert ist, du hast all das nicht gesehen, daher weißt du auch nicht, wie gründlich es denen gelungen ist, sie zu täuschen. Ich dachte damals, ich würde Malin kennen, aber in Wirklichkeit hatte ich keine Ahnung. Sie hat ihre Heimlichkeiten mehrere Monate vertuscht. Ich bin es nämlich nicht, die übertreibt. Mach, was ich sage, sei so gut?
Kuss, Suss

Aber Mama irrte sich, ich war nicht diejenige, die im Computerraum gewesen war! Es musste Papa gewesen sein. Nur, warum sagte er dann zu mir, ich solle dort nicht mehr reingehen? Ich erstarrte. Es konnte doch wohl niemand anderes in Mamas Computerraum gewesen sein? Es wusste doch wohl sonst niemand, dass es den gab? Nee, da musste irgendwas mit Mamas Alarmsignalen nach Japan schiefgelaufen sein, wie auch immer sie die eingerichtet hatte.

Ich hoffte, dass Papa ihr alles erklären würde.

Ich legte Papas Handy zurück auf seinen Platz und arrangierte zwei Brotkrümel darauf, damit es unauffällig wirkte.

Morgen, dachte ich. Morgen werde ich etwas machen, von dem Mama wirklich nichts wissen darf. Und Papa am besten auch nicht.

Wir machten uns um vier Uhr morgens auf den Weg. Es hing immer noch Nebel in der Luft, aber es war hell und es sollte ein sonniger Tag werden. Der Fahrtwind pfiff durch die Speichen unserer Räder, als wir Richtung Stadtmitte fuhren, und die Vögel sangen so eifrig, wie sie es nur am frühen Morgen tun.

Es war fast wie im Märchen, als wir an der Wammebrücke ankamen. Sie war aus Stein, die Art Brücke, die aus großen Felsblöcken gebaut ist. Sie besteht aus Pfeilern, die im Wasser stehen, und drei Bögen – oder Gewölben – dazwischen.

Die grauen Brückensteine ragten uralt neben dem hellen Grün auf, das am Flussufer hervorschaute. Kein einziger Mensch war zu sehen. Orestes und ich stellten uns auf die über hundert Jahre alte Brücke und schauten auf das Wasser hinab, das unter uns in Wirbeln und Mustern vorbeirauschte. Das ist der Säveån, der da vorbeifließt und Lerum auf die gleiche Weise in zwei Hälften teilt wie die Eisenbahn und die Autobahn. Nur dass man vom Fluss gerne Fotos macht, denn er ist von der Quelle bis zu der Stelle, an der er in den Aspen fließt, schön.

»Der ist ganz schön breit«, meinte Orestes und mir war klar, dass er auch über den Säveån nachdachte. Er hatte recht, der Fluss war breit und er floss reißender dahin, als ich gedacht hatte. Vielleicht würde es doch nicht so leicht werden, den nächsten Hinweis zu finden?

Die Chiffre in Axels letztem Brief hatte die Wörter *Mitte der Wammebrücke* ergeben, und leider ließ sich das nicht anders verstehen, als dass wir unter die Brücke mussten, um den mittleren Bogen zu untersuchen.

Zuerst gingen wir an einer Stelle zum Flussufer runter, die nur mit alten Grasbüscheln bewachsen war. Ich zog meine Sneakers aus und krempelte meine Jeans hoch, bevor ich in den Fluss hineinwatete.

Das Wasser war eiskalt! Und tief! Ich hatte gedacht, es würde uns nur bis zu den Knien reichen, grade so. Aber Orestes, der vor mir ging, war schon bis zu den Hüften drin. Er war so schlau gewesen, seinen Trainingsanzug anzuziehen. Seine alte grüne Jogginghose flatterte in der Strömung, während meine Jeans vom Wasser sofort bleischwer wurde.

Wir hielten uns so dicht bei der Brücke, dass wir uns daran festhalten konnten, während sich unsere Füße im reißenden Wasser vorantasteten.

Hallo, Wammebrücke, dachte ich, als ich die Steine unter meinen warmen Handflächen spürte. Und ich fragte mich, wie lange es wohl her sein mochte, dass jemand seine Hand genau auf diese Stelle gelegt hatte.

Orestes hatte am Ufer einen langen Ast gefunden, den er zu Hilfe nahm. Er war schon bis zum mittleren Bogen gekommen. Er schlug mit dem Stab gegen das Brückengewölbe über sich.

»Diese Steine hier sitzen felsenfest!«, rief Orestes, als ich bei ihm anlangte. Seine Stimme war über dem Rauschen des Wassers kaum zu hören.

Das Brückengewölbe erstreckte sich über uns wie ein Dach. Es sah aus wie ein Puzzle aus rauen Oberflächen und Rissen, die ein Netz zwischen den Steinen bildeten.

»Fest verkeilt«, fuhr Orestes fort. »Natürlich trägt sich der Bogen dadurch. Aber es muss irgendwo eine Öffnung geben.«

»Eine Öffnung?«, fragte ich. Ich versuchte, nicht mit den Zähnen zu klappern.

»Eine Lücke, ein Loch, ein Zwischenraum ... was auch immer!«, rief Orestes zurück. »Schnell!«

Er klang nicht grade froh. Vielleicht fror er ja noch mehr als ich?

Ich sah ihn zuerst. Ein Riss zwischen den Steinen an der höchsten Stelle des Bogens dehnte sich aus und wurde größer und in dem Riss war ein kleiner, ganz runder Stein eingeklemmt. Der runde Stein war dunkler als die anderen Steine ringsum. Und in der dunklen Gesteinsoberfläche ließ sich ein Zeichen erahnen, als ob jemand einen Buchstaben dort eingeritzt hätte – ein S. Nur, vielleicht bildete ich mir das auch bloß ein?

»So ein Mist, warum steckt der denn so weit oben!«, stöhnte Orestes. Er streckte sich und stocherte mit dem Stab um den kleinen Stein herum, aber der rührte sich natürlich nicht.

»D-dieser Axel m-m-muss ganz schön g-groß gewesen sein!«, meinte ich und biss dann die Zähne zusammen, damit sie nicht so klapperten.

»Oder das Flussbett ist abgesunken«, murmelte Orestes. Er musterte mich. »Du musst auf meine Schultern klettern«, sagte er. Das war ein Befehl, kein Vorschlag.

»Aber schnell, denn ich glaube, mir frieren grade die Füße ab.«

Es klingt immer so leicht, sich auf die Schultern von jemand anderem zu stellen. Aber hat das eigentlich schon mal einer versucht?

Ich packte Orestes' Schultern und versuchte, auf sein angewinkeltes Knie zu klettern, während er mich festhielt. Aber einer von uns beiden verlor immer wieder das Gleichgewicht und wir mussten noch mal von vorne anfangen.

Er lehnte sich gegen den steinernen Pfeiler und ich streckte mich mit erhobenen Armen nach oben. Ich betastete den kleinen Stein, kratzte um ihn herum, wieder und wieder. Kalt, hart, rau. Ich werde auf keinen Fall runterfallen, dachte ich. Ich mache einfach weiter. Aber genau in dem Moment geriet Orestes ins Wanken, er ging in die Knie. Und ich plumpste in den Fluss.

Noch dreimal mussten wir das wiederholen. Jedes Mal gelang es mir, etwas mehr um den Stein herum auszukratzen, bevor wir beide umkippten und ins eiskalte Wasser fielen. Meine Finger bluteten.

Doch auf einmal löste sich der Stein, schrammte auf dem Weg nach unten an Orestes' Hand entlang und fiel mit einem Plumps ins Wasser. Ich konnte mich nicht mehr halten und purzelte ebenfalls ins Wasser. Nach mir segelte noch etwas anderes herunter, etwas Längliches.

Was war das? Es schwamm obenauf und wurde sofort von der Strömung davongetrieben. Ich schrie auf und stürzte mich hinterher.

Orestes versuchte ebenfalls, den schwimmenden Gegenstand zu erwischen. Mit einem Riesengeplatsche stolperte er vorwärts, aber ich war schneller.

Als ich ein Stück weiter von der Brücke wegkam, merkte ich, wie stark die Strömung war. Meine Jeans war schwer wie Blei und zog mir die Beine weg. In dem kalten Wasser wurden meine Arme und Beine so schwer, dass ich nicht gut schwimmen konnte. Aber ich versuchte, abwechselnd zu schwimmen und zu laufen und den länglichen Gegenstand im Auge zu behalten. Er trieb davon, ein kleines Stückchen vor mir. Ich hätte ihn nie erwischt, wenn er nicht an einem Stein am Ufer hängen geblieben wäre.

»Hab ihn!«, rief ich und schloss meine eiskalten Finger fest um ihn.

Ich reckte die Faust in die Luft und drehte mich zu Orestes um. Aber er war nicht da.

Er war nicht im Wasser.

Er war nicht bei der Brücke.

Er war nicht auf der Brücke.

Er war *nirgends*!

Kann man ertrinken, selbst wenn es gar nicht tief ist? Kann man direkt neben dem Radweg Richtung Lerums Stadtmitte ertrinken?

Dann erspähte ich den Holzstab, der plötzlich aus dem wirbelnden Wasser emporragte. Nur einen Augenblick, dann verschwand er wieder. Ich hechtete vorwärts und tauchte nach ihm.

Ich bekam seinen einen Arm zu fassen, konnte ihn am Pulli packen und zog, so fest ich nur konnte, bis er mit dem Kopf wieder über Wasser war und hustete. Trotzdem schleppte ich ihn hinter mir her bis zur Uferkante, aber als wir aus dem Wasser rauskamen, wurde es zu schwer. Ich sackte auf dem verdorrten Gras vom letzten Jahr zusammen. Orestes lag neben mir und hustete.

Er hörte gar nicht mehr auf zu husten. Dann wurde er ganz still. Ich stupste ihn an. Er rührte sich nicht. Ich sah in sein kreidebleiches Gesicht mit dem weichen Mund, den geschlossenen Augen und den nassen Haaren und bekam Angst.

Ich schüttelte ihn, bis er die Augen aufmachte. Aber da bekam ich noch mehr Angst, denn es war so gut wie kein Funke Leben mehr darin. Und er wollte auch nicht aufstehen. Er lag einfach nur in seinem nassen Jogginganzug da, als ob er nicht vorhatte, noch mal irgendwas anderes zu machen. Aber er würde eine Lungenentzündung bekommen, wenn er weiter hier rumlag!

Ich zerrte und knuffte ihn, bis er aufstand, zwang ihn, zur Brücke und zu unseren Rädern hinaufzustolpern.

Als wir anfingen, in die Pedale zu treten, spürte ich, wie sich ein klein wenig Wärme in mir ausbreitete. Orestes fuhr hinter mir. Ich drehte mich ständig nach ihm um. Ich hatte solche Angst, dass er plötzlich wieder verschwinden würde.

Als wir zu Hause ankamen, war Orestes ordentlich ins Schnaufen gekommen und hatte auch wieder Leben im Blick. Alles hatte sich verändert, alles war anders als bevor wir weggefahren waren. Der Tag war heller, die Vögel stiller. Die Sonne wärmte. Aber wir froren so, dass wir zitterten.
»Ich geh mich umziehen«, meinte ich.
»Komm dann zu mir rüber«, erwiderte Orestes.
Ich nickte. Den Gegenstand, der aus dem Gewölbe der Brücke gefallen war, hatte ich im Bund meiner Jeans festgeklemmt.

Zu Hause stopfte ich meine nassen Sachen in die Waschmaschine und zog mir meine Jogginghose, ein T-Shirt und einen Kapuzenpulli sowie die wärmsten Socken, die ich finden konnte, an. Papa schlief noch, es war noch nicht mal sechs!

Auf der Suche nach etwas Essbarem warf ich einen Blick in den Kühlschrank.

Da lagen schon wieder jede Menge komische braune Papiertüten drin. Ich machte eine von ihnen auf. Bäh! Sie war voll mit etwas Grünem, Matschigem, Heuartigem.

Außer den Tüten fand ich nur:

1. Brokkoli
2. Erdnussbutter (Wo kommt die denn her?, dachte ich. Aber dann fiel mir ein, dass die noch vom letzten Mal übrig war, als Mama Kekse gebacken hatte, und da vermisste ich sie auf einmal so, dass es wehtat.)
3. zwei braune Bananen
4. ... und ein bisschen Toastbrot aus dem Gefrierfach.

Das war nicht gerade das ideale Frühstück, aber ich tat es zusammen mit dem länglichen Ding von der Brücke in eine Plastiktüte und nahm sie mit rüber zu Orestes.

Als Orestes die Tür öffnete, trug er wie immer seine Anzughose. Seine Haare waren glatt gekämmt, über dem Hemd der braune Strickpulli. Der normale Orestes war zurück und zu meiner Verwunderung bemerkte ich, dass ich froh darüber war.

Orestes ist in vielerlei Hinsicht ein ungewöhnlicher Kumpel. Er ist nicht immer nützlich. Wenn man zum Beispiel jemanden braucht, der mit einem zur Schuldisko geht, ist er absolut nicht der, den man fragen sollte. Aber Orestes ist in anderen Dingen gut. Manchmal ist er fast wie ein Erwachsener, er macht die Sachen einfach. Und weiß Sachen. Zum Beispiel, wie man eine ganz gute Mahlzeit aus dem komischen Zeug macht, das in unserem Kühlschrank lag.

Und so machte er das:

1. Er zog den braunen Strickpulli aus und hängte ihn vorsichtig über die Lehne eines halb kaputten Küchenstuhls.
2. Er knöpfte die kleinen Knöpfe unten an den Hemdsärmeln auf und krempelte sie langsam bis zu den Ellenbogen auf.
3. Er öffnete eine Küchenschublade und zog eine knielange weinrote Schürze hervor. Die Schürze band er sich um.
4. Er gab einen Klacks Butter in eine kupferfarbene Bratpfanne und ließ ihn schmelzen.
5. Er schnitt den Brokkoli mit einem rostigen Messer klein.
6. Er briet den Brokkoli in der Butter an. (Kein Witz! Gebra-

tener Brokkoli! Ich wusste nicht mal, dass man Brokkoli auch braten kann.)
7. Er gab ein paar Prisen Salz, Pfeffer und irgendwelche grünen Kräuter über den Brokkoli.
8. Er briet das Toastbrot ebenfalls in Butter an.
9. Er bestrich das gebratene Brot mit Erdnussbutter und belegte es mit Banane.

Während Orestes mit dem Essen beschäftigt war, kramte ich den länglichen Gegenstand hervor, eine zylinderförmige Holzröhre mit einem Deckel an der einen Seite, ganz ähnlich wie die, die wir an der Amtmannseiche ausgegraben hatten. Es war ein bisschen Wasser reingekommen, aber das war nicht so schlimm. Ich konnte die zusammengerollten Blätter Papier herausholen und sie ganz vorsichtig auseinanderfalten, ohne dass sie kaputtgingen. Dieses Mal waren es mehrere Seiten maschinengeschriebener Text. Ich las ihn Orestes laut vor.

Fräulein Silvia hatte mir gesagt, dass Ingenieur Nils Ericson sich tags darauf im Wirtshaus in der Nähe von Aspenäs aufhalten würde. Ich war gezwungen, den ganzen Weg zu Fuß zu gehen, und war daher ziemlich müde und durstig, als ich dort ankam.
Ingenieur Ericson befand sich im Speisesaal. Aller Schwierigkeiten mit dem Erdrutsch beim Eisenbahnbau zum Trotz war er guten Mutes. Bei einem so charakterfesten Mann gibt der Wille nicht so leicht nach. Ich ließ mich neben ihm

nieder, mir war unbehaglich zumute. Mein Auftrag war es, ihn des uralten Messinstruments zu berauben, mit welchem er sich seiner Sorgen zu entledigen gedachte.
Ingenieur Ericson sprach mich an und schon bald kamen wir über die Eisenbahnbauarbeiten ins Gespräch. Ich verspürte einen sehr großen Respekt für diesen Mann, ohne Zweifel eines der größten Genies unseres Landes. Ich versuchte daher, mein Gelöbnis an Fräulein Silvia zu verdrängen. Ich konnte doch Ingenieur Ericson nicht bestehlen?
Aber sehr schnell sollte ich auf andere Gedanken verfallen.

Ingenieur Ericson musste zurück nach Lerum und ein Pferdefuhrwerk stand für seine Weiterreise bereit. Er erbot sich großzügigerweise, mich mitzunehmen. Als wir hinaus zur Kutsche kamen, weigerten sich die Pferde allerdings, sich zu rühren. Wie von einer unsichtbaren Kraft gebunden, standen sie vollkommen still. Und als wir sie anzutreiben versuchten, bockten sie so sehr, dass sie sich beinahe losrissen. Ich fürchtete einen Moment, dass sie die Kutsche mit ihren wilden Tritten und ihrem Steigen zerstören würden.
Schlussendlich wurde ein neues Paar Pferde herbeigeführt. Möglicherweise waren die ersten von einem für den Menschen unsichtbaren Grauen befallen gewesen.
Die neuen Pferde ließen sich bereitwillig zur Wirtshaustreppe führen. Dort allerdings blieben auch sie ganz un-

vermittelt stehen. Wie schon das erste Paar Pferde weigerten sie sich, sich von der Stelle zu bewegen.
Die Unzufriedenheit Ingenieur Ericsons wuchs. Er bat darum, dass man ihm ein gesatteltes Pferd brachte, damit er selbst seinen Verpflichtungen entgegenreiten konnte. Dies jedoch sollte wahrlich schlimm ausgehen. Das Reitpferd weigerte sich, den Ingenieur zu tragen, und ein Kampf zwischen Reiter und Tier entbrannte. Mehrere Male hatte ich Angst, dass Ingenieur Ericson aus dem Sattel geschleudert würde.
Ich beobachtete das Ganze von der Wirtshaustreppe, wo ein Teil von Ingenieur Ericsons Gepäck abgestellt worden war. Darunter befand sich auch seine Aktentasche. Gott allein weiß warum, aber aus einem flüchtigen Impuls heraus öffnete ich sie und mein Blick fiel sogleich auf ein altes purpurfarbenes Etui. Ohne zu zögern, riss ich es an mich und steckte es in meinen Rock.
In genau diesem Moment blieb das aufgewühlte Pferd stehen und ließ sich von Ingenieur Ericson streicheln. Das Tier war nun lammfromm und ließ sich artig führen. Diese Begebenheit verwunderte mich zutiefst.

Als ich zurück in Almekärr war, schloss ich mich in meinem Zimmer ein, wo ich das Etui behutsam öffnete. Dessen Inhalt überwältigte mich. Es war diese »Sternenuhr«, von der Fräulein Silvia gesprochen hatte. Es war eindeutig ein Messinstrument allerfeinster Art, selbst wenn mir dessen Anwendungsgebiet unbekannt war.

An diesem Abend fand ich keine Gewissensruh. Das sonderbare Verhalten der Pferde, aber vor allem mein ruchloser Diebstahl dieses eigenartigen Messinstruments ließen meine Gedanken nicht zur Ruhe kommen. Meine innere Unruh trieb mich dazu, hinaus in die Auen zu wandern, tief versunken in meine Grübelei.

Plötzlich gewahrte ich Fräulein Silvia an meiner Seite. Ich gebe zu, ihre Anwesenheit hatte eine starke Wirkung auf mich, jung, wie ich war. Sie dankte mir und meinte, die Rechtschaffenheit müsse hinter der guten Sache zurückstehen. Dass das, was ich getan hatte, eine lebenswichtige Bedeutung bekommen sollte. Sodann legte sie ihre kühlen Hände auf mein Antlitz und ich fühlte mich sogleich seltsam erquickt. Sie bat mich zudem eindringlich, die gestohlene Sternenuhr so zu verstecken, dass sie erst dann wiedergefunden werden konnte, wenn die Zeit dafür reif war.

»Die Sternenuhr ist allein für einen auserwählten Menschen bestimmt, ein Rutenkind«, erklärte sie. Dieses Rutenkind sollte erst in einer fernen Zukunft auftauchen, wenn, wie Fräulein Silvia meinte, der Mensch seine Begrenztheit einsehen und wieder größere Demut vor den uralten Mustern verspüren würde. Erst dann, und nur mit großer Vorsicht, könne die Sternenuhr verwendet werden, um etwas Gutes zu bewirken. Fräulein Silvia enthüllte mir den Namen des Rutenkindes und den Ort, an dem es die Sternenuhr gebrauchen sollte, wenn die rechte Zeit gekommen war.

Sie nahm mir das Versprechen ab, den Namen und den Ort nie zu vergessen und dafür Sorge zu tragen, dass sowohl die Sternenuhr als auch der Text zu dem wundersamen Lied, welches sie zu singen pflegte, dem Rutenkind in der Zukunft überbracht würden.
»Wenn die rechte Zeit gekommen ist«, sagte sie, »muss die Sternenuhr in der Hand des Rutenkindes eingestellt und die Muster zwischen Himmel und Erde abgelesen werden.«
Bis dahin, meinte sie, solle die Sternenuhr in der Erde vergraben werden, damit nicht die Gefahr bestand, dass sie in die falschen Hände geriet. Sie ermahnte mich, dies sogleich zu tun, und wünschte mir zärtlich Gute Nacht, bevor sie wieder über die Auen entschwand.

Als Fräulein Silvia an meiner Seite gegangen war, war mir ihre Bitte so einleuchtend erschienen. Aber als ich später ihren Wunsch erfüllen und die Sternenuhr in der Erde versenken wollte – in diesem Augenblick zögerte ich ...
Es handelte sich um ein Instrument, mit dem man unbekannte Kräfte ablesen konnte. Kräfte, die keinem Aberglauben entsprangen, sondern die sogar der geniale Ingenieur Ericson nutzen wollte. Man stelle sich vor, welche Macht diese Entdeckung begleiten könnte! Man stelle sich vor, dass ich, Axel Åström, der Mann hinter dieser neuen Kraftquelle sein könnte! Ich befand rasch, dass mein Gelöbnis Fräulein Silvia gegenüber leicht wog gegen meine Begierde, die Sternenuhr näher zu untersuchen. Daher versteckte ich das Instrument nicht zusammen mit dem Lied, ich tat nichts

dafür, dass es vom Rutenkind wiedergefunden werden konnte. Stattdessen verbarg ich das Instrument in meinem Zimmer.

Ich sah Fräulein Silvia nie wieder. Am darauffolgenden Morgen war sie nirgends im Haus aufzufinden. Ich suchte sie und rief wieder und wieder ihren Namen. Das Cello stand immer noch im Salon und es erwies sich als der Familie gehörig. Als ich Frau Ekdahl fragte, wohin des Wegs Silvia entschwunden sein konnte, gab sie mir eine sehr verwirrte Antwort. Man hätte zu der Annahme kommen können, dass Frau Ekdahl keine Ahnung hatte, dass sich Fräulein Silvia überhaupt im Ekdahlschen Haushalt aufgehalten hatte. Sie war wie aus dem Gedächtnis der Hausfrau ausgelöscht.

Kurze Zeit später kehrte ich nach Göteborg heim. Ich nahm meine Studien wieder auf, welche zu gegebener Zeit mit dem Diplom-Ingenieurs-Examen gekrönt wurden.
Recht schnell ließ Ingenieur Nils Ericson verlauten, dass er den Versuch, die Gleise am Seeufer entlang zu verlegen, aufzugeben gedachte. Stattdessen sollte die alte Landstraße als Grund für die sich im Entstehen befindliche Eisenbahnstrecke dienen. Nichts hält einen solchen Mann auf!
Ich selbst fand jedoch nie Ruhe vor den Gedanken an Fräulein Silvia und Ingenieur Ericsons sonderbares Messinstrument. Ich versuchte auf jede erdenkliche Weise herauszufinden, wie man die Sternenuhr anwandte, um mir

Zugang zu »Erdenströmen und Sternenfeldern« zu verschaffen. Jedoch waren alle meine Versuche zum Scheitern verurteilt. Ich ließ mich schließlich in der Umgebung von Lerum in der Hoffnung nieder, dass der geografische Ort irgendeine Wirkung auf das Instrument hätte, aber ich erzielte keinen Erfolg.

Auf der Jagd nach Erdenströmen begann ich mit der Zeit, andere Untersuchungen durchzuführen, vorzugsweise mit einer gewöhnlichen Wünschelrute und einem Pendel. Diese Messungen sind natürlich höchst unwissenschaftlich. Aber sie lassen uns doch erkennen, dass es möglich ist, Erdenstrahlung nachzuweisen, dass ihre Stärke jedoch ständig schwankt. An einem Ort, an dem an einem Tag eine starke und deutliche Erdstrahlung vorherrscht, kann sie am nächsten Tag bereits wieder erloschen sein.

Alle Messergebnisse, die ich vorgebracht habe, habe ich auf einer Karte verzeichnet. Diese zeigt, welche Wege regelmäßig im Jahresverlauf aktiv waren.

Ich bin zu dem Schluss gekommen, dass Planeten und Sterne die wechselnden Muster der Erdenstrahlung lenken. Die unterirdischen Wege der Erdenstrahlung kann man auf diese Weise im Zusammenspiel mit den Planeten- und Sternenfeldern am Himmelszelt als ein Gewebe ansehen, dessen Muster sich ständig ändert, wie Fräulein Silvia angedeutet hatte.

Durch das Studium der regelmäßigen Planetenbahnen im Verhältnis zur Erde kann ich konstatieren, dass wir uns im

Sommer 1857 einer Begegnung zwischen Venus und Mars am längsten Tag des Jahres näherten. Ich bin der Überzeugung, dass sich Silvias Lied auf just einen solchen Zeitpunkt in der Zukunft bezieht und dass möglicherweise bei einem derartig seltenen Ereignis besonders starke Erdenströme unter der Erdoberfläche entstehen können.

Ich bin also der Auffassung, dass das Messinstrument darauf abzielt, auf dieses seltsame Gewebe hinzuweisen oder vielleicht sogar einzuwirken. Es ist jedoch klar, dass die Sternenuhr in meinen Händen nutzlos ist.

Nun, da ich ein beachtliches Alter erreicht habe, drehen sich meine Gedanken immer weniger um die Ehre und den Ruhm, die ich durch die Entdeckung der Erdstrahlung zu erlangen gehofft hatte. Stattdessen kreisen sie immer mehr um Fräulein Silvia.

Vor ein paar Jahren, als die Familie Ekdahl aus der Gegend fortzog, kaufte ich das Cello, auf dem ich Silvia vor so langer Zeit an den Sommerabenden hatte spielen hören. Die äußerliche Schönheit des Instruments erkenne ich, aber ich vermag es genauso wenig zu spielen, wie ich die Sternenuhr zum Laufen bringen kann.

Warum habe ich mich eigentlich jemals danach gesehnt, das Gewebe aus Erdenströmen und Sternenfeldern zu finden? War es nicht eigentlich Fräulein Silvia, der meine ganze fleißige Suche galt?

Jetzt habe ich den Beschluss gefasst, meine eigenen Messungen aufzugeben und mein Versprechen an Fräulein

Silvia einzulösen, indem ich so gut wie möglich dafür Sorge trage, dass die Sternenuhr zum Rutenkind gelangt, sobald die Zeit reif ist.

Ich selbst beabsichtige nun ganz ohne Sternenuhr oder Pendel, dafür mit aller Kraft meiner Sehnsucht zu versuchen, Fräulein Silvia wiederzufinden, ehe meine Tage gezählt sind.

Sie ist der Schlüssel.

svozaslcpxsekanctuka
mzqdwzvdzczmdjvnw
pzhyrryqwpamnrodxsmplttba

»So traurig«, sagte Orestes, als ich den Brief zu Ende gelesen hatte.

Das war, während er noch den Brokkoli schnippelte.

»Hack, hack«, machte das Messer auf dem Schneidebrett.

»Was genau? Dass er dieses Ding da geklaut hat?«, wollte ich wissen. »Jetzt werden wir nie erfahren, was Nils Ericson damit vorhatte! Wollte er die Erdenströme verändern, damit er mit seinem Eisenbahnbau weitermachen konnte? Versuchen, Macht über das Kraftkreuz aus Silvias Lied zu erlangen? Ich glaube ...«

»Nee, das meine ich nicht«, fiel Orestes mir ins Wort. »Ich meine Silvias Verschwinden. Dass Axel sie niemals wiedergesehen hat. Dass es keine Erdkräfte gibt, wissen wir ja schon, oder?«

»Hmm«, machte ich. Nicht, weil ich ihm zustimmte. »Aber sie war schon supergeheimnisvoll. Wie konnte sie einfach so verschwinden? Und das Leuchten im Wald? Sie wirkt ... sie wirkt beinahe so, als sei sie kein Mensch.« In Wahrheit dachte ich, dass Silvia eine Elbe aus dem *Herrn der Ringe* war. Leuchtend, schön und geheimnisvoll. Aber das traute ich mich nicht vor Orestes zu sagen.

»Natürlich war sie ein Mensch«, meinte Orestes.

»Was glaubst du dann?«, fragte ich. »Warum ist sie deiner Meinung nach verschwunden?«

»Sie wird Axel wohl nicht mehr gebraucht haben, nachdem er getan hatte, was sie wollte. Oder sie hat mitbekommen, dass er doch nicht das gemacht hat, worum sie ihn gebeten hatte. Dass er das Ding nicht vergraben hat ... Und da ist sie so wütend geworden, dass sie für alle Zeiten verschwunden ist.«

»Aber das Leuchten im Wald? Was sagst du dazu?«

»Ich sage ...«, meinte Orestes und hackte den Brokkoli immer weiter, obwohl er eigentlich schon klein genug geschnitten war, »... ich sage, dass Axel verliebt war. Ich habe gehört, dass verliebte Leute manchmal eigenartige Sachen machen.«

Er klang ein bisschen komisch und ich dachte, dass ihm vielleicht ein Stückchen Brokkoli im Hals stecken geblieben war. Während es in der Pfanne brutzelte, schrieb ich eine Zusammenfassung von Axels Brief, ohne irgendwelche märchenhaften Elben zu erwähnen.

Malins Zusammenfassung
von Axels Brief Nr. 3
1. Axel trifft Nils Ericson.
2. Axel überlegt es sich anders und will das Messinstrument nicht stehlen. Aber als Nils Ericsons Pferde Schwierigkeiten machen, tut er es doch.
3. Silvia will, dass er das Messinstrument versteckt. Sie nennt es Sternenuhr und sagt, dass es für das nächste Rutenkind ist! Sie gibt ihm den Namen des Rutenkinds und erzählt ihm, an welchem Ort es auftauchen wird. Sie sagt, Axel solle die Sternenuhr und ihr Lied für das Rutenkind verstecken.
4. Axel tut NICHT, was Silvia gesagt hat – er versteckt das Messinstrument nicht. Stattdessen benutzt er es selbst.
5. Silvia verschwindet.
6. Axel findet nicht raus, wie das Instrument funktioniert.
7. Axel hat Erdstrahlung gemessen und ihre Bahnen entdeckt, das ist das, was auf der alten Karte eingezeichnet ist. Aber es scheint so, als wüsste er nicht, wie man sie mit dem Einfluss der Sterne verknüpfen muss.
8. Besonders starke Kräfte können entstehen, wenn Venus und Mars am längsten Tag des Sommers gemeinsam erstrahlen.
9. Axel sagt, er gibt seine Messungen auf. Jetzt überlässt er die Sternenuhr und das Lied dem Rutenkind, genau wie Silvia wollte. Er will sich stattdessen auf Reisen begeben und Fräulein Silvia suchen.

Dann löste ich die Chiffre. *Sie ist der Schlüssel.* Das war supereinfach, es musste SILVIA sein.

Schlüssel	S	I	L	V	I	A
Klartext	a	n	d	e	s	s
Code	S	V	O	Z	A	S

Ich hab's sofort rausbekommen! »An des Stückes Schluss«, lautete die erste Zeile. Ich machte weiter:

Schlüssel	L	V	I	A	S	I
Klartext	b	e	i	d	e	r
Code	M	Z	Q	D	W	Z

»Bei der Kirche Sonne«, ergab die zweite Zeile. Aber dann kam die dritte Zeile:

Schlüssel	S	I	L	V	I	A	S	I	L	V	I
Klartext	x	r	w	d	j	r	g	i	l	u	s
Code	P	Z	H	Y	R	R	Y	Q	W	P	A

S	I	L	V	I	A	S	I	L	V	I	A	S	I
t	u	e	c	k	e	s	s	c	h	l	u	s	s
L	C	P	X	S	E	K	A	N	C	T	U	K	A

L	V	I	A	S	I	L	V	I	A	S
k	i	r	c	h	e	s	o	n	n	e
V	D	Z	C	Z	M	D	J	V	N	W

A	S	I	L	V	I	A	S	I	L	V	I	A	S	I
m	v	j	d	i	p	s	u	h	a	q	l	t	j	s
M	N	R	O	D	X	S	M	P	L	L	T	T	B	A

Das hatte ja gar keine Bedeutung!

Ich überprüfte die Lösung der Chiffre noch ein paarmal, aber das änderte gar nichts. Die letzte Zeile musste mehr als einmal verschlüsselt sein.

»An des Stückes Schluss«, »Bei der Kirche Sonne« ... Konnte es sich um Silvias Lied handeln, das Axel meinte? Die Kirche war in jedem Fall ein deutlicher Hinweis.

Ich war mit der Chiffre genau zur gleichen Zeit fertig wie Orestes mit dem Essen.

»Der Bahnhof, die Eiche, die Brücke, die Kirche«, sagte ich zu Orestes, während ich ihm beim Tischdecken half.

»Er hat Orte ausgewählt, die nicht verändert werden konnten. Von denen er dachte, dass sie lange bestehen würden«, meinte Orestes.

Ich überlegte, welchen Ort ich auswählen würde, wenn ich ein Versteck für ein Rätsel brauchte, das hundert Jahre dort liegen sollte.

»Die Turnhalle der Schule«, schlug Orestes vor. »Ich schwöre, da hat sich seit hundert Jahren nichts verändert!«

»Ach«, machte ich. Ich dachte an unser Haus, in dem ich schon mein ganzes Leben verbracht habe. Würde es in hundert Jahren noch stehen? Wer würde dann dort wohnen?

Als wir die Brote mit Erdnussbutter und Banane und den gebratenen Brokkoli aßen, hatte Orestes die Schürze immer noch an. Das war das eigenartigste Frühstück, das ich je gegessen habe. Aber das beste!

Es war immer noch so früh, dass wir keinen Mucks aus Monas oder Elektras Zimmer hörten.

Orestes' bloße Arme waren käseweiß und mager. Ich warf verstohlene Blicke darauf, während wir aßen.

An seinem linken Arm, außen, in der Nähe des Ellenbogens, sah ich es.

Er hatte da ein Muttermal, bestehend aus vielen kleinen dunklen Punkten auf der weißen Haut. Sie lagen so dicht beieinander, dass sie eine Linie bildeten und die Linie wurde zu einem Zeichen. Es sah genauso aus wie ein Pfeil, ein Pfeil, der schräg nach oben zu Orestes' Schulter zeigte. Ein kleiner Strich lag quer über dem Pfeilschaft, wie ein Kreuz. Der Pfeil prangte schwarz wie ein Tattoo auf Orestes' Haut.

Ich hatte dieses Zeichen schon viele, viele Male zuvor gesehen.

Das Zeichen des Orakels.

Ich weiß nicht mehr, wie ich von Orestes nach Hause gekommen bin. Ich weiß nicht mehr, was ich zu ihm gesagt habe. Vielleicht dass ich Bauchweh hatte, weil ich einfach vom Tisch aufstand ... Dass es mir nicht gut ging.

Ich weiß noch, dass Papa mir irgendwas aus dem Wohnzimmer zugerufen hat, als ich heimkam, und dass ich die Treppe rauf in mein Zimmer gerannt bin und mich ins Bett gelegt habe. Aber dann ging es mir noch schlechter, deswegen stürzte ich aufs Klo. Eine ganze Weile saß ich auf dem Fußboden und versuchte, das Hämmern in meinem Kopf unter Kontrolle zu kriegen, musste mich aber nicht übergeben.

Ich habe versucht, nicht an das Orakel zu denken, schon seit das damals passiert ist. *Nie mehr* an all das zu denken. Aber jetzt muss ich euch doch erklären, worüber ich am allerwenigsten reden möchte. Warum Mama mir nicht mehr erlaubt, einen Computer zu haben oder ein Tablet, nicht mal ein normales Handy. Warum Mama jeden meiner Schritte überwacht ... Und warum sie einen überaus guten Grund dafür hat.

Der Internet-Vorfall
23. September (letztes Jahr)

Als ich letztes Jahr am 23. September aus der Schule heimkam, stand ein Polizeiauto in unserer Einfahrt. Ich dachte auf einmal: Jetzt ist Papa tot, jetzt ist sein Herz stehen geblieben. Nur, warum die Polizei kommen sollte, wenn Papa tot wäre, darüber dachte ich nicht nach. Ich hatte Bauchweh und wollte nicht reingehen, deswegen kehrte ich um. Ich ging zurück zur Schule, und falls jemand fragen sollte, würde ich sagen, dass ich etwas verloren hätte. Ich lief immer wieder um das Schulgebäude herum. Aber irgendwann musste ich heimgehen, und da war das Polizeiauto weg.

Mama saß in der Küche. Sie war kreidebleich im Gesicht. Mein Magen krampfte sich zusammen. Jetzt wird sie mir sagen, dass Papa tot ist, dachte ich, jetzt sagt sie es, jetzt, jetzt ... Es fühlte sich an, als ob mein Herz auch stehen bleiben würde. Aber dann sagte sie:

»Wie konntest du denn da nur reingeraten?«

Ich verstand nur Bahnhof. War ich vielleicht schuld dran, was mit Papa passiert war?

»Das hier, Malin.« Verzweiflung schwang in ihrer Stimme mit. Sie deutete mit dem Kinn auf den Küchentisch vor sich. Da lagen Papiere ausgebreitet, Ausdrucke voller Text, zeilenweise Text. Ich ging näher heran.

Die Worte sahen auf dem Papier anders aus als auf dem Bildschirm, aber ich erkannte sie wieder. Jedes einzelne. Es waren meine, ich hatte all das geschrieben, das jetzt in einem nüchternen Haufen über die Tischplatte verstreut dalag. Aber nichts davon hatte ich an Mama geschrieben. Ich hatte es dem Orakel geschrieben. Dem Orakel, meinem Freund. Dem Orakel, das eigentlich mein Geheimnis sein sollte.

»Schreib mir alles«, hatte das Orakel mir gesagt, als ich es im Internet entdeckt hatte. »Erzähl von allem, was dich bedrückt. Ich werde dir helfen. Ich werde dich retten. Ich weiß.«

Und ich schrieb.

Ich schrieb, wie alleine ich mich in der Schule fühlte, wie eigentlich alle nett waren, ich aber trotzdem keine richtigen Freunde fand. Ich schrieb, wie gruselig es war, dass Papa so krank war. Ich schrieb, dass ich mir Sorgen machte, wie es wohl werden würde, wenn er starb. Und wie es werden würde, wenn er nicht starb, sondern einfach bis in alle Ewigkeit weiter krank wäre. Ich schrieb auch über ganz gewöhnliche Dinge, zum Beispiel, wie es sich anfühlte, dass das Cellospielen das Einzige auf der Welt war, in dem ich gut war – und es trotzdem niemanden interessierte.

»Du bist besonders«, schrieb das Orakel. »Du bist nicht wie alle anderen. Deswegen fühlt sich das so an. Ich weiß, wer du bist. Hör auf mich, dann helfe ich dir. Wir brauchen dich.«

Das tröstete mich, ja, wirklich. Abends saß ich vor dem Bildschirm und schrieb dem Orakel, und es antwortete mir, dass ich etwas ganz Besonderes war. Dass es mich verstand. Vielleicht war das Orakel der einzige Mensch, der mich verstand? Und dass ich zu ihm kommen und alles hinter mir lassen konnte. Wenn ich wollte. Wenn ich dem Orakel vertraute.

Und jetzt lag alles, was ich da geschrieben hatte, vor Mama. Alle meine Geheimnisse.

Mama schlang die Arme um mich und weinte. Und sie sagte, sie hätte gedacht, ich wüsste es besser. »Das Orakel gibt es nicht«, meinte sie. Hinter dem Namen »Das Orakel« steckte jemand anderes, jemand, der betrog. Die Polizei hatte gesagt, dass ein anderes Mädchen, nur wenig älter als ich, dem Orakel einige Monate geschrieben hatte und jetzt verschwunden war. Seit zwei Wochen. Niemand wusste, wo sie war, aber als die Polizei ihren Computer durchsucht hatte, fanden sie eine Mail nach der anderen an das Orakel. Und dann waren sie auf mich gekommen.

Es war so schrecklich. Alles war so unglaublich schrecklich! Es war schrecklich, dass Mama traurig war und Angst hatte und dass sie alles, was ich geschrieben hatte, gelesen hatte, obwohl es nicht für sie bestimmt war. Das war schrecklicher als der Gedanke, dass mich jemand mit Absicht hereinlegen wollte.

Aber das Schlimmste von allem war, als Mama mich fragte, wie das alles passieren konnte, und ich sofort die Antwort wusste. Weil ich so dumm war. Mama sagte wieder und wieder, dass Erwachsene, die so etwas taten, arglistig waren, dass es absolut nicht mein Fehler war. Aber ich konnte nur eins denken:

Wie konnte ich nur so dumm sein?

Nachdem die Polizei bei uns zu Hause gewesen war und vom Orakel und dem vermissten Mädchen erzählt hatte, sorgte Mama natürlich dafür, dass ich nie allein im Internet surfte. Denn da war ja das Orakel.

Und das Zeichen, dieses eindeutige Zeichen, das ich an Orestes' Arm entdeckt hatte. Es sah ganz genauso aus wie das Symbol, das das Orakel verwendete und mit dem jede seiner Mails endete. Ein schräger Pfeil mit einem kleinen Strich über dem Schaft, wie ein Kreuz. Ich hatte gedacht, dass es so etwas wie das Logo des Orakels wäre. Aber jetzt war es auf Orestes' Haut.

Ich blieb den ganzen Tag drinnen. Es ist kompliziert rauszugehen, wenn man jemanden meiden möchte, der quer über die Straße wohnt. Die ganze Zeit musste ich an den Internet-Vorfall und das Orakel denken. Und an Orestes. Ich bekam das alles nicht zusammen.

Das Orakel hatte mir täglich geschrieben. »Erzähl mir alles«, schrieb es. »Erzähl mir, wie es in deinem Zimmer aussieht, in der Küche, in der Diele, wenn du nach der Schule nach Hause kommst. Erzähl mir jede Einzelheit über dich. Dann sehe ich, wer du bist.«

Also hatte ich erzählt. Ich schrieb dem Orakel von Mama, von allem, was sie zu tun hatte, über ihren Job und den Computerraum unten im Keller. Ich berichtete vom Cellokrieg und von meinem neuen Cello und was ich darauf spielte. Ich schrieb über die Schule und die Lehrer und meine Klasse. Ich erzählte auch von Papa. Wie es gewesen ist, als er noch gesund war, und wie es war, seit er krank war. Ich schrieb und berichtete von allem.

Das Orakel las alles, was ich schrieb, und schickte lange, eingehende Antworten. Es war, als kenne und verstehe es mich genau. Alles, was ich nicht ausstehen konnte, zählte es auf. Fiese Augen und dröhnende Straßen, einsame Herzen und traurige Eltern ... Nie zu wissen, was noch passieren wird. Es schrieb, dass ich etwas Besonderes war. Dass ich Talent hatte und eine bestimmte Aufgabe auf mich wartete. Es schrieb, dass es nur mich brauchte, Malin.

Ihr denkt bestimmt, das war ziemlich blöd von mir, auf die Lügen des Orakels hereinzufallen. Und das war es ja auch. Aber manchmal fehlen mir die Mails sogar. Wenn etwas vorgefallen war, konnte ich dem Orakel davon erzählen, wenn ich heimkam. Das Orakel hatte immer Zeit für meine Geheimnisse. Das Orakel hat mir immer sofort geantwortet.

Ich hätte einen Auftrag, der groß und wichtig war, hatte das Orakel immer öfter geschrieben. Wichtiger als die Liebe meiner Eltern zu mir. Wichtiger als meine Liebe zu ihnen. Daher gehörte ich eigentlich zu ihm nach Hause. Denn es wusste, wozu ich geboren war. Wenn ich nur zu ihm käme, könnte es mir davon erzählen. Ach, ich hätte es kapieren müssen, dass alles, was es schrieb, gelogen war!

Jetzt, wo ich das Zeichen des Orakels an Orestes' Arm gesehen hatte, dachte ich, dass Orestes auf irgendeine Weise mit dem Orakel zusammengehörte. Es musste so sein, das konnte nicht irgendein Zufall sein, dass dieses Zeichen wieder auftauchte! Ich hatte ihm vertraut, fast ohne nachzudenken. Genau wie ich dem Orakel vertraut hatte! Aber jetzt kreisten meine Gedanken, schnell und immer schneller, und ich erinnerte mich daran, wie Orestes versucht hatte, die Chiffre ohne mich zu lösen. Ich erinnerte mich daran, wie ich ihn spät am Abend um unser Haus hatte schleichen sehen, unmittelbar nachdem ich jemanden tief im Wald »Silvia« hatte rufen hören. Ich dachte daran, wie er die ganze Zeit meinte, dass Erdstrahlung Blödsinn wäre und die Mails gefälscht wären. Hatte er je versucht, mir ernsthaft zu helfen?

Es wurde ein ziemlich langer Samstag. Ich versuchte es damit, meine Lieblingsbücher noch mal zu lesen, sogar die kindischsten, aber das half nicht. Es war, als wäre mir schwindelig. Wo ich auch hinging, fühlte sich alles durcheinander an.

Am Abend steckte Papa den Kopf zu mir ins Zimmer.
»Willst du mit auf ein Abenteuer kommen?«, fragte er.
Ich nickte. Egal, welches Abenteuer, Hauptsache, weit weg vom Almekärrsväg.

Es stellte sich heraus, dass das Abenteuer in der Garage begann. Papa hatte ein Zelt angeschafft. Ich fasste es nicht! Ich wusste nicht mal, dass Papa ein Zelt aufbauen konnte. Und er hatte Schlafsäcke gekauft.

»*Eine* Nacht draußen?«, meinte er. »Was sagst du?«
Ich sagte überhaupt nichts, ich war total verdutzt.
»Das wird lustig«, versprach er. »Verlass dich drauf!«
Ehrlich gesagt wusste ich nicht, ob ich mich darauf verlassen sollte. Aber ich entschloss mich, auf jeden Fall mitzumachen.

Papa packte einen großen grünen Rucksack mit Gaskocher und Lebensmitteln und warmer Kleidung, und ich half, indem ich die Schlafsäcke und Isomatten ins Auto brachte. Dann fuhren wir mindestens eineinhalb Stunden. Ich begriff nicht, warum wir so weit fahren mussten, um in einem Zelt zu übernachten. Es gibt ja auch reichlich Wald zu Hause, sozusagen. Aber ich war froh darüber. Je weiter weg von Orestes, desto besser.

Papa konnte ein Zelt aufbauen. Und er konnte auch Feuer machen. Das war Glück, denn ich konnte gar nichts. Ich saß auf einer Isomatte und sah zu, wie Papa herumwerkelte. Als er fertig war, legte er sich der Länge nach auf die Erde und machte nur die Augen zu.

»Hör mal, Malin ... Hör mal!«, sagte er.

Ich horchte, hörte aber nichts Besonderes. Nur das Prasseln des Feuers und den Wind in den Bäumen.

»Hör mal!«, sagte er noch mal.

»Was denn?«, fragte ich schließlich. »Ich hör nichts.«

»Ganz genau«, meinte Papa. »Kein Zug, keine Autobahn ... Gar nichts!«

Wir saßen ziemlich lange still da und lauschten.

»Es ist lange her, dass ich so draußen war«, sagte Papa. »Herrlich.«

»Was denn?«, fragte ich. »Hast du früher im Zelt gewohnt, oder was?« Dabei könnte ich durchaus ein klein wenig ironisch geklungen haben.

»Und wie ich das habe!«, erwiderte Papa. »Als ich jünger war, hab ich das ständig gemacht! Also nicht in deinem Alter, aber ... ja, jung, jedenfalls.«

Davon hatte ich keine Ahnung gehabt.

»Ich hatte immer schon vor, dass wir so was hier zusammen machen«, fuhr er fort. »Aber ... es war ja immer so viel los. Gefällt es dir, hier draußen?«

Ich wusste es nicht. Oder, eigentlich fühlte es sich an, als ob ich es nicht so wahnsinnig toll fand. Wir saßen hier ja bloß rum, er und ich. Ich wusste nicht, was ich sagen sollte.

»Da war so viel anderes«, fügte Papa hinzu. »Also, meistens die Arbeit. Ich war so gestresst. So extrem gestresst! Ich hatte einfach für nichts mehr Kraft, außer dem Job. Nicht mal für dich.« Papa lag immer noch da auf der Erde, jetzt schaute er hoch in den Himmel, während er redete. »Und dann bin ich krank geworden ... Ja, also, ich will wirklich, dass sich das jetzt ändert. Ich hätte gern mehr Zeit und dass wir lustige Sachen zusammen machen.«

Er drehte den Kopf und schielte zu mir rüber.

»Was meinst du?«

Es fühlte sich so an, als erwarte er, dass ich etwas Großes und Wichtiges sagen sollte. Nach dem Motto: »Passiert ist passiert und jetzt wird alles wieder gut.« Aber genau in dem Augenblick war ich überhaupt nicht sicher, dass alles gut werden würde. Ich sagte nichts.

»Vermisst du Mama?«, fragte Papa.

Ich nickte. Wenn Mama hier gewesen wäre, hätte ich ihr von Orestes und dem Zeichen auf seinem Arm erzählen können. Aber mit Papa habe ich nie über das Orakel gesprochen, weil er zu krank war, als all das passierte. Und ich hatte auch keine Lust, das jetzt zu tun.

»Ich auch«, meinte Papa. »Und ihren Kuchen!«

»Die Baiser-Tartes«, sagte ich.

»Die Erdbeertörtchen«, sagte er.

Dann redeten wir über Mama und das ging irgendwie viel leichter, als über uns zu reden – ihn und mich.

Ich schlief echt nicht besonders gut im Zelt. Die Isomatte war viel zu dünn und die Nacht viel zu hell und man hörte ringsum viel zu viel. Natürlich nicht die Autobahn, aber jede Menge anderer raschelnder Geräusche drangen aus dem Wald, weil es ansonsten so still war. Obwohl, das Gute an den Waldgeräuschen war, dass ich so damit beschäftigt war, Schiss vor ihnen zu haben, dass ich die Gedanken an Orestes und das Orakel in dieser Nacht ganz vergaß.

Am Sonntag kamen wir spät nach Hause. Es war gut, dass es schon fast Nacht war, denn so konnte ich einfach ins Bett gehen, bevor ich wieder so viel nachdenken konnte. Aber dann wurde ich auf einmal traurig, weil ich hörte, wie Orestes Steinchen gegen mein Fenster warf – aber ich tat so, als merkte ich es nicht. Es dauerte bestimmt zehn Minuten, bevor Orestes aufgab und es ruhig wurde.

31.

»Das war eine Schlange! Ich hab sie gesehen, ich hab sie genau gesehen!«, kreischte Sanna los und Emilia blieb wie angewurzelt stehen. Sie trauten sich nicht, sich zu bewegen, denn keine von ihnen wusste, wohin die Schlange verschwunden war.

Wer hat sich das eigentlich ausgedacht, dass wir jedes Jahr im Frühling von der Schule aus einen Orientierungslauf machen müssen? Offenbar ist das einfach so, genau wie mit dem Volkstanz am Nationalfeiertag und dem Fackelzug an Weihnachten.

Orestes war natürlich vor allen anderen losgespurtet, deswegen brauchte ich nicht zu befürchten, unterwegs auf ihn zu stoßen. Er würde sicher alles daransetzen, Ante und die anderen Sportskanonen zu schlagen.

»Wo habt ihr sie gesehen?«, fragte ich Sanna und Emilia.

»Dort«, sagte Emilia. Sie deutete auf ein paar flache Steine neben dem Trampelpfad.

»Ach, die ist doch längst weg«, meinte ich, und weil keine von uns wirklich Angst hatte, blieben wir stehen.

»Och, ich bin so kaputt!«, meinte Sanna.

»Ich sterbe ...«, seufzte Emilia. Sie lehnte sich an einen großen Stein. »Wo ist denn nun eigentlich diese Kontrollstelle?«

Es ist immer dasselbe. Mit wem ich auch den Orientierungslauf laufe, es endet immer damit, dass wir keine der Kontrollstellen finden und grade noch zurück zur Schule finden.

Ich versuchte herauszubekommen, ob wir uns dieses Mal überhaupt noch in dem Gebiet auf der Karte befanden. Eigentlich mussten wir ganz in der Nähe einer Kontrollstation an einer Böschung sein ... Aber was war dann das, was rechts von uns so rauschte? Ich ging ein paar Schritte ins Unterholz neben dem Trampelpfad, um nachzusehen. Zweige peitschten gegen meine Beine. Der Waldboden fiel leicht ab und das Rauschen des Wassers wurde lauter. Als sich das Dickicht lichtete, erspähte ich einige flache Steine, fast wie eine Treppe. Genau darunter brauste ein breiter Bach! Jetzt war ich ganz sicher, dass wir nicht wussten, wo wir uns befanden, denn wenn es nach der Karte ging, durfte es hier gar keinen Bach geben.

Die glatten Steine, die ich gesehen hatte, waren moosbewachsen und auf dem Waldboden fast nicht zu erkennen. Gleich daneben blühte ein hellrosa Zweig ... Das war doch ein Apfelbaum!

Ich begriff, dass die Steine die letzten Überreste eines Hauses waren, das hier einmal gestanden hatte. Eine Kate tief im Wald. Hier hatte jemand gewohnt. Jemand, der jeden Morgen vom Rauschen des Baches geweckt wurde und der manchmal auf der Steintreppe gesessen und sich die Sonne auf die Nase scheinen lassen hatte.

Es knackte im Gebüsch und ich hörte Sannas Stimme: »Du gehst in die falsche Richtung!« Ein lautes Krachen später sah ich sie aus dem Dickicht hervorkommen. »Emilia glaubt, wir müssen in die andere Richtung!«

»Äh«, machte ich und kam mir blöd vor. »Es war nur wegen der Steine hier ... wie eine Treppe ... Die wollte ich mir genauer anschauen.«

»Oooh-kaaaaayyy«, meinte Sanna und lachte, aber nicht fies. »Eine Treppe und ein Stein ...? Wahnsinnig spannend!«

Sie kam weiter zu mir runter, blieb dann aber stehen.

»Hier ist noch ein Stein!«, rief sie. »Ein viereckiger. Da steht irgendwas drauf!«

Sie stocherte mit der Schuhspitze herum und schob die welken Blätter mit dem Fuß weg.

»Ilvi ... Ach nee, was steht da? ... Silvia!«, meinte sie. »›Silvia‹ steht da.«

Mir wurde eiskalt. Das kann doch nicht wahr sein, dachte ich. Ich stolperte zu Sanna, um nachzusehen.

Es war wahr. Der Stein lag glatt und viereckig, teilweise in der Erde versunken da. Sanna hatte das Moos größtenteils losgetreten, das den Stein überwuchert hatte. Ein alter Grabstein, dachte ich und mir lief ein Schauer über den Rücken. Die eingemeißelten Buchstaben waren zwar ziemlich verwittert, aber immer noch deutlich lesbar: SILVIA.

Ich bekam furchtbare Angst. Es war, als ob ich spürte, wie alles Blut aus meinen Armen und Beinen wich und in den Magen floss. Ich bekam nur schlecht Luft. Sanna schaute mich fragend an.

»Das ... das hier ist die falsche Stelle«, stieß ich hervor. »Also los, lass uns weiterlaufen.«

Ich spurtete durch das Dickicht hinaus auf den Pfad und an Emilia vorbei, und sowohl sie als auch Sanna hatten Mühe, mit mir mitzuhalten. Ich wollte raus, weg, ich wollte irgendwohin, wo sich der Wald lichtete, damit ich wieder Luft bekam. Mein Herz hämmerte. Als die Lehrer endlich alle Schüler durchgezählt hatten – selbst die, die sich Blasen gelaufen oder verirrt hatten –, war der Schultag zu Ende.

Ich eilte nach Hause und duschte. Papa war auch draußen gewesen, seine matschigen Turnschuhe standen in der Diele.

In meinem Zimmer stand mein Cello wie immer in seiner Ecke. Die Holzoberfläche changierte in Goldbraun, sie erinnerte mich an die Baumstämme da draußen beim Bach. Das Fenster war gekippt und die Vögel des Waldes sangen davor. Die Saiten des Cellos waren über den Steg gespannt. Still, abwartend.

Ich hatte nicht mehr so viel wie sonst gespielt, nicht seit ich kapiert hatte, dass mein Cello früher einmal Silvia gehört hatte. Es widerstrebte mir irgendwie. Und jetzt hatte ich Silvias Grab gefunden, überwuchert und mitten im Wald!

Wie konnte es sein, dass ich es entdeckt hatte, obwohl ich bloß auf einem Schul-Orientierungslauf war? Wenn es nicht wirklich so ein Gewebe gab, wie Axel es in seinem Brief beschrieb, ein uraltes Netz von Kräften zwischen Himmel und Erde, das alles, was passierte, lenkte? Das meine Schritte genau zur richtigen Stelle im Wald gelenkt und dafür gesorgt hatte, dass ich ausgerechnet Silvias Cello aus so vielen ausgewählt hatte? Aber warum führte es mich dann nur zu weiteren Rätseln? Und war das Netz schuld, dass Orestes mit dem Orakel zusammenhing?

Ich hatte das alles so satt, dass ich wütend wurde. Ich packte kein weiteres Rätsel mehr! Ich wollte nicht von irgendwelchen unsichtbaren Netzen gelenkt werden. Ich wollte, dass alles wieder wie immer war. Ich sehnte mich danach, dass Mama heimkam und ich zur Schule ging und Cello spielte und ansonsten alles einfach nur langweilig war. In nur ein paar Tagen sollten Alexandra und ich vorspielen und ich hatte nicht annähernd so viel geübt, wie ich gemusst hätte.

Es war mein Cello. Es war schön und wunderbar und ich liebte es, darauf zu spielen. Ich legte die Hand auf das Holz, strich über den s-förmigen Kratzer. Silvias Cello oder nicht Silvias Cello, dachte ich. Dieses Instrument hier muss zum Klingen gebracht werden. Ich setzte mich mit dem Cello hin und spannte rasch den Bogen, damit ich es mir nicht noch mal überlegen konnte. Ich ließ den Bogen über die Saiten streichen und sie antworteten mit einem warmen, vibrierenden Ton. Ich spürte, wie sehr ich es vermisst hatte zu spielen.

Zum Warmwerden begann ich mit einer einfachen Melodie, die ich vor vielen Jahren gelernt hatte. Sie beginnt mit einer kleinen Fanfare, dreimal spielt man dieselben zwei Noten hintereinander, Fis-C, Fis-C, Fis-C. Genau wie damals, als ich noch klein war und diese Tonschleife spielte, hatte ich das Gefühl, das sei ungefähr so, wie Guten Morgen zu sagen. Da ließ das Gefühl der Fremdheit nach und ich konnte wieder richtig spielen.

Nachdem ich unser Konzertstück dreimal gespielt hatte, fühlte es sich so an, als könnte ich wieder richtig atmen. Ich bin so froh, dass ich Cello spielen kann, denn sonst wüsste ich nicht, was ich tun sollte, wenn wieder einmal mehr Gedanken in meinem Kopf herumschwirren, als ich denken kann. Ich lehnte das Cello gegen meinen Arm und betrachtete die Schnecke.

Für die von euch, die es nicht wissen: Ein Cello sieht aus wie eine große Geige. Ganz oben am Hals, nur zur Zierde, ist ein Schnörkel ins Holz geschnitzt. Den nennt man Schnecke, vielleicht, weil er ein bisschen wie eine Schnecke aussieht.

Ich bemerkte kleine Kratzer entlang des Randes der Schnecke. Winzig kleine Kratzer ... Ich sah sie mir genauer an. Stand da etwas? Konnte es wirklich sein, dass dort etwas geschrieben stand? Ich hielt den Atem an. Dann holte ich eine Lupe. Da stand ein Wort, ein einziges Wort: FIDES.

Tags darauf hatte ich zwei Mails in meinem Schulpostfach.

An: mabe06@almekarrssolan.lerum.se
Von: susanne.berggren@ebi.com
Betreff: Hallo

Hallo, Liebes,
ich schreibe heute nur kurz. Hoffe, dir geht's gut? Ich bin froh, dass ich hergekommen bin, denn es geht gut voran mit dem Pi-Projekt und es ist wirklich sehr lehrreich. Ich soll Akio Murakami kennenlernen – erinnerst du dich, dass ich dir von ihm erzählt

habe? Er ist eine große Berühmtheit, denn er hat ganz unglaublich schlaue und coole Computerprogramme entwickelt (und außerdem ist er der alleroberste Boss im Konzern). Er will mich treffen, um einen genaueren Bericht über das Projekt zu bekommen. Das wird spannend! Ich habe schon gelernt, wie man »Sie sind ein Genie« auf Japanisch sagt.
Aber ich vermisse dich ganz fürchterlich! Ich habe Algenkekse gekauft, die du probieren kannst, wenn ich heimkomme.
Ich hoffe, dein Cellokonzert läuft gut, denk einfach nur an die Musik, dann bleibst du ruhig! Bald sind Sommerferien!
Ich drück dich ganz fest,
Mama

An: mabe06@almekarrssolan.lerum.se
Von: orni@almekarrssolan.lerum.se
Betreff: Heute

Malin, ich hab gestern ein paarmal bei euch geklingelt, aber du warst nicht zu Hause. Wart ihr unterwegs?
Ich würde gern noch mal Axels Brief lesen.
Gegen fünf auf der Straße?
/Orestes

Jetzt wusste ich jedenfalls, wo ich heute um fünf *nicht* sein würde.

Obwohl Mama immer noch am anderen Ende der Welt war, war schließlich der Konzertabend gekommen. Alexandra fiel nicht in Ohnmacht, aber sie hielt ihre Noten so fest, dass sie sie völlig zerknitterte. Und wir spielten gut, richtig gut. Alexandras Klavierstimme und meine Cellostimme trafen aufeinander und verwoben sich miteinander zu etwas ganz Eigenem, etwas viel Größerem, als wenn jede für sich allein gespielt hätte. Ich hörte nur auf die Musik, wie Mama gesagt hatte, und da vergaß ich, dass ich nur eine Dreizehnjährige aus Lerum war und mich alle anstarrten, denn das Cello macht mich sicher und stark und *zeitlos*. Papa saß ganz vorne und ich sah, wie er sich wieder und wieder die Tränen trocknete, obwohl er versuchte, es zu verbergen.

Nach dem Konzert gab es Kaffee und Kuchen bei uns. Papa hatte uns Kuchen gekauft und ihn auf den guten Kuchentellern angerichtet. Dann setzte er sich in seinen Sessel und las den Rest des Abends ein Buch über Biodynamik. Ich kuschelte mich auf dem Sofa daneben ein und hatte auch ein Buch in der Hand, aber ich las nicht so viel, sondern dachte über Axel und Silvia nach.

Konnte es wirklich Silvias Grabstein sein, den wir da draußen im Wald gesehen hatten? Wenn ja, hatte es sie also in jedem Fall gegeben. Aber wo war Axel? Er müsste ja auch irgendwo begraben sein. Sollte ich morgen zum Friedhof gehen und danach suchen? Und gleichzeitig versuchen herauszubekommen, was mit »Bei der Kirche Sonne« gemeint war, wie es in der Chiffre stand? Aber ich hatte echt keine Lust, ganz allein zur Kirche zu radeln. Es ging mir gegen den Strich, es zuzugeben, aber ich vermisste Orestes.

Ich wurde in der Kirche von Lerum getauft. Es gibt ein Foto, wie Mama mich den Mittelgang zum Altar hinunterträgt und Papa im schwarzen Anzug nebenhergeht. Mein weißes Taufkleid schleift fast auf dem Boden, denn meine Mama ist ziemlich klein. Ich habe die Augen offen und sehe neugierig aus, aber ich kralle mich an Mamas Kleid fest. Seitdem war ich nicht sonderlich oft in der Kirche gewesen. Aber jetzt waren wir jedenfalls dorthin unterwegs, Papa und ich.

Ich war ganz außer Atem, weil Papa so schnell fuhr. Papa sah so aus, als gehe es ihm gut, aber zur Sicherheit sorgte ich dafür, dass er gelegentlich auf mich warten musste. Er hatte kaum Zeit gehabt, sich anzuziehen, und noch weniger, um über seine Verwunderung hinwegzukommen, seit ich ihn bei seinem Morgenkaffee unterbrochen und gesagt hatte, dass ich einen Fahrradausflug zur Kirche von Lerum machen wollte. Ich glaube, er hätte sich weniger darüber gewundert, wenn ich gefragt hätte, ob ich losfahren und den Supermarkt ausrauben dürfe, im Ernst.

Aber es war sonnig und perfektes Wetter für einen Fahrradausflug, wie ich zu Papa gesagt hatte. Die Zwiebeltürme der Kirche glänzten und auf der weißen Kirchenmauer stand die Jahreszahl 1681. Gut, dachte ich, dann ist die Kirche auf jeden Fall alt genug, dass Axel hier gewesen sein konnte. Unter den Ziffern, in der Kirchentür, stand eine Pfarrerin in einem langen weißen Hemd und lächelte gutmütig.

»Willkommen!«, sagte sie und streckte uns die Hand entgegen.

»Ähm ...«, machte ich. »Ich würde nur gern mal reingehen und mich ein bisschen umschauen.«

Die Pfarrerin schaute mich lange an, als würde sie versuchen rauszufinden, ob ich scherzte.

»Das darfst du gerne. Heute ist Familiengottesdienst«, erwiderte sie.

Wir setzten uns ganz nach hinten.

Es gab einen Kinderchor, der schön sang, und einen Erwachsenenchor, der falsch sang, und die Pfarrerin sprach davon, wie das Sommerwetter dem Leben ähnelt (oder war es das Leben, das dem Sommerwetter ähnelt?).

Ich habe mir die meiste Zeit die Decke angeschaut, denn da gab es ein Gemälde, auf dem ein hellblauer Himmel mit flauschigen weißen Wölkchen dargestellt war. In der Mitte war ein roter Stern, der strahlte wie eine Sonne. Mir fiel ein, was bei Axels letzter Chiffre rausgekommen war: *Bei der Kirche Sonne!* Um die Sonne schwebten drei ernsthafte Engel, die in leuchtenden Farben gekleidet waren. Einer von ihnen hielt ein dickes Buch in den Händen, ein Buch, auf dem etwas stand! Ich starrte mit zusammengekniffenen Augen zu den verschnörkelten Buchstaben hinauf und schaffte es, den Text zu entziffern: »Offb Kap. 14, V. 6«.

Was bedeutete das?

Als der Gottesdienst zu Ende war, hielt uns die Pfarrerin auf und redete vom Kirchenkaffee und der Jugendgruppe. Papa zauberte seine Superkraft – »Die Totale Freundlichkeit« – hervor und redete so lange mit der Pfarrerin, dass ich mich an ihnen vorbei auf den Friedhof schleichen konnte. Ich suchte eine ganze Weile zwischen den Gräbern, aber es gelang mir nicht, einen Grabstein zu finden, auf dem »Axel Åström« stand, bevor Papa mir nachkam.

Wir ließen die Kirche hinter uns, aber Papa war so begeistert davon, dass wir zusammen einen Fahrradausflug machten, dass wir uns entschlossen, über einen Umweg nach Hause zu fahren.

Am Fluss fuhren wir an einem Hinweisschild vorbei:

FREILICHTMUSEUM
TAG DER OFFENEN TÜR UND CAFÉ

»Perfekt!«, rief Papa und bremste. Er hustete ein wenig, als er sein Fahrrad abschloss, und ich überlegte, ob unser Ausflug nicht zu anstrengend für sein Herz war. Also beschloss ich, dass ich so tun würde, als ob ich wahnsinnig kaputt wäre, wenn es den steilen Anstieg zum Almekärrsväg hinaufging. Dann müsste er absteigen und mit mir zusammen das Fahrrad schieben und käme nicht so aus der Puste.

Im Freilichtmuseum gab es mehrere alte Holzhäuser mit offenen Türen. Aber wir hatten keine Lust reinzugehen. Stattdessen fassten wir einen Tisch mit einer geblümten Tischdecke und einer Menge gemusterter Kaffeetassen drauf ins Auge. Wir setzten uns und bestellten Kaffee und Saftschorle, die wir in niedlichen kleinen Kaffeetassen serviert bekamen.

Nicht nur die Holzhäuser hier waren alt, auch alle Besucher hier waren vom Typ Rentner. Bis auf einen Jungen mit tief hängenden, gemusterten Shorts und Kopfhörern um den Hals, der ein Tablett voller Kaffeekännchen und noch mehr Tassen schleppte. Hinter ihm wackelte eine kleine, pummelige alte Dame in einem groß geblümten Kleid her.

»Anton!«, rief sie. »Lass die Kanne nicht fallen!«

Ante zuckte mit den Schultern, dass die Tassen klirrten.

Er erspähte mich und warf den Kopf in den Nacken, sodass seine Stirnfransen zurückfielen, ohne dass er das Tablett abstellen musste. (Das musste er geübt haben!)

»Hey«, murmelte er und stellte das Tablett mit dem Nachschlag auf dem Serviertisch ab.

»Hey«, erwiderte ich. Ich wollte ausnahmsweise auch mal ein bisschen cool sein, deswegen würdigte ich ihn kaum eines Blickes.

»Ich helf nur meiner Uroma«, meinte Ante und nickte in Richtung der alten Dame, die sich in einem der größeren Gartenstühle niedergelassen hatte.

»Okay«, sagte ich.

»Und du? Was machst du hier?«, wollte er wissen.

»Mein Papa«, erklärte ich und deutete auf Papa, der natürlich immer noch neben mir auf der Bank saß, aber angefangen hatte, sich so angeregt mit drei Rentnern zu unterhalten, dass er kaum mitbekommen hatte, wie Ante aufgetaucht war. Ich hörte, dass er irgendwas sagte, das wie »Gurkenanbau« klang, und die ganzen alten Männer lachten.

Ante fummelte an den Kopfhörern rum.

»Kommst du mit und schaust dir eine Sache an?«, fragte er dann.

»Okay«, erwiderte ich.

Ante ging voran, hinein in eines der kleinen Häuser. Ich konnte aufrecht gehen, aber er musste den Kopf ein wenig einziehen, um unter dem Türrahmen durchzupassen, so niedrig war der.

Wir waren in einem Nebenraum mit verschlissenen Bodendielen und klein geblümten Tapeten. Da stand ein Schreibtisch aus dunklem Holz und schwarz angelaufenen Metallbeschlägen, der sicher mindestens so alt war wie meiner zu Hause. Mitten auf dem Schreibtisch stand ein kleiner, kompakter Apparat aus glänzendem Metall. Zahlenreihen waren in die Oberfläche des Metalls eingeprägt. Hier und da waren Knöpfe und Regler angebracht und an einem Ende war eine silbern glänzende Kurbel.

Ante spielte an den Knöpfen herum und kurbelte an der Kurbel, bevor er es mich auch probieren ließ.

»Also, du stehst ja auf Mathe und so was ...«, meinte er. Er strich sich noch ein paarmal die Stirnfransen zurück.

»Ja«, erwiderte ich. »Die ist schön.«

Wenn Orestes dabei gewesen wäre, hätte er sicher eine sorgfältige Beschreibung des Apparats in seinen Notizblock geschrieben, mit allen wichtigen Details. Aber wenn ich erklären sollte, wie er aussah, würde es so klingen:

Rechenmaschine Original-Odhner
Sie ist superschwer.
Sie hat Knöpfe, die man verschieben kann, und an der rechten Seite eine Kurbel.
Mit der Kurbel kann man die Zahlen zusammenrechnen, die man an den Knöpfen ganz oben eingestellt hat.
Dann erscheint das Ergebnis auf kleinen Rädchen ganz unten.
Kurbelt man mit der Kurbel rückwärts, rechnet man minus statt plus.

Es rattert ganz schön, aber es ist ziemlich lustig, an der Kurbel zu drehen. Es gibt auch noch eine Menge anderer Knöpfe, aber ich weiß nicht, wofür die sind.
Bevor es Registrierkassen gab, hat man mit solchen Maschinen gerechnet.

Neben der Rechenmaschine stand ein eingerahmtes altes Foto von ein paar Leuten vor einem Haus. Alle Mädchen und Frauen trugen Kleider, alle Jungen und Männer trugen lange Hosen und Schirmmützen.

»Da ist meine Uroma«, meinte Ante und zeigte auf ein kleines Mädchen in einem weißen Kleid in der vordersten Reihe.

Ich erinnerte mich daran, dass Antes Oma in die Schule gekommen war und Fotos gezeigt hatte, die vor langer Zeit in Lerum aufgenommen worden waren, als wir in der Zweiten »Lerne deine Heimat kennen« durchgenommen haben.

»Meine Uroma ist vor einer Weile aus ihrem alten Haus ausgezogen. Sie vergaß immer wieder, den Herd auszuschalten und so, deswegen konnte sie nicht länger allein zu Hause wohnen. Die ältesten Sachen sind hier im Freilichtmuseum gelandet. Das meiste davon ist nur altes Gerümpel.« Er grinste und drehte ein paarmal an der Kurbel des Apparates.

»Ist das ihre Rechenmaschine?«, fragte ich.

»Nee, Quatsch! Sie hatte einen Onkel, der irgend so ein Rechentyp war. Er hat total gesponnen, meint Uroma. Hat sich den ganzen Tag im Wald rumgetrieben und hat abends eine Menge Zahlen hingekritzelt. Eines Tages kam er nicht aus dem Wald zurück. Alle hatten gedacht, er würde irgendwann wieder auftauchen, deswegen haben sie seine ganzen Sachen aufgehoben. Aber er kam nie wieder.«

»Wie hieß er?«, wollte ich wissen und konnte spüren, wie mein Herz in der Brust hämmerte.

»Weiß nicht.« Ante zuckte mit den Schultern.

»Und wie heißt deine Uroma?«

»Gerda«, meinte er. »Gerda Bengtsson.«

»Nicht Åström?«, fragte ich laut. Åström, wie Axel mit Nachnamen hieß.

»Hä?« Ante schaute mich fragend an. »Nee, nicht Åström.«

»Gibt's hier noch mehr Sachen? Also, die diesem Typen gehört haben, meine ich.«

»Ja, fast alles in diesem Zimmer. Wir haben es im Winter alles hierher gefahren, als wir Uroma beim Umzug halfen. Trotzdem haben wir einen Haufen Zeug weggeschmissen, vor allem Papier mit Zahlen drauf und so.«

Das Letzte, was Ante sagte, hörte ich kaum, denn jetzt sah ich es. Ich sah!

Neben der Tür, beinahe dahinter versteckt, hing ein Kleiderbügel.

Auf dem Bügel hing ein dunkler Mantel.

Und darüber noch etwas anderes Dunkles.

Etwas Zotteliges, Pelziges.

Eine Wintermütze.

Ich hoffte, dass Ante nicht mitbekam, wie meine Hände zitterten, als ich den dicken Wollstoff des Mantels berührte. Er roch muffig. »A. Åström«, stand auf einem kleinen Schild, das an der Innenseite des Kragens eingenäht war.

»Ob ich ihn kennengelernt habe?« Antes Uroma Gerda saß immer noch draußen in einem der Gartenstühle. Sie schaute mich an, als ob ich total verrückt wäre. Auf ihrem Schoß saß ein kleiner fetter Hund, ein Mops, glaube ich. Es sah eher so aus, als gehörte ihm die Oma als umgekehrt. Zum Glück war von Papa und den Rentnern, mit denen er zusammengesessen und geredet hatte, keine Spur zu sehen. Vermutlich waren sie gegangen, um sich Sensen oder so was anzuschauen.

»Selbstverständlich habe ich ihn nicht kennengelernt! So alt bin ich nun auch wieder nicht!« Sie kicherte vor sich hin und schüttelte den Kopf, als ob meine Frage wahnsinnig lustig wäre. »Nee, nicht ganz so uralt!«, betonte sie noch mal. Ihr eines Auge war trüb und sie schielte mit ihm ein wenig, als ob sie an mir vorbeischaute. Aber das andere Auge war scharf und ihm entging nichts. Es schaute mich direkt an, als sie fortfuhr:

»Aber ich habe gehört, wie sie über ihn geredet haben! Und dann dieses Zimmer mit allen seinen Sachen bei uns zu Hause, das seit seinem Verschwinden unberührt geblieben war. Er war ja nie verheiratet gewesen, dieser Axel. Er wohnte bei meinem Großvater und dessen Familie. Ja, bis er verschwand eben! Ich glaube nicht mal, dass die nach ihm gesucht haben, alle gingen einfach davon aus, dass er wiederkommen würde. Denn das tat er ja immer! Er war für einige Tage im Wald unterwegs und kam dann wieder heim. Obwohl, als ich zur

Welt kam, war allen bereits klar, das Axel für immer weg war. Wir Kinder gingen manchmal in das verlassene Zimmer und kurbelten an diesem Apparat da oder verkleideten uns mit seinen alten Sachen. Ui, wie Mama immer geschimpft hat, wenn sie uns dabei erwischt hat! Man durfte bei Großvater zu Hause nichts in Unordnung bringen, weißt du.«

»Also ist Axel nirgendwo begraben?«

»Begraben? Nein, die Einzige, die begraben wurde, war Silvia.«

Silvia! Mein Herz zog sich zusammen.

»Wer? Von wem redest du?« Ante sah verwundert aus.

»Anton, mein Kleiner, da in der Schreibtischschublade. Hol mal das Kästchen mit den Fotos, bitte.«

Ante verschwand im Haus und kam mit einer Blechschachtel wieder. Gerdas runzlige Hände fummelten eine Weile daran herum, bevor sie den Deckel aufbekam. Das Kästchen war voll mit Schwarz-Weiß-Fotos. Sie kramte darin herum, nahm ein Bild nach dem anderen hoch und betrachtete sowohl die Vorder- als auch die Rückseite.

»Das hier ist übrigens Axel, zu seinen Glanzzeiten«, sagte sie, nachdem sie mit zusammengekniffenen Augen den Namen, der auf der Rückseite geschrieben stand, geprüft hatte. Sie hielt ein Schwarz-Weiß-Foto von einem jungen Mann hoch. Er stand steif da, mit einer Hand auf einer Stuhllehne. In der anderen Hand hielt er einen runden Hut. Er trug einen hellen Anzug, hatte eine Uhrkette, die über der Weste hing, und einen dünnen Schnurrbart. Sein Blick war hell, verträumt.

Gerda hielt das Foto vor ihr gesundes Auge. »Seltsam, dass er nie heiratete, oder? So ein Schönling!« Sie kicherte wieder.

»Und das hier ist Silvia.« Sie suchte ein Bild heraus, das einen weißen Hund mit langen Beinen zeigte. Kurzes weißes Fell, schmale Schnauze. Er lag am Boden und blickte direkt in die Kamera.

»Silvia«, sagte sie. »Also, der Hund hieß so. Er gehörte Axel, folgte ihm überallhin. Ich weiß noch, wie Großvater immer sagte, dass Axel ihn nach einer alten Jugendliebe benannt hatte! Der Hund blieb da, nachdem sein Herrchen verschwunden war, aber er lebte nicht sehr lange. Es hieß, der Hund sei vor Kummer gestorben. Und Großvater hat das so mitgenommen, dass er draußen bei der alten Kate einen Stein mit dem Namen des Hundes aufstellte. Ach du meine Güte, das sah vielleicht gruselig aus! Man hätte meinen können, da liege ein Mensch begraben, jaja! Wir Kinder rannten immer wieder dorthin und spielten, dass es spukte, und versuchten, uns gegenseitig zu erschrecken. Seitdem haben wir immer einen Hund in der Familie gehabt, der Silvia heißt«, erzählte Gerda. Sie streichelte den fetten Mops auf ihrem Schoß. »Das ist bei uns zur Tradition geworden, könnte man sagen. Und das hier ist Silvia die siebzehnte.«

Der Mops starrte mich an.

Silvia? Ein Mops? Hatten sie die noch alle?

Gerda sprach weiter über ihren Hund. »Und der kleine Anton hier, der ist so lieb und geht immer mit ihr raus«, sagte sie und tätschelte Ante den Arm. Ante setzte sich die Kopfhörer auf.

Axels Überrock und Pelzmütze. Axels Schreibtisch und Rechenmaschine. Das alles machte es so anschaulich, dass er wirklich gelebt hatte. Dass wir am selben Ort gewohnt hatten, nur zu unterschiedlichen Zeiten.

»Du hast jetzt bestimmt eine Menge erfahren, das dir zu denken gibt, Liebes«, sagte Gerda und tätschelte mir die Hand. »Etwas kommt und etwas geht ... So ist das eben«, fügte sie hinzu und das trübe Auge schaute gen Himmel. Ich hielt sie für ein bisschen gaga.

Genau in dem Augenblick hörte ich Papas fröhliche Hallo-Rufe von der anderen Seite des Gartens. Gerda packte meine Hand ganz fest und wisperte:

»Es gibt viel zwischen Glauben und Wissen! Denk immer daran, Malin!« Dann begrüßte sie Papa, der mit zwei kleinen Tomatenpflanzen in einer Papiertüte angeschlendert kam, als wäre nichts gewesen.

Und erst als wir davonfuhren, fiel mir ein, dass ich Gerda gar nicht gesagt hatte, wie ich heiße.

Der Montag kam und den ganzen Schultag über spürte ich Orestes' finsteren Blick auf mir. Er machte den Eindruck, als hätte er ganz vergessen, dass wir uns in der Schule offiziell nicht kannten, und starrte mich unverhohlen an. Ante hingegen grüßte mich ein bisschen weniger cool als sonst. Das heißt, immer noch so, als ob da eine astronomische Entfernung zwischen ihm und mir wäre, aber eher so wie zwischen der Erde und dem Mars als zwischen der Erde und Pluto.

Nach der letzten Stunde sah ich zu, dass ich mich noch extralange im Klassenzimmer rumdrückte. Ich wollte Orestes immer noch nicht begegnen, denn jedes Mal, wenn ich an das Zeichen des Orakels auf Orestes' Arm dachte, ging mir das richtig unter die Haut. Also versuchte ich, so lange rumzutrödeln, dass Orestes bestimmt schon weg wäre, wenn ich ging.

Papa hatte gesagt, er würde den ganzen Nachmittag mit Mona draußen Eichenblätter pflücken. Mama war am anderen Ende der Welt. Das Cello, mein alter Freund, fühlte sich nicht mehr richtig wie mein Cello an, und außerdem hatte das Konzert gerade stattgefunden. Ich wusste also nicht so richtig, wo ich hinsollte, als die Lehrerin die Klassenzimmertür hinter mir abschloss. Ich hatte so viel mit den Rätseln und dem Brief zu tun gehabt, und jetzt hatte ich niemanden, dem ich alles erzählen konnte, was ich wusste. Zum Beispiel, dass Axel ein alter Verwandter von Ante und Silvia ein fetter Mops war. Ich vermisste Orestes, so war das. Aber gleichzeitig wollte ich ihm von allen am wenigsten begegnen.

Als ich in den Pausenhof rauskam, fühlte ich mich schon ein bisschen besser, denn es war so sonnig und warm und frühlingshaft, dass es fast schon knisterte. Ich entschloss mich, wie immer den Waldweg zu nehmen, nur nicht nach Hause, sondern in die andere Richtung, tiefer in den Wald hinein. Ich sehnte mich nach den Bäumen und der Ruhe, danach, allein mit meinen Gedanken zu sein. Der Trampelpfad schlängelte sich am Bach entlang, da wo die ganzen großen Laubbäume wachsen. Keine Nadeln, nur hellgrüne Blätter, durch die die Sonne schien ... So, dass sich ein gelbgrüner Schimmer über den Waldboden, zwischen die Stämme und auch über mich auf dem Pfad legte. Der Bach rauschte und sprudelte wild, als ob er danach lechzte voranzukommen, genau wie alles andere im Frühling und genau wie ich ... Aber ich wusste nicht richtig, wonach ich mich eigentlich sehnte, nur dass ich es tat.

Als ich dem Pfad eine Weile gefolgt und tiefer in den Wald eingedrungen war, wo sich der Bach ein wenig beruhigte, bemerkte ich, dass sich etwas veränderte. Das Vogelgezwitscher war verstummt. Ich blieb stehen.

Ein umgestürzter Baum mit einem dicken, moosigen Stamm begrenzte auf einer Seite den Pfad. Daneben lag eine große flache Steinplatte, die mir seltsam bekannt vorkam. Ich bückte mich und strich mit der flachen Hand über den von der Sonne gewärmten Stein. Dann erspähte ich auch den Apfelbaum, kleine zartrosa Knospen an knorrigen schwarzen Zweigen. Ohne darüber nachzudenken, hatte ich den Weg zu dem Grabstein eingeschlagen, den Sanna und ich beim Orientierungslauf entdeckt hatten. Den Grabstein von Hund Silvia. Es fühlte sich nicht mehr unheimlich an. Es wirkte sogar ganz schön, mitten im Wald begraben zu sein – jedenfalls wenn man ein Hund war.

Ich setzte mich auf den Baumstamm, mit dem Rücken zum Wasser und dem Gesicht zum Stein. Die Sonne wärmte meinen Nacken und Rücken. Plötzlich wurde ich ein bisschen müde. Ich machte die Augen zu und spürte den rauen, sonnenwarmen Baumstamm unter meinen Handflächen.

Ich dachte an nichts Bestimmtes und ich kann nicht sagen, ob ich lange so dagesessen war oder nur kurz.

Aber plötzlich wärmte mich die Sonne nicht mehr. Die Haare auf meinen Armen stellten sich leicht auf. Ich spürte, dass da jemand war!

Als ich aufsah, setzte sich Orestes neben mich auf den Baumstamm. Ich zuckte zusammen und wäre wahrscheinlich in den Bach gefallen, wenn er mich nicht am Arm zu fassen bekommen hätte.

»Was machst du hier?«, schrie ich und schlug seine Hand weg. Gleichzeitig sprang ich vom Baumstamm auf. Mein

Herz pochte so heftig, dass es sich anfühlte, als könne man es durch meinen Pulli sehen.

»Das frage ich mich auch! Was machst *du* hier?«, schrie er zurück.

»Nichts«, murmelte ich und schaute weg.

Wir wurden still und begriffen beide, dass wir gezwungenermaßen noch mal neu anfangen mussten. Alles war schiefgelaufen.

Ich schielte zu Orestes rüber. Sonnenlicht schimmerte durch die Blätter und erleuchtete sein Gesicht. Er sah nicht mehr wie Orestes aus, dieser Streber da mit der Aktentasche und dem verfilzten Pulli. Er sah anders aus. Die Augen hoben sich nachtschwarz von seinem schimmernden Gesicht ab. Er ähnelte einem Elben, genau wie seine Mutter.

Mir fielen die Worte aus Axels Brief wieder ein: »... ihre seltsam helle Gestalt.« Vielleicht war Axel denselben Trampelpfad entlanggegangen wie ich, als er nach seiner Silvia gesucht hatte?

»Ich geh bloß spazieren«, meinte ich. »Sanna und ich haben diese Stelle hier entdeckt, beim Orientierungslauf.« Ohne dass ich wusste, wie, gelang es mir, meine Stimme beinahe so wie immer klingen zu lassen.

»Aber hier gab es doch gar keinen Kontrollpunkt?«, erwiderte Orestes.

Nee, das habe ich dann auch festgestellt, dachte ich. Ich hatte noch nie einen sonderlich guten Orientierungssinn.

»Warum redest du nicht mehr mit mir?«, fragte Orestes.

Fingerspitzengefühl war wie immer nicht sein Ding.

»Und warum verfolgst du mich?«, fragte ich zurück.

»Hä?«, machte er. »Was meinst du?« Er machte einen Schritt auf mich zu und ich spürte, wie ich zurückschreckte.

»Du verfolgst mich«, brachte ich raus, »und ich hab gesehen, wie du abends um unser Haus geschlichen bist und ...« Mein Blick fiel auf seinen Arm, ich konnte es nicht unterdrücken. Orestes umfasste seinen linken Arm mit der rechten Hand. Als ob das Zeichen unter seinem Hemd brennen würde.

»*Ich weiß, wer du bist!*«, schrie ich schließlich und wich zurück.

Ihr ahnt gar nicht, wie sauer Orestes da wurde. Er wuchs quasi. Es war so, als würde nicht nur er größer, sondern alles um ihn herum auch: Das Rauschen des Baches, die Zweige des Apfelbaums und selbst die Steine im Boden erhoben sich gegen mich.

»*Du. Weißt. Gar. Nichts!*«, brüllte er.

Da drehte ich mich um und rannte weg.

Man kann zwar vor Orestes nicht wegrennen. Aber ich rannte trotzdem. So schnell ich nur konnte.

Als ich zu Hause ankam, war Papa noch nicht zurück. Mama war natürlich noch in Japan. Und das Cello stand nur da, stumm und abgewandt. Ich war ganz allein und die Küche war so leer, dass ich in mein Zimmer floh und die Tür zumachte.

Ich bemerkte sofort, dass die Schubladen des Schreibtischs rausgezogen waren. Seltsam, denn ich wusste genau, dass ich sie am Morgen sorgfältig zugemacht hatte. Ich versuchte, eine von ihnen zuzuschieben, aber es ging nicht. Irgendetwas klemmte. Ich zog sie wieder heraus und tastete zwischen allem, was kreuz und quer in der Schublade lag, herum. Ich bekam etwas Hartes, Raues zu fassen. Als ich die Hand öffnete, sah ich, dass es eine graue Steinpyramide war.

Ich hatte sie noch nie, nie zuvor gesehen.

Das musste bedeuten, dass jemand hier gewesen war ...

Jemand war hier gewesen! Und dann ...

Ich raste die Treppe in den Keller hinunter, riss die Tür zum Computerraum auf, die seit Mamas Abreise abgeschlossen gewesen war. Ich blieb im Türrahmen stehen. Kleine rote Standby-Dioden leuchteten über den Servern und Routern und die Computer surrten. Alles sah aus wie immer. Eine pulsierende, elektrische Ruhe.

Aber dann entdeckte ich sie, zur Hälfte versteckt im Kabelsalat unter dem Serverschrank. Eine graue Steinpyramide, ein wenig größer als die, die ich in meiner Schreibtischschublade gefunden hatte und die ich immer noch in der Hand hielt.

Genau in dem Augenblick, in dem ich sie aufheben wollte, hörte ich eine Stimme.

»Malin! Maaaliiin?«

Ich wusste, ich hatte die Haustür abgeschlossen.

34.

Orestes' Mutter stand mitten in unserer Küche. Aufrecht wie eine Statue, in denselben weißen Kleidern, die sie anhatte, als ich sie zum ersten Mal sah. So glich sie wirklich einer Elbenkönigin, mit ihrem Diadem, das im Sonnenlicht glitzerte, das durchs Fenster fiel. Sie rief meinen Namen: »Ma-lin«, wieder und wieder, sodass aus den beiden Silben fast schon Musik wurde, ein zweitoniges Lied.

»Lass das! Du kannst da nicht einfach reingehen, das ist dir wohl klar.« Das war Orestes' Stimme und sie klang so gar nicht wie Musik. Sein Kopf tauchte in der Terrassentür zur Küche auf, die einen Spaltbreit offen stand.

»Die Türen stehen offen«, erwiderte Orestes' Mutter sanft.

»Aber Mama!«

Orestes kam rein, fasste seine Mutter am Arm und zog daran, um sie dazu zu bewegen, wieder rauszugehen, aber genau in dem Moment erspähten sie mich.

»Malin!«, platzte Mona heraus und lächelte. Orestes' Wangen wurden rosa.

»Also, wir …«, sagte er. »Die Tür stand offen. Mama … Sie …« Orestes stand es ins Gesicht geschrieben, dass er am liebsten im Boden versunken wäre, direkt runter in den Keller.

»Wir haben dich gesucht, Malin«, sagte Mona.

Sie machte ein paar rasche Schritte auf mich zu und ihre Miene hellte sich auf.

»Du hast meinen Orgonit gefunden! Gefällt er dir?«

Sie legte beide Hände um die Hand, in der ich die Steinpyramide hielt. Ihre Hände waren warm und weich. Und sie lächelte mich so warmherzig an, aber ich fühlte mich vor allem verwirrt.

»Warst du hier auch drinnen!«, brüllte Orestes seine Mutter an und riss mir den Stein grob aus der Hand. Sein Gesicht war knallrot angelaufen. »Nicht hier, Mama! Nicht hier!« Er schüttelte die Pyramide hilflos hin und her, als ob er sich verzweifelt wünschte, dass sie verschwand.

»Was ist das da?«, wollte ich wissen. Ich nickte in Richtung der Pyramide. Orestes seufzte.

»Mama, erklär du es.«

Ein Orgonit, erfuhr ich, war ein Stück Kunststoff, in den man eine Menge Glasstückchen eingegossen hatte. Oder »Kristalle«, wie Mona sie nannte. War es grauer Kunststoff, sah der Orgonit wie ein Stein aus. Hatte der Kunststoff eine andere Farbe, sah er aus wie, na ja, wie ein farbiger Stein.

Orestes' Mutter zufolge kann ein Orgonit negative Energie in positive verwandeln.

»Sie sind unersetzlich«, meinte sie. »Helfen gegen alles. Sie machen die Menschen gesund und harmonisch. Sie machen die negativen Energien unschädlich, die dauernd von Erdstrahlungskreuzen oder elektrischen Geräten ausgehen. Man kann einen in der Tasche tragen oder welche zu Hause haben. Es ist auch gut, sie in der Natur auszulegen oder an unterschiedlichen Stellen im Garten.«

Mona legte den kleinen Orgoniten ehrfurchtsvoll auf den Küchentisch und fuhr mit der flachen Hand darüber, als ob sie unsichtbaren Rauch wegwedelte. Ich nehme mal an, sie wollte die Energien wegwedeln.

»Du darfst sie nicht in anderer Leute Haus legen! Das hab ich dir schon hundertmal gesagt! Es reicht ja wohl schon, dass du Orgonitsteine rings um deren Grundstück verteilt hast!« Orestes regte sich noch immer auf.

»Aber sie brauchen sie!«, verteidigte sich seine Mutter. »Schau dir doch nur Fried Reich an, er braucht alle Energie, die er bekommen kann! Und Malin mit ihrer blaugrauen Ausstrahlung!«

Ich wollte nicht fragen, was eine blaugraue Ausstrahlung war.

»Ich habe nur einige wenige platziert«, fuhr sie fort. »Bei diesen gruseligen Computern da. Und in Malins Schreibtisch, damit sie sie schützen und in ihrer Nähe sind.«

»Sind da noch mehr?«, wollte Orestes wissen.

Mona lächelte leise. Sie streckte die Hand nach der Gesundheitsblume aus, die mitten auf dem Küchentisch thronte. Sie hob den inneren Pflanztopf vorsichtig aus dem größeren Übertopf, sodass eine gräuliche flache Scheibe am Boden des Topfes zum Vorschein kam.

Orestes' Mutter strich über die Blütenblätter und der Zitrusduft verteilte sich in der Küche, bevor sie die Pflanze wieder in den Übertopf setzte.

»Aber deswegen bin ich heute nicht hergekommen«, sagte sie und wandte sich an mich. Sie sah mir tief in die Augen. »Ich habe euer Verhalten beobachtet. Deins und Orestes'. Das beunruhigt mich.« Sie schüttelte den Kopf.

Sie griff in eine Falte ihres weißen Kleids, zog etwas daraus hervor und legte es mir in die Hand. Es war ein schmaler, geflochtener Riemen mit einem Knopf an einem Ende. Ein Armband.

»Für dich«, sagte sie. »Um eure Freundschaft zu heilen.«

Das Bändchen war aus dünnem weißen, roten und schwarzen Garn geflochten. Der schwarze Faden war viel feiner als die anderen beiden. Ich strich behutsam mit dem Finger darüber.

»Danke«, brachte ich hervor.

»Da ist ein wenig von Orestes' Babyhaar eingeflochten«, fügte sie zufrieden hinzu.

Ich legte das Armband auf den Tisch.

Danach wurde es ganz schön lange still. Ich nahm an, dass Orestes genauso wenig wie ich wusste, wie wir jetzt weitermachen sollten … Seine Mutter fing an, in unserer Küche herumzuwerkeln. Sie legte den Orgonit neben unserem Induktionskochfeld zurecht und pflückte ein paar welke Blätter von der Gesundheitsblume, bis Orestes damit herausplatzte, dass er unter vier Augen mit mir reden musste. Da ging sie endlich.

Jetzt waren wir allein, Orestes und ich.
Orestes, der Nerd.
Orestes, mein Kumpel.
Orestes mit dem Zeichen.
Ich schluckte.

»Orestes, ich muss dir was erzählen«, sagte ich. »Aber du darfst es niemandem weitersagen. Unter gar keinen Umständen!« Orestes nickte stumm.

Es war Zeit, Orestes vom Internet-Vorfall zu erzählen. Es ließ sich nicht länger vermeiden. Ich wünschte, ich wäre tausend Kilometer von mir selbst entfernt.

Das Schlimmste daran, es Orestes zu erzählen, war, dass ich mir so dumm vorkam. Wo er doch so clever war.

Ich traute mich kaum, ihn richtig anzusehen, weil ich Angst hatte, den Faden zu verlieren. Stattdessen starrte ich die Tischkante an, die genau da, wo ich saß, eine kleine Macke hatte, von einem scharfen Messer. Ich erzählte ihm von meinen Mails ans Orakel, dass ich tagein, tagaus geschrieben hatte, Woche für Woche. Ich berichtete, wie die Polizei zu uns nach Hause gekommen war, nachdem sie aufgedeckt hatten, dass das Orakel Kinder geködert hatte, zu ihm zu kommen, und Orestes unterbrach mich kein einziges Mal.

Dann atmete ich tief durch.

»Ich muss dir das alles hier erzählen«, fuhr ich fort. »Denn das Orakel hatte ein Zeichen, ein Symbol, das am Schluss jeder Mail stand. Es sah aus wie ein Pfeil, leicht schräg ... Ungefähr wie ... oder besser gesagt, *genau* wie das Muttermal auf deinem Arm.«

Jetzt hatte ich es also gesagt. Ich schielte zu Orestes rüber und sah, wie er mit der rechten Hand über seinen linken Arm strich, genau da, wo das Muttermal war.

»Mein Muttermal sieht aus wie das Zeichen für das Sternbild Schütze«, sagte er leise. »Wenn man es genau nimmt.«

Ich hatte nicht erwartet, dass er etwas über Sternzeichen sagen würde. Ich hatte gedacht, er würde sagen, das sei Zufall, und dass er nichts über das Orakel wusste.

»Aber du hast unrecht. Ich bin es nicht, der das Zeichen des Orakels trägt. Es ist das Orakel, das meins benutzt.«

35.

Orestes krempelte langsam den Ärmel so weit hoch, dass das Muttermal auf seinem linken Arm sichtbar wurde. Ich hatte mich nicht geirrt, es sah wirklich aus wie ein Pfeil. Er fuhr mit der anderen Hand darüber, als ob er es wegrubbeln könnte. Er sah traurig aus. Ich begriff, dass er mir auch etwas Wichtiges erzählen musste.

»Ich bin mit diesem Zeichen geboren worden«, sagte Orestes schließlich. »Und das Orakel, wie du es nennst, hat es zu seinem gemacht. Er hat es sich zu eigen gemacht.«

»Er?«

»Eigir heißt er.« Ich erschauderte. Es war echt unheimlich, sich vorzustellen, dass es das Orakel wirklich gab und dass es einen Namen hatte. Orestes fuhr rasch fort. »Aber ich bin ganz und gar nicht wie er, oder jedenfalls ...«

Und da erzählte mir Orestes seine Geschichte.

Er berichtete, wie er und Mona an einem Dutzend Orte gewohnt hatten, als er noch klein war. Sie war immer schon so gewesen. Sie suchte ständig nach neuen Wegen, die Welt zu verstehen, Menschen zu helfen, und ihr war nichts zu seltsam oder zu fremd, um daran zu glauben.

Dann traf sie einen neuen Mann, Eigir hieß er.

»Sie kannten sich noch von früher«, meinte Orestes. »Lernten sich kennen, bevor ich geboren wurde, glaube ich. Und Eigir ... der war echt wahnsinnig. Er war wirklich richtig wahnsinnig.«

Orestes erzählte, dass Eigir an verborgene Mysterien glaubte, genau wie Mona. Aber dass er von Kräften unterschiedlicher Natur besessen war. Auren, Erdstrahlung, Sternzeichen ... allem. Er suchte die ganze Zeit nach Menschen und Dingen, die ihm helfen sollten, Macht über verschiedene Kräfte zu erlangen. Wie in die Zukunft zu sehen, Gold zu finden, oder was auch immer.

Eigir war plötzlich sehr interessiert, als er das Muttermal auf Orestes' Arm entdeckte. Er meinte, der Pfeil ähnele dem Symbol für das Sternzeichen Schütze, und da Orestes im Sternzeichen Schütze geboren worden war, im November, müsse das bedeuten, dass Orestes auserwählt war und besondere Gaben hatte. Und an diese Gaben wollte Eigir natürlich rankommen.

Im Gegensatz zu Mona hatte Eigir nichts gegen neue Technik. Im Gegenteil. Er liebte es, im Internet zu surfen, denn da gab es sowohl Wissen als auch Gerüchte, und dort konnte er all seine List darauf verwenden, an die Geheimnisse anderer Menschen zu gelangen. Er hatte Kontakt zu jeder Menge Gleichgesinnter in der ganzen Welt, die verschiedene Theorien über rätselhafte Kräfte diskutierten. Und sie hatten eine Menge Einfälle zu Orestes' Muttermal und darüber, wer Orestes war.

Eigir war zufrieden, denn solange Orestes ein Kind war, das bei ihm lebte, konnte er die anderen anführen. Er fing an, das Zeichen als sein Symbol zu verwenden, wenn er Menschen um sich versammelte.

»Zum Schluss«, sagte Orestes, »gab es eine Menge Leute, die sich einbildeten, dass ich zu irgendwas auserwählt sei. Obwohl sie mir nie begegnet waren! Und aus irgendeinem komischen Grund gelang es ihnen, das Ganze umzudrehen: Plötzlich war ich es, der mit ihrem Symbol geboren wurde, nicht umgekehrt ... Sie haben mein Muttermal zu ihrem Symbol gemacht, nachdem Eigir es an meinem Arm entdeckt und eine Menge Gerüchte in die Welt gesetzt hatte.«

»Also war es Eigir, der sich das Orakel genannt hat, als er mir schrieb«, stellte ich fest.

»Ja, das muss er sein. Was du erzählt hast, klingt genau wie etwas, das er tun würde. Er lügt und schüchtert ein und versucht, die Leute dazu zu bringen, Sachen zu machen, die sie eigentlich gar nicht wollen«, erwiderte Orestes und starrte auf den Tisch hinab.

Orestes erzählte weiter, was passiert war, als Mona mit Eigir zusammen war. Mona war schwanger und eines Tages wurde sie schwer krank. Orestes hatte sie zu Hause gefunden, fiebrig und verwirrt. Aber Eigir wollte keinen Krankenwagen rufen.

»Was, warum nicht?«

»Den brauche sie nicht, meinte er. Weil es mich gab. Ich würde sie ›heilen‹, glaubte er. Und wenn mir das nicht gelänge, war es vorherbestimmt, dass das Kind, das sie erwartete, nicht geboren werden sollte.«

Orestes rannte stattdessen selbst Hilfe holen. Damals wohnten sie auf dem Land und er musste sehr weit laufen. Mehrere Kilometer, dabei war er erst zehn.

»Meine Beine haben mir noch Tage später wehgetan«, meinte Orestes und schnitt eine Grimasse.

»Aber ich konnte Mama und Elektra retten. Sie wurde geboren, nachdem Mama ins Krankenhaus gekommen war, und danach ist Mama wieder gesund geworden. Eigir war irre wütend, dass ich es gewagt hatte, ihm zu trotzen.

Er wollte, dass Mama zu ihm zurückkam, und fuhr zum Krankenhaus, um sie zu überreden. Aber sie sagte Nein. Sie hatte begriffen, dass Eigir sie, ohne mit der Wimper zu zucken, hätte sterben lassen. Mama glaubt vielleicht nicht an Schmerztabletten, aber wenn es richtig gefährlich wird, hat sie doch einen Funken gesunden Menschenverstand.« Orestes linste zu dem Armband, das immer noch zwischen uns lag. »Einen kleinen Funken«, seufzte er. »Also verließ sie ihn, sobald wir aus dem Krankenhaus entlassen worden waren. Seitdem sucht er nach uns. Er will an mich und mein Muttermal rankommen. Ich bin auserwählt, glaubt er, und das Symbol sieht er als seins an.«

»Aber warum?«, fragte ich. »Worum geht es dabei? Was will er?«

Orestes wand sich.

»Er will bloß Macht. Er liebt es, wenn ihm Menschen folgen – blind. Und er legt fest, welche Leute wichtig sind und welche nicht, nach eigenen Deutungen von Horoskopen, der Art, wie ein bestimmtes Pendel ausschlägt, oder magischen Zahlenkombinationen, die auf deinem Namen basieren. Er will Ordnung schaffen, sagt er. Es spielt keine Rolle, was du selbst tun oder wer du sein willst, er weiß bereits alles über dich. Glaubt er. Er will, dass du deine Eltern verlässt, dich von deinen Freunden abwendest und allen, denen du je irgendwas bedeutet hast. Er will, dass du all deine Gedanken aufgibst, dein eigenes Ich. Er will, dass du genau das tust, was er sagt. Dass du wie er bist. Und dann will er dich mehr und mehr verschlingen ... Alle sollen ein Teil von Eigir sein. Dann wird die Welt gut.

Er sucht die ganze Zeit nach einer Möglichkeit, seine Macht zu stärken. Er sucht in allen Richtungen nach Kräften, bloß um mehr Macht zu erlangen. Manchmal hat er mich getestet.«

»Wie jetzt, getestet?«

»Er wollte herausfinden, was für Kräfte ich besitze. Ich müsste ja welche haben, denn ich bin ja der, der das Zeichen trägt und der sein Nachfolger werden soll und alles. Aber ich hab keine! Trotzdem wollte er, dass wir zurückkommen, oder ich zumindest. Für den Fall, dass plötzlich irgendeine Kraft aus mir herausbrechen würde ...«

Orestes runzelte die Stirn. Dann begann er, mit den Händen vor sich herumzuwedeln, schloss die Augen und sagte mit einer dunklen, rauen Stimme:

»Magische Kräfte, gehorcht mir! Gebt mit Cola, gebt mir Cola, ein großes Glas Cola ...«

Ich sprang zum Kühlschrank und knallte ein Paket Milch auf den Tisch, weil die Cola alle war.

»Immer dasselbe«, meinte Orestes und schüttelte beim Blick auf das Milchpaket mit dem Kopf. Da fing ich an zu lachen und zu lachen und zu lachen ... Vielleicht war bei dem Ganzen doch ein klein wenig Zauberei im Spiel?

36.

Ich sah ein, dass ich Orestes ein paar Erklärungen schuldete. Genauer gesagt drei.

1. Der Überrock und die Pelzmütze
»Das erklärt natürlich alles«, sagte Orestes selbstsicher, als ich ihm von Axel Åströms Verschwinden, Antes Uroma und dem alten Mantel, der Pelzmütze und den anderen Sachen, die Antes Familie all die Jahre aufbewahrt hatte, erzählt hatte. »Bestimmt hatte der, der dir den Brief gegeben hat, sich ganz einfach Axels alten Mantel und die Mütze angezogen.«

»Hm …« Daran hatte ich natürlich auch schon gedacht. Es war nur so, dass der Überrock, der in dem alten Haus im Freilichtmuseum hing, abgetragen und alt war und nach Schimmel roch. Der Rock, den der Mann mit dem Brief im Winter angehabt hatte, sah hingegen überhaupt nicht abgetragen aus, er war wie neu und aus dickem, glänzendem Stoff. Aber es war natürlich auch recht dunkel gewesen.

»Aber warum hat er mir den Brief gegeben, Orestes? Wer es auch war, der in Rock und Pelzmütze gekleidet in dieser

Winternacht aufgetaucht war, warum hat er den alten Brief ausgerechnet mir gegeben?«

Darauf hatte Orestes keine Antwort.

2. *Das Cello*

»*Fides*, sagst du?« Orestes schaute sich mit zusammengekniffenen Augen die Schnecke meines Cellos an.

»Ja, siehst du's nicht? Genau da, fast in der Mitte.«

»Aber das sind schon sehr dünne Striche. Also, die *existieren* fast gar nicht ...«

»Tun sie wohl!« Ich verstand nicht, wie er sie nicht sehen konnte. »Außerdem hat jemand versucht, mein Cello zu stehlen!« Ich erzählte Orestes alles, was neulich an Göteborgs Hauptbahnhof passiert war, und von dem seltsamen Auerhahn und allem.

»Oh«, sagte Orestes. »Und hast du dem Orakel von dem Brief erzählt? Ich meine, dem allerersten?«

»Nee, kein Wort! Ich hatte schon, einige Monate bevor ich den Brief bekam, aufgehört, dem Orakel zu schreiben.«

»Dann kann es jedenfalls nicht Eigir gewesen sein, der versucht hat, dein Cello zu stehlen«, meinte Orestes. »Es war vermutlich nur ein gewöhnlicher Dieb. Ist das Instrument nicht recht wertvoll?«

Das ist es natürlich. Aber trotzdem ...?

3. *Kap. 14, V. 6*

»Offb Kap. 14, V. 6« interessierte Orestes schon mehr. »So stand es also an der Decke der Kirche?«, fragte er neugierig.

»Mhm«, machte ich. »Das Deckengemälde sieht aus wie ein Himmel mit einem Stern in der Mitte. Und dann steht da ›Kap. 14, V. 6‹. Auf dem Buch, das einer der Engel rings um den Stern festhält.«

»Kap. 14, V. 6«, wiederholte ich. »14 und 6. Was ist mit 14 und 6 eigentlich gemeint? Vielleicht ist das eine Stelle im Gesangbuch oder so? Oder in der Bibel?«

»Das ergibt sieben Drittel. Also genau zwei und ein Drittel«, murmelte Orestes.

Haha! Kap. 14, V. 6, das war vierzehn durch sechs, also sieben Drittel, meinte er, der Mathenerd. Cool. *Nicht.*

Orestes zog den Rechenschieber aus seiner Arschtasche und fing an, die unterschiedlichen Teile vor- und zurückzuschieben. »Vierzehn geteilt durch sechs ergibt zwei Komma drei drei drei drei drei drei drei ... Malin! Kuck mal!«

Seine Stimme klang ganz anders, jetzt hörte er sich auf einmal begeistert an statt gelangweilt. Er zeigte mir den Rechenschieber.

»Aha«, sagte ich. »Ein Rechenschieber?«

»Aber siehst du die Buchstaben denn nicht? SCI-EN-TI-A. Scientia!«

Also: Eben noch konnte er nicht sehen, was so deutlich wie nur was auf meinem Cello steht. Aber jetzt erkannte er plötzlich Buchstaben auf dem Rechenschieber! Ich hoffte beinahe, dass er Witze machte. Aber die Buchstaben waren wirklich da. Winzig klein in die Kanten der unterschiedlichen Lineale des Rechenschiebers eingeritzt, die Orestes hin- und herschob.

Und jetzt, wo er vierzehn geteilt durch sechs eingestellt hatte, also zwei ein Drittel, bildeten plötzlich die Buchstaben auf zwei der Lineale dieses Wort: S-C-I-E-N-T-I-A.

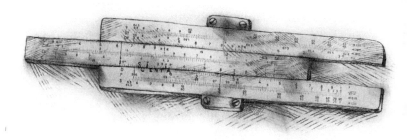

Schlüssel	F	I	D	E	S	S	C	I	E	N
Klartext	k	r	e	u	z	z	w	i	s	c
Code	P	Z	H	Y	R	R	Y	Q	W	P

»Das klingt jedenfalls wie ein Wort!«, fand Orestes.

Er probierte SCIENTIA gleich als Schlüsselwort, um die letzte Zeile aus Axels Rätsel zu lösen.

»Pff«, seufzte er nach etwa einer Minute.

Aber ich dachte an Axels Hinweis: an des Stückes Schluss, bei der Kirche Sonne. »An des Stückes Schluss«, dabei könnte es sich um das Wort auf dem Cello handeln: FIDES. Und »bei der Kirche Sonne« könnte das Wort sein, das Orestes fand, als er die Ziffern von der Kirchendecke auf dem Rechenschieber teilte: SCIENTIA.

Ich setzte die Worte nacheinander ein und probierte es mit diesem Schlüsselwort. Also: FIDESSCIENTIA.

T	I	A	F	I	D	E	S	S	C	I	E	N	T	I	A
h	e	n	m	g	a	t	a	u	n	d	h	g	a	t	a
A	M	N	R	O	D	X	S	M	P	L	L	T	T	B	A

Das ergab:
»Kreuz zwischen M Gata und H Gata.«

Wir hatten die Chiffre gelöst! Orestes und ich hatten die Chiffre *zusammen* gelöst! Aber was sollte das bedeuten, dieses »Gata«? War das ein Fachbegriff, der mit Erdenströmen und Sternenfeldern zu tun hatte? Wir kamen schnell drauf, dass M Gata und H Gata Linien auf der alten Karte sein mussten, die wir zusammen mit dem Rechenschieber gefunden hatten. Die Striche verliefen über der eigentlichen Kartenabbildung und waren mit unterschiedlichen Buchstaben gekennzeichnet. Dort, wo die M-Linie und die H-Linie aufeinandertrafen, entstand ein Kreuz zwischen ihnen. Das musste natürlich der Ort sein, an dem der nächste Hinweis versteckt war!

Wir waren in vollem Gange zu planen, wie wir an die Stelle kommen sollten, wo sich die M- und die H-Linie kreuzten, als wir hörten, wie die Haustür geöffnet und wieder geschlossen wurde.

»Malin, bist du da?«, rief Papa aus der Diele. »Entschuldige, dass es so spät geworden ist! Als ich vom Wald heimkam, musste ich noch einkaufen gehen. Aber dann hat das Auto rumgezickt und ich musste bei der Werkstatt vorbeifahren und dann ...« Er ging Richtung Küche, während er erzählte. »Aber euch scheint es ja gut zu gehen!«, stellte er fest, als er Orestes und mich erblickte. »Habt ihr Hunger?«

Papa machte Frikadellen zum Abendessen und Orestes haute richtig rein. Nach dem Essen redeten wir über alles Mögliche, wie Bücher, die wir gelesen hatten, oder inwiefern Spaghetti besser sind als Makkaroni, und Orestes ging erst heim, als es schon nach neun war.

Als er grade weg war, kam mir der Gedanke, dass jetzt bewiesen war, dass mein Cello Silvias gewesen war. Jedes beliebige Instrument kann eine s-förmige Schramme, aber nicht das Wort FIDES in die Schnecke geritzt haben! Hatte vielleicht deshalb jemand versucht, es zu stehlen? Ich erschauderte und checkte noch ein weiteres Mal, dass sowohl die Haus- als auch die Terrassentür abgeschlossen waren, bevor Papa und ich schlafen gingen.

Am nächsten Tag, als wir in der Schule die Tablets benutzen durften, schaute ich nach, was FIDES und SCIENTIA bedeuteten. Das ist Latein.

Fides heißt *Glaube*.

Und Scientia bedeutet *Wissenschaft*. Wie in Science.

Also bedeutet das Schlüsselwort FIDES SCIENTIA *Glaube* und *Wissenschaft*.

»Was machst du?«, wollte Ante wissen, der genau in dem Moment an meinem Platz vorbeistreifte, als ich auf dem Tablet eine Seite mit jeder Menge lateinischer Zitate geöffnet hatte.

»Nix«, erwiderte ich. Obwohl ich da doch ein bisschen Lust hatte, ihm alles zu erzählen.

Nach der Schule musste Orestes Elektra von der Kita abholen, aber dann war es so weit! Sobald es draußen zu dämmern begann, wollten wir an der Kreuzung der Linien M und H auf Axels Karte nach dem nächsten Hinweis suchen.

37.

Ich machte grade Englischhausaufgaben, als Papa die Treppe raufgerannt kam. Er rannte! »Donk, donk, donk«, kam es von der Treppe. Papa hatte sich schon lange nicht mehr donk, donk, donk angehört. Er machte sonst eher schlurf, schlurf, schlurf ... Deswegen starrte ich ihn nur an, als er den Kopf in mein Zimmer steckte.

»Malin«, schnaufte er. »Hast du das Polizeiauto gesehen? Da ist ein Polizeiauto in Orestes' und Monas Einfahrt eingebogen. Es wird doch wohl nichts passiert sein?«

Ein Polizeiauto? Was war los? Ich konnte Papa nur weiter anstarren.

»Ich geh auf jeden Fall rüber und schau mal nach. Vielleicht brauchen sie mit irgendwas Hilfe.« Er verschwand aus dem Türrahmen und einen Wimpernschlag später war er schon halb die Treppe runter.

»Nein! Das wird peinlich!« Ich sprang vom Schreibtisch auf und raste die Treppe so schnell runter, dass ich ihm auf der untersten Treppenstufe in den Rücken fiel. Papa knallte fast ungebremst auf den harten, gefliesten Boden in der Diele.

»Was ist los mit dir, Malin?«, fragte er.

»Papa, geh da nicht hin!«, rief ich. »Du bist da sicher nur im Weg!«

»Unsinn«, meinte Papa.

Er zog seine blaue Windjacke und seine übelsten Turnschuhe an, die so ausgelatscht sind, dass er reinschlüpfen kann, ohne sie schnüren zu müssen. Ich beschloss mitzugehen und schob meine Füße in meine Schlappen.

Das Polizeiauto stand verlassen in der Auffahrt vor dem Haus. Als wir an der Tür klopften, öffnete niemand. Ich wollte wieder nach Hause gehen, aber Papa bestand drauf, ums Haus zu gehen und im Garten nachzusehen. Und da waren sie natürlich, alle miteinander.

Die Polizisten unterhielten sich mit Orestes' Mutter, die ihnen eines ihrer seltsamen Gewächse mit kleinen grünen Blättern zeigte. Die dunklen, praktischen Polizeiuniformen bildeten einen krassen Gegensatz zu Monas zartem silbergrauen Kleid. Daneben stand Orestes, der mit einer Hand den Griff des Kinderwagens umklammerte. Elektra lag schlafend darin und war so dick eingepackt, dass alles, was man sehen konnte, ihre kleine Mütze war.

Orestes begrüßte uns nicht. Ich vermute, dass er uns in dem Moment ans andere Ende der Welt wünschte. Und ich konnte ihn verstehen. Es ist schlimm genug, wenn die Polizei vor der Tür steht – noch schlimmer wird's, wenn die Nachbarn kommen und gaffen ...

Papa hingegen begrüßte alle.

»Was geht hier vor sich?«, fragte er.

»Nichts Besonderes, wir kontrollieren nur das eine oder andere«, erwiderte eine Polizistin mit einem langen Pferdeschwanz.

»Und was kontrollieren Sie?«, fragte Papa weiter.

»Und Sie sind ...?«, wollte der andere Polizist wissen, ein Mann mit kurz geschorenem Haar, der offenbar bestimmte, wer zuerst Fragen stellen durfte. Papa erklärte, dass er im Nachbarhaus wohne und ich in Orestes' Klasse ging – was auch immer *das* mit der Sache zu tun hatte.

»Sind Sie durch den Betrieb hier gestört worden?«, wollte die Polizistin wissen und machte eine ausladende Geste, die all den Kram rund ums Haus und in Monas proppenvollem Garten einschloss.

»Nein«, meinte Papa. »Hier gibt es nichts, was stört. Es ist nur schön, dass hier in der Gegend mal was Neues passiert. Richtig toll sogar.«

»Danke, dann wissen wir Bescheid. Ich muss Sie jetzt bitten, nach Hause zu gehen«, meinte die Polizistin. Aber Papa rührte sich nicht vom Fleck.

Die Polizistin ging zur Vorderseite des Hauses, wo der Streifenwagen geparkt war, und als sie nach einer Weile zurückkam, führte sie einen großen Schäferhund an der Leine.

»Auf geht's, Bruno«, sagte sie. Bruno und sein Polizeifrauchen trabten ein paarmal an Monas Beeten auf und ab. Bruno sah glücklich aus, auf eine schöne, unbekümmerte Hundeart. Er wedelte mit dem Schwanz und schnüffelte, als er die Nase in die trockene Erde rings um Monas Schilder und Glaskugeln drückte.

»Ja, dann wäre das erledigt«, meinte der kurz geschorene Polizist nach einer Weile. Er schaute seine Kollegin an und zuckte leicht mit den Schultern.

»Es gibt immer Leute, die beunruhigt sind, sobald etwas Neues in ihrer Gegend passiert«, sagte die Polizistin zu Mona, »und dann melden sie sich bei uns. Aber jetzt können wir erklären, dass hier nichts Beunruhigendes vor sich geht. Entschuldigen Sie die Störung.«

Die Polizisten wollten sich grade auf den Weg machen, als Mona fragte, ob der Hund etwas Wasser haben wollte. Die Hundeführerin blickte zu Bruno, der heftig mit heraushängender Zunge hechelte.

»Kommen Sie gerne rein«, meinte Mona. »Vielleicht braucht der Hund auch einen winzig kleinen Hauch Zimt im Wasser?«

Die Polizistin schüttelte erschrocken den Kopf, aber sie und der Hund folgten Mona die Treppe hinauf.

Als sie wieder rauskamen, blickte die Polizistin finster drein. Sie wechselte ein paar Worte mit ihrem Kollegen, der daraufhin eine Hand auf Monas Schulter legte.

»Was haben Sie vor?«, fragte Papa, als die Polizisten Mona zum Streifenwagen führten.

»Für den Anfang werden wir sie einem Verhör unterziehen«, meinte die Hundeführerin. Sie sah mich an, dann wanderte ihr Blick zu Orestes, der neben dem Kinderwagen mit der schlafenden Elektra stand.

»Wir kommen klar«, sagte Orestes rasch.

»Ich kümmere mich um sie«, meinte Papa. »Sei unbesorgt, Mona. Du bist bald wieder zu Hause!« Ich konnte ihm ansehen, dass er nervös war.

Ich kapierte gar nichts. Warum hatten die Polizisten schlagartig ihre Meinung geändert? Was war im Haus vorgefallen?

Orestes hat mir später erklärt, dass der Polizeihund, Bruno, etwas im Maul getragen hatte, als er rauskam: ein großes Stück Orgonit.

Papa wollte, dass Orestes und Elektra mit zu uns rüberkamen, nachdem Mona im Polizeiauto verschwunden war. Aber Orestes weigerte sich.

Also schlug Papa vor, dass wir alle zusammen bei Orestes und Elektra zu Hause warten sollten, für den Fall, dass Mona heimkam, bevor es Abend wurde. Orestes warf ihm einen wütenden Blick zu. Aber Papa bestand drauf, er würde Monas Kinder ganz bestimmt nicht allein lassen.

Aber als Papa sah, wie Orestes Elektra fütterte, wickelte und ins Bett brachte, sah er ein, dass Orestes die Lage mehr als im Griff hatte.

»Nun ja, ihr wisst ja, wo ihr uns findet, falls ihr uns braucht«, war das Letzte, was Papa sagte, bevor wir beide die Auffahrt zu unserem Haus hinuntergingen. Papa wirkte erleichtert. Ich glaub nicht, dass er weiß, wie man sich um Kleinkinder kümmert. Oder doch? Vielleicht hat er sich ja die ganze Zeit um mich gekümmert, als ich noch so klein gewesen bin? Ich kann mich nicht erinnern.

Als wir heimkamen, war eine Mail von Mama da.

An: fredrik.b@home.net
Von: susanne.berggren@ebi.com
Betreff: Fuji

Hallo, Lieblingsmenschen,
der Rechenschaftsbericht letzte Woche ist gut gelaufen, so gut, dass Akio Murakami wollte, dass ich mitkomme und unsere Arbeit noch mal präsentiere, wenn die Konzernleitung diese Woche in der Nähe des Bergs Fuji eine Tagung abhält. Ich bin auch dazu eingeladen, mit der ganzen Gruppe auf den Fuji selbst zu wandern! Stellt euch das mal vor! Das ist Japans schönster Nationalpark.
Also, wenn ich morgen ein bisschen schwer zu erreichen sein sollte, liegt das daran, dass ich in den Bergen wandere.
Was macht ihr so? Alles ruhig im Almekärrsweg? Ich denk an euch!
Kuss, Mama/Suss

Was Papa darauf geantwortet hat, hab ich nie zu Gesicht bekommen.

Am Mittwochmorgen brachte Orestes Elektra zur Kita und kam später als sonst, nämlich genau, als es zur ersten Stunde klingelte.

Ich sah ihn fragend an, als wir unsere Jacken aufhängten. Er schaute zurück und schüttelte kaum merklich den Kopf. Sein Blick war schwarz. Ich begriff, dass Mona immer noch nicht nach Hause gekommen war.

Als wir die Tablets ausgeteilt bekamen, bemerkte ich, dass ich eine Nachricht in meinem Schulpostfach hatte. Ich hoffte, sie wäre wieder von Mama, und klickte sie an, ohne darüber nachzudenken. Und als ich sie geöffnet hatte, war es zu spät.

Mir wurde eiskalt ums Herz.

An: mabe06@almekarrsskolan.lerum.de
Von: nn@nobi.net
Betreff: xx

Es ist lange her, seit ich von dir gehört habe, aber ich habe es nicht vergessen. Ich werde dich nie vergessen, Malin. Hast du mich vergessen?

Eltern verschwinden manchmal. Da ist wohl grade jemand in Japan. Ja, ich sehe ihre Mails. Und deine Antworten.

Aber ich bin hier. Ich werde immer hier sein. Vielleicht ist es am besten, du machst jetzt, was ich will? Ich will, dass du mir den alten Brief gibst.

Dein Freund, das Orakel

Mit zitternden Fingern klickte ich die Mail weg. Schnell, bevor sie jemand sehen konnte.

Sie war vom Orakel. Von dem Orakel, dem ich während des Internet-Vorfalls all diese Dinge geschrieben hatte. Das Orakel, von dem Orestes glaubte, dass sich eigentlich Eigir dahinter verbarg, Elektras Vater, den sie verlassen hatten.

Was wusste er über mich? Wie konnte er wissen, dass Mama verreist war? Hatte er wirklich alle unsere Mails gelesen?

»Eltern verschwinden manchmal« – meinte er Mona? Oder meinte er Mama? Meinte er, dass Mama auf dem Fuji verschwinden konnte?

Aber woher wusste er von dem alten Brief? Darüber hatte ich dem Orakel absolut *nichts* geschrieben.

Als mir der geheimnisvolle Mann mit der Pelzmütze den alten Brief in die Hand gedrückt hatte, an diesem sternenklaren Abend letzten Winter, sagte er, es sei wichtig. Es ginge um die Zukunft, sagte er. Deswegen ging ich kein Risiko ein, außer dass ich drei Kopien von dem Brief mit der Chiffre machte. Die erste hatte ich im Rucksack, die zweite war hinter dem Foto von Papa und mir auf der Wasserrutsche, das in meinem Zimmer an der Wand hängt, versteckt, und die dritte in der Waschküche hinter der Waschmaschine festgeklebt. Die, die ich im Rucksack hatte, zeigte ich Orestes und der hat sie mitgenommen, damals, als er versuchte, die Chiffre allein zu lösen. Die, die hinter dem gerahmten Foto versteckt war, hatte ich hier. Aber die dritte Kopie, die hinter der Waschmaschine: War ich sicher, dass sie noch da war?

In der Mittagspause rannte ich nach Hause, obwohl das streng verboten ist. Das Haus war verlassen. Sowie ich durch die Tür kam, raste ich die Treppe zur Waschküche runter, stolperte und rutschte die letzten Treppenstufen hinunter. Ich schlug mir die Ferse an, kam aber nicht dazu, mir darüber Gedanken zu machen. Meine Finger tasteten im Dunkeln hinter der Waschmaschine herum. Ich tastete und tastete. Aber ich fand nichts. Da war nichts.

Ich musste mit jemandem reden, ich musste sofort mit jemandem reden, auf den ich mich verlassen konnte.

Ich musste Orestes finden.

Stress macht seltsame Sachen mit einem. Die Mittagspause war noch nicht ganz vorbei und ich schleppte Orestes hinter mir her in den hintersten Winkel des Schulhofs, ohne mich darum zu kümmern, wer uns sah.

»Beruhige dich!«, meinte Orestes.

Ich hatte ihm grade erzählt, dass das Orakel, oder vielleicht dieser Eigir, meine Mails gelesen hatte, in meinem Haus gewesen war und die Kopie des Briefes hinter der Waschmaschine gestohlen hatte, dass er derjenige war, der Mona ins Gefängnis gebracht hatte, und er damit drohte, dass Mama in Japan verschwinden würde. Wenn er den Brief nicht bekam.

»Beruhige dich«, wiederholte Orestes. »Das weißt du doch nicht sicher. Ja, vielleicht hat er deine Mails gelesen. Das wäre typisch für ihn, er ist ein Betrüger, hackt sich in die E-Mail-Konten von Leuten ein und so, und dann versucht er, sie so zu manipulieren, dass sie tun, was er sagt. Aber du weißt nicht, ob er wirklich in eurem Haus war. Der Brief kann sich auch einfach von der Waschmaschine gelöst haben! Oder dein Papa hat ihn genommen ... Und ich glaube nicht, dass Eigir die Polizei rufen würde, damit sie Mama abholen. Bei der Polizei Aufmerksamkeit für seine Machenschaften zu erwecken, ist sicherlich das Letzte, was er will. Und es ist doch klar, dass er deiner Mutter keinen Schaden zufügen kann! Er versucht nur, dich einzuschüchtern. Was soll er denn machen? Nach Japan fahren?«

Ich hatte Tränen in den Augen. Orestes bemerkte es und kam hastig näher, als ob er mich umarmen wollte, aber dann wich er zurück. Stattdessen klopfte er mir ungelenk auf den Rücken. Klopf, klopf, klopf.

»Das wird schon wieder«, meinte er. »Mama ist bald wieder zu Hause, glaub mir. Eigir hat damit nichts zu tun. Und deine Mutter ist auch bald wieder zurück. Eigir versucht nur, dir Angst zu machen. Lass ihn damit nicht durchkommen.«

Orestes meinte, es gäbe zwei Alternativen:
1. Du nimmst das Orakel ernst. Dann musst du die Polizei rufen.

2. Du nimmst das Orakel nicht ernst. Dann machst du gar nichts. Alles andere wäre unlogisch.

Beruhige dich, beruhige dich, beruhige dich, dachte ich. Wieder und wieder. Ruhig, ruhig, ruhig. Den ganzen Vormittag hindurch, die ganze Schwedischstunde und die ganze Musikstunde. Und als ich heimging, sagte ich es mir selbst laut vor: »Ruhig, ruhig, ruhig ...«

Trotzdem hätte ich vielleicht wirklich die Polizei gerufen, wenn Papa mir nicht eine Kurzmeldung im Lokalteil des Lerumer Tagblatts gezeigt hätte, als ich heimkam:

Lerumer Tagblatt Mittwoch, 15.6.

Lerumer Bürger wegen Glasfaser-Sabotage vernommen

Ein Einwohner Lerums wurde gestern von der Polizei vernommen, der mutmaßlich in die jüngsten Sabotageakte gegen die derzeit durchgeführten Arbeiten am neuen Glasfasernetz verwickelt war. Wie das *Lerumer Tagblatt* jedoch heute erfahren hat, hat sich der Verdacht gegen die Person inzwischen zerstreut. Die vormals verdächtige Person gibt an, die Umgebung rings um die Glasfaseranlage verbessert zu haben, indem sie so genanntes Orgonitmaterial an ausgewählten Knotenpunkten des Netzwerkes ausgelegt hat. »Ob sich die Umgebung dadurch verbessert hat, lasse ich unkommentiert«, sagt Stefan Bengtsson von Fiber Sweden Communications. »Es wurde aber zumindest kein Schaden verursacht.« ■

Ach, deswegen hat die Polizei Mona verhört! Weil der Polizeihund ein Stück Orgonit gefunden hat, als er bei Orestes im Haus war. Und dieselbe Art Orgonit war bei den Glasfaserkabeln ausgelegt worden und hatte den Verdacht erregt, dass jemand versuchte, die Arbeiten zu sabotieren. Aber Mona musste die Orgonitsteine in bester Absicht ausgelegt haben, um die Bewohner vor schädlicher Strahlung zu schützen. Arme Mona!

Schön, dass sie jetzt wieder zu Hause war. Zum Glück ist das wohl nicht gesetzwidrig mit diesen Orgonitsteinen.

Und Papa hatte eine neue Mail bekommen:

An: fredrik.b@home.net
Von: susanne.berggren@ebi.com
Betreff: Fuji

Hallo noch mal,
es war absolut fantastisch auf dem Fuji. Ungeheuer schöne Natur. Es gab einen Getränkeautomaten auf dem Gipfel! Ich lade euch auf eine Cola ein, wenn ich heimkomme!
Das Treffen mit der Konzernführung lief auch gut – Akio Murakami ist sehr zufrieden mit meiner Arbeit und zudem unglaublich nett. Ich glaube, wir bekommen ein größeres Budget für unser Projekt. Ich hoffe, du und Malin habt eine schöne Zeit zusammen. Ihr werdet euch doch sicher nicht die Planetenkonjunktion am Mittsommernachtstag entgehen lassen, oder? Dieses Mal treffen sich Mars und Venus!

Und dann bin ich auch schon bald wieder zu Hause!
Kuss,
Mama/Suss

Orestes hatte recht. Unseren Müttern ging es gut, obwohl ich nicht auf die Mail vom Orakel geantwortet oder alte Briefe übergeben hatte. Dem Orakel, oder Eigir, war es vielleicht gelungen, meine Mails zu lesen, aber mehr nicht. Und dann hatte er das, was er erfahren hatte, dazu benutzt, um mich einzuschüchtern! Ich hatte nicht vor, mich noch mal vom Orakel reinlegen zu lassen.

Jetzt, wo Mona zurück war und sich um Elektra kümmerte, konnten wir mit Axels Rätsel weitermachen. Papa war ganz begeistert, als er hörte, dass Orestes und ich in den Wald wollten. Er versuchte, uns Isomatten und Wasserflaschen mitzugeben, aber zum Glück wollte er nicht mitkommen, denn er musste zu Hause auf irgendwelche wichtige Post warten.

Orestes hatte all die seltsamen Linien von der Karte, die wir unter der Amtmannseiche gefunden hatten, sorgfältig auf einen modernen Stadtplan übertragen, in dem alle Häuser und Straßen, die es heutzutage gibt, eingezeichnet waren. Er sah wie eine ganz normale Landkarte aus, nur dass es statt Höhenlinien lange, wellige Linien gab, die Winden oder Wasserströmungen glichen.

Die Kreuzung der M- und H-Linien hatte Orestes mit einem X markiert.

»Wie bei einer Schatzsuche«, fand ich.

Das X war an einer Stelle im Wald, hinter unseren Häusern. Ich sah, wie der Bach sich als blauer Strich über die Karte schlängelte.

»Wie gut, dass die Stelle draußen im Wald ist«, stellte ich fest, »denn falls wir graben müssen, können wir das dort in Ruhe tun.«

»Mhmm«, machte Orestes.

Ich hatte den Kompass und die Karten im Rucksack und Orestes trug den besten Spaten aus Monas Garten über der Schulter. Zuerst folgten wir dem Trimm-dich-Pfad am Bach entlang, aber nachdem wir über die kleine Brücke auf die andere Seite gegangen waren, wurde der Weg zu einem schmalen, gewundenen Steig. Es war sonnig, aber immer noch ziemlich kalt in den Schatten des Waldes. Die ganze Zeit konnten wir den Bach wild rauschen hören, denn im Frühjahr, wenn der Schnee ganz geschmolzen ist, fließt immer besonders viel Wasser darin.

»Aber ... hier waren wir doch schon mal!«

Orestes blieb stehen. Wir hatten den Pfad verlassen, um richtig nahe ans Ufer des Baches zu gelangen, denn es sah so aus, als läge die Kreuzung zwischen der M- und der H-Linie dort. Weiter oben am Hang wuchs schütterer Fichtenwald mit rotbraunen Stämmen, aber hier unten in der Nähe des Baches waren wir in Laubwald und Dickicht mit dichtem hellgrünen Laub eingedrungen.

Ich war sicher, dass ich die Stelle wiedererkannte. Ich sah die Wildrose, die sich an den Treppenstufen entlangwand, und den alten Apfelbaum. Hier war die Stelle mit den Steinen, die einst zu einem Haus gehört hatten! Und dort hinten war das Grab von Hund Silvia. Hier hatte Orestes mich neulich erschreckt.

Ich sagte zu Orestes, dass es merkwürdig war, dass ich schon zweimal genau an der Kreuzung zwischen der M- und der H-Linie gewesen war, ohne dass ich davon wusste, aber er zuckte nur mit den Schultern.

Er hatte bereits versucht, eine Stelle zu markieren, indem er mit dem Spaten in das Moos neben einem hohen Baum hackte.

»Na dann«, meinte er.

»Okay«, erwiderte ich.

Wir wechselten uns mit dem Graben ab.

Etwas mehr als einen halben Meter tief in der Erde stießen wir auf eine kleine Kiste. Sie war aus Holz, dunkel und ein bisschen morsch. Meine Hände wurden schwarz vor Erde, als ich das Kästchen abputzte. Das alte Scharnier quietschte, als wir den Deckel öffneten.

In der Holzkiste lag ein in ein Stück Stoff, das vermutlich einmal blütenweiß gewesen war, eingeschlagenes Etui. Das Etui war dunkelrot und sah so gut wie neu aus. Es ließ sich an einer kleinen Schnalle auf der Seite öffnen.

Orestes klappte den Deckel langsam auf. Der Inhalt begann zu funkeln, als das Sonnenlicht darauf fiel.

Auf einem Samtkissen lag etwas, das einer großen Uhr ähnelte. Es war rund und flach und hatte Zeiger, gleich mehrere. Unter den Zeigern befanden sich Ringe, fast wie Zahnräder, nur schöner. Und es war aus Gold. Vielleicht kein echtes Gold, aber es glänzte, als wäre es aus Gold. Das musste

Nils Ericsons Sternenuhr sein und es war das Schönste, was ich je gesehen hatte. Ich konnte verstehen, dass es Axel schwergefallen war, sich davon zu trennen.

Orestes nahm das Instrument mit den Zahnrädern hoch und wog es in den Händen. Ich sah mir das leere Etui näher an. Da stand etwas auf der Innenseite des Deckels geschrieben, in derselben verschnörkelten Handschrift wie in Axels allererstem Brief, den ich in der Winternacht bekommen hatte.

»Du bist der Schlüssel«, entzifferte ich. »Aber wo ist denn der Code?«, fragte ich dann.

»Guck mal hier«, wisperte Orestes. Er drehte die Sternenuhr um.

Da waren keine gewöhnlichen Ziffern drauf, aber etwas anderes. Auf beiden Seiten der Scheibe und über die verschiedenen Zahnräder verteilt wimmelte es nur so vor kleinen verschnörkelten Buchstaben, Symbolen und Zeichen, Punkten und Strichen. Aus einem Plättchen, das über den anderen lag, waren Zweige mit Figuren, die Vögeln ähnelten, ausgestanzt.

An einer Stelle am Rand der Uhr war ein kleiner Ring, an dem man sie festhalten konnte. Genau da waren zwei Worte eingraviert. Die ersten beiden Buchstaben in beiden Wörtern waren viel größer als die folgenden, sodass ich zuerst dachte, da stünde FISC. Aber dann erkannte ich, dass da stand:

FIdes SCientia

Glaube und Wissenschaft! Genau wie das letzte Schlüsselwort! Ich wollte grade etwas zu Orestes sagen, als ich auf einen der drei Zeiger der Uhr aufmerksam wurde. Der sah aus wie ein Pfeil und, ja genau, am anderen Ende des Zeigers befand sich ein schräg verlaufendes Stäbchen, wie ein Strich, der den Pfeil kreuzte. Genau wie Orestes' Muttermal. Da war es wieder!

»Du«, sagte ich zu Orestes, »hast du gesehen ...?« Bevor Orestes antworten konnte, war ein seltsames klopfendes Geräusch hinter meinem Rücken zu hören. Wir erstarrten. Es klang so, als klopfe jemand gegen eine Tür.

Orestes warf mir hastig die Sternenuhr zu und ich beeilte mich, sie im Etui einzuschließen. »Klopf, klopf, klopf« – noch einmal! Dasselbe ungeduldige Klopfen.

Orestes starrte irgendwas hinter meinem Rücken eindringlich an – oder vielleicht irgendjemanden? Dann grinste er plötzlich. Ich drehte mich um und kapierte sofort, warum.

Ein Specht! Das war bloß ein Specht, der seinen Schnabel in den Stamm des Baumes, an dessen Fuß wir gegraben hatten, hämmerte. Klopf, klopf, klopf! Hart und kräftig, sodass der rote Streifen an seinem Kopf aufblitzte. Aber genau neben dem Specht erspähten wir noch etwas ganz anderes ... Schwarze Linien in der Baumrinde, wie Brandzeichen: eckige Buchstaben. Da stand etwas auf dem Baum. Buchstaben, die vor so langer Zeit eingeschnitzt wurden, dass die Zeichen breit und schwarz geworden waren:

USKKMR

Das musste doch der Code sein? So eine seltsame Buchstabenkombination konnte doch nichts anderes als ein Code sein.

Ich wurde langsam zur Vigenère-Expertin.

Ich zögerte keine Sekunde.

»Du bist der Schlüssel«, hatte Axel geschrieben. Du. Ich dachte daran, dass alle Briefe an das auserwählte Rutenkind gerichtet waren. Dass Silvia gemeint hatte, die Sternenuhr müsse zum auserwählten Rutenkind. Und was auch immer Orestes sagen mochte, wusste ich doch, wer das Rutenkind war. »Du« – das konnte bloß Orestes sein.

Ich verwendete seinen Namen als Schlüssel: ORESTES

Schlüssel	O	R	E	S	T	E
Klartext	g	b	g	s	t	n
Code	U	S	K	K	M	R

Das ergab GBGSTN.

Astrein! Sonnenklar!

Es gibt bloß einen Ort, der mit GBGSTN abgekürzt wurde.

Jetzt, damals und vermutlich bis in alle Ewigkeit:

Göteborg Station, also Göteborgs Hauptbahnhof.

Am nächsten Tag verbrachte Orestes Stunden in der Bibliothek, um herauszufinden, was wir da gefunden hatten. Ich konnte nicht mitkommen, denn ich hatte die letzte Cellostunde für dieses Schuljahr und da lädt mein Lehrer immer zu Kaffee und Kuchen ein. Und – haltet euch fest! – Orestes fand heraus, dass die Sternenuhr auch Astrolabium genannt wird. *Astrolabium*. Stellt euch mal vor, dass es was gibt, das so heißt! Also, in echt. Nicht bei Harry Potter.

Mögliche Erfinderin: HYPATIA (4. Jahrhundert n. Chr.)
Ein Astrolabium ist ein astronomisches Instrument. Es wird vor allem dazu verwendet, um die Position der Sterne zu berechnen. Aber man kann damit auch die Himmelsrichtung bestimmen.
Wenn man zu einer bestimmten Zeit an einem bestimmten Ort steht und den Pfeil des Astrolabiums auf einen bestimmten Stern ausrichtet, kann man herausfinden, in welcher Richtung andere geografische Orte liegen. (Und das weit bevor es GPS gab!)
Wenn man an einem bestimmten Ort steht und es auf einen bestimmten Stern ausrichtet, kann man herausbekommen, wie viel Uhr es ist. (Und das weit bevor es zuverlässige Uhren gab!)

Um das Astrolabium einzustellen, dreht man an den unterschiedlichen Ringen.
Antike Astrolabien sind wertvoll!
Der äußere Ring des Astrolabiums, das wir gefunden haben, bildet neun Vögel, einen Hund und einen Fisch ab. Vermutlich sind die Schnäbel der Vögel und die anderen Figuren so angelegt, dass sie die Positionen verschiedener Sterne anzeigen.
Auf dem inneren Ring steht: Mirac, batnachaythos, menkar augetenar, aldebaran, alhayok, rigil, elgueze, alhabor, algomeyza, markeb, alfard cor leon, edub, algorab, alchimek, benetnac, alramek, elfeca, yed, alacrab alhae, taben, wega, altair, defin, aldigege, cor corvi, aldera, musida equi, cenok hum ehui, skeder.
Das scheinen die Namen von Sternen zu sein.
Auf dem äußeren stehen die Namen der Sternbilder auf Latein.
Ich habe nichts gefunden, was den Text auf der Rückseite erklären würde.

Wir saßen auf Orestes' Bett, während er mir alles über das Astrolabium erzählte.

»So ein Astrolabium wie das hier muss superalt sein«, meinte Orestes. »Also, richtig, richtig alt. Aus dem 14. Jahrhundert oder so. Und wertvoll ...«

»Aber was wollte Nils Ericson damit anstellen?« Ich konnte meinen Blick nicht vom Astrolabium reißen, es war einfach so schön. »So ein Ding hier braucht man nicht gerade, um eine Eisenbahnstrecke zu bauen ...«

»Nee. Und ich hab noch was rausgefunden: Das hier ist kein gewöhnliches Astrolabium. Auf der einen Seite sieht man den Sternenhimmel, genau wie normalerweise. Aber auf der anderen Seite ...« Er drehte das Astrolabium in meinen Händen um. »Hier ist etwas anderes dargestellt. Aber ich komme nicht drauf, was es ist.«

Die Rückseite des Astrolabiums war von einem feinen Netz aus dünnen Linien überzogen.

»Das sind natürlich die Erdenströme«, sagte ich. »Das hat Axel doch gesagt! Er sagte, dass das Messinstrument dazu da war, ›die Muster zwischen Erdenströmen und Sternenfeldern‹ aufzuspüren! Axel meinte ja, dass die Erdenströme an sich schwach und unbeständig sind. Aber wenn man ihre Wirkung mit der der Sternenfelder kombiniert, entstehen starke Kräfte, vielleicht sogar so starke, dass man sie wirklich nutzen kann. Aber Axel hat auch gesagt, dass nur bestimmte Menschen das Astrolabium richtig einstellen können – die Rutenkinder! So, dass man die Muster von Erdenströmen und Sternenfeldern aufspüren kann.«

Ich war so aufgeregt, dass ich gar nicht gemerkt hatte, dass Orestes ganz still geworden war.

In meinem Kopf hallten Silvias Verse wider:

> *Etwas ist gekommen,*
> *Etwas wurd' genommen,*
> *Nun da Bergmanns Macht*
> *Über die Erd' hat gebracht*
> *Getös' ohne Ende, ohn' Unterlass Gebraus,*
> *Menschenwege breiten sich aus.*
> *Wir ersehnen dich, Rutenkind, in Menschengestalt.*
> *Dich, das gewahren soll die vergessene Kraft,*
> *Wenn die Sterne sich treffen in der Mittsommernacht,*
> *Wo sich kreuzen die Wege und die Schiene glänzt kalt.*
> *Vögel folgen deinem Weg über Land,*
> *Sternenuhrs Pfeil weist in deine Hand.*
> *Sternenfelder sich krümmen und Erdenströme schlagen,*
> *Nur du kannst Macht übers Kräftekreuz haben.*

»Gib zu, dass es stimmt!«, sagte ich. »Silvia hat Axel *einen Ort* genannt, an dem das Rutenkind die Sternenuhr verwenden soll, und *den Namen* des Rutenkindes. Der Ort ist der Bahnhof von Göteborg und der Name ist Orestes! Das hat der Code am Baum ergeben! Und es stimmt ja auch mit Silvias Lied überein: *Wo sich kreuzen die Wege und die Schiene glänzt kalt* – das muss eindeutig am Bahnhof von Göteborg sein! Dort kreuzen sich alle Wege, sprich: die Eisenbahngleise. Die kalten Schienen.

Aber wann musst du mit dem Astrolabium am Bahnhof von Göteborg sein? Na klar, das wissen wir auch! *Wenn die Sterne sich treffen in der Mittsommernacht!*

Mama hat gesagt, dass sich an Mittsommer Mars und Venus begegnen, dann entsteht eine neue Planetenkonstellation, als ob sich die Planeten am Himmel treffen.

Und wenn du in der Mittsommernacht am Bahnhof in Göteborg bist, geschieht es: *Sternenuhrs Pfeil weist in deine Hand.* Damit muss der Zeiger des Astrolabiums gemeint sein, der sieht ja aus wie ein Pfeil! Und du hast ja bestimmt bemerkt, dass der Pfeil auf dem Astrolabium genauso aussieht wie der auf deinem Arm, Orestes? Das muss doch was bedeuten!«

»Und was?«, murrte Orestes. »Meinst du, Silvia dachte, *ich* solle das Astrolabium benutzen, aber Nils Ericson dürfe es nicht tun?«

»Ich glaube, Nils Ericson wollte es für eine gefährliche Sache benutzen. Dass er sich diese Kräfte zunutze machen wollte, ohne es sich gut überlegt zu haben ... Silvia hat doch davon gesprochen, dass die Menschen in dieser Zeit nur die Natur bezwingen wollten ... Also, ich weiß nicht, aber zu dieser Zeit glaubten die Menschen doch, dass man alle Probleme mit Dampfmaschinen und Straßen lösen könne und ...«

Orestes blickte finster. Er fand wohl, dass es genauso war.

»... und es ist ja auch toll mit Krankenwagen und Penizillin und allem, was du sagst ...«, rettete ich das Ganze, »... aber das ist vielleicht nicht alles! Das kann vielleicht zu weit gehen ... Diese Erd- und Himmelskräfte da, die muss man vielleicht mit mehr ... Vorsicht anwenden ...«

Orestes schwieg. Ich konnte nicht richtig erklären, was ich meinte. Nur, dass es einen Unterschied gab zwischen den Menschen damals, die bloß eine Eisenbahn wollten, mit der sie rumfahren konnten, und den Menschen heute, die jeden Tag mit dem Autobahnrauschen leben müssen. Würden die Menschen damals alles wieder genau so machen, wenn sie wüssten, welche Auswirkungen es heute haben würde?

»Ich glaube auf jeden Fall, dass etwas ganz Besonderes passieren wird, wenn du das Astrolabium genau an dem Ort und zu genau dem Zeitpunkt hältst, auf den alles hindeutet. Wir müssen rausfinden, ob das stimmt. Wir fahren am Mittsommertag mit dem Astrolabium zum Hauptbahnhof von Göteborg und sehen, was passiert!«

Orestes schwieg immer noch. Ihm gefiel das hier gar nicht.

Er wollte nicht das auserwählte Rutenkind sein. Wollte keine Macht über Kraftkreuze und Erdstrahlung und Himmelsfelder und was nicht alles haben. Er sank neben mir zusammen, in Gedanken war er ganz weit weg.

»Sonst fahre ich eben allein dorthin!«, entfuhr es mir. »Ich nehme das Astrolabium und fahre allein hin. Es funktioniert vielleicht genauso gut ohne dich! Und das wird es wohl, denn du bist ja nicht das auserwählte Kind, stimmt's?«

Ich knuffte ihn mit dem Ellenbogen, nur um ihn ein bisschen aufzumuntern. Er lächelte ein wenig.

»Nee, ist doch klar ...«

»... dass es bloß ein Zufall ist, dass es GBGSTN ergibt, wenn man deinen Namen als Schlüsselwort einsetzt«, setzte ich fort. »Und es wird auch nichts in der Mittsommernacht passieren. Also kannst du genauso gut mit mir dorthin kommen. Ich hab nämlich nichts gegen Gesellschaft.«

»Also hast du wirklich vor, dort Mittsommer zu feiern?«, fragte Orestes. »Nur weil du dir ein paar verrückte Ideen in den Kopf gesetzt hast?«

»Ja, ganz genau«, erwiderte ich. »Das ist total verrückt.«

Orestes lächelte. Zuerst zögerlich, aber dann breiter.

Und dann war es abgemacht.

Wir schauten nach, ob die Begegnung zwischen Mars und Venus wirklich am Mittsommertag exakt um Mitternacht stattfinden sollte, wie Mama gemeint hatte. Und es stimmte. Also war klar, wo Orestes und ich dann mit dem Astrolabium sein würden.

Am selben Tag bekam Papa eine neue Mail von Mama. Ich las sie auf seinem Handy:

An: fredrik.b@home.net
Von: susanne.berggren@ebi.com
Betreff: Re: Fuji

Hallo noch mal, Fredrik,
es ist superschön hier, die Arbeit läuft sehr gut. Und ich habe ein traumhaftes Jobangebot bekommen.
Akio Murakami will, dass ich für längere Zeit in Japan bleibe, um das System, das ich selbst aufgebaut habe, weiterzuentwickeln. Das ist ein fantastisches Angebot, ich bin so stolz darauf. Und stell dir mal vor, ständig hier in dieser kreativen Umgebung sein zu können! Aber selbst wenn es hier in Japan fantastisch ist, habe ich

ja noch euch zu Hause in Lerum ... Und ich glaube nicht, dass du und Malin Lust habt, hierherzuziehen, oder?

Also wird daraus selbstverständlich nichts. Aber ich werde mich trotzdem noch eine Weile darüber freuen, dass ich gefragt wurde.

Drück dich ganz fest, Suss

»Manche verschwinden«, hatte das Orakel in seiner Mail geschrieben.

Menschen verschwinden natürlich auf unterschiedliche Weise. Aber Mama würde doch wohl nicht ohne Papa und mich in Japan bleiben, egal was für einen tollen Job sie bekommt?

Obwohl es gerade jetzt eigentlich ganz praktisch war, dass Mama sich sehr weit weg von Lerum aufhielt, denn wäre sie hier, könnte ich nie im Leben an Mittsommer mitten in der Nacht zum Hauptbahnhof in Göteborg fahren. Aber mit Papa war das eine ganz andere Sache. Er hatte eigene Pläne.

»Mona hält am Mittsommerabend eine Nachtwache. Am Seeufer in Floda, genau neben Schloss Nääs. Da wollte ich hingehen. Aber wir können natürlich auch zuerst zur normalen Feier gehen?«

Jedes Jahr findet draußen auf Gut Nääs ein gigantisches Mittsommerfest statt, mit Volkstrachten, Mittsommerstange und allem drum und dran.

»Was meinst du dazu, Malin?«, wollte Papa wissen.

»Naja ... eigentlich wollte ich zu Hause bleiben. Es kommt ... ein Marathonlauf im Fernsehen. Orestes und ich wollen ihn bei uns zu Hause anschauen.«

Also, mein Papa ... Wie konnte er nur glauben, dass mich ein Marathonlauf auch nur das kleinste bisschen interessieren würde? Ich erkannte ihn wirklich überhaupt nicht wieder! Er meinte nur: »Ja, ja, dann seht euch nur den Marathon an ...«

Ich spürte ein erwartungsvolles kleines Ziehen im Magen.

An Mittsommer um Mitternacht ... Es waren nur noch acht Tage bis Mittsommer. Aber zuerst – vor der Begegnung, der schicksalsschweren Begegnung zwischen Venus und Mars – mussten wir noch die Schulabschlussfeier hinter uns bringen.

41.

Schließlich standen die Abschlussfeier, der Beginn der Sommerferien und der allerletzte Tag in der Almekärsschule vor der Tür.

Es fühlte sich seltsam an, dass Mama nicht wie sonst dabei war. Stattdessen ging ich mit Papa hin. Ich bin nicht sicher, ob er irgendwann schon mal dabei war. Er war ewig im Krankenhaus. Aber davor? Hatte er gearbeitet? Aber jetzt war er jedenfalls mit vollem Einsatz dabei. Er stand ziemlich weit vorne, sodass man ihn von allen Seiten sehen konnte, und sang jedes einzelne Lied mit! Außer dem Schulsong natürlich, denn den sang nur unsere Klasse. Und es war echt der beste Schulsong aller Zeiten!

Dann verabschiedeten wir uns von den Lehrern. Sanna und ein paar der anderen Mädchen heulten. Ich nicht. Aber nicht, weil ich unsere Lehrer nicht mochte, denn das tue ich! Aber mein Herz hämmerte »Weiter, weiter!«. Ich hatte quasi schon abgeschlossen.

Nach der Abschlussfeier gehen Mama und ich normalerweise heim und essen Kuchen. Aber Papa hatte andere Pläne: Er wollte, dass wir in einem Restaurant schick essen gingen.

Kabeljaufilet. Eigentlich mag ich das nicht, aber es war ganz okay. Dann machten wir einen langen Spaziergang am See. Es ging nur ein leichter Wind und der Himmel über mir war klar.

Es waren Sommerferien.

Ich lief mir Blasen in meinen neuen Sandalen. Und als wir nach Hause kamen, zog ich mir Jeans und meinen Kuschelpulli an statt des Sommerkleides.

Das Tablet aus der Schule lag auf meinem Schreibtisch. Jetzt, wo wir die Schule wechselten, konnte man es kaufen, wenn man wollte. Und das hatte Papa getan. Mein *lieber* Papa!

Ich berührte das Display mit dem Finger, nur um zu sehen, ob ich Netz hatte. Hatte ich.

Eine Eins prangte auf dem Briefsymbol ganz unten auf dem Bildschirm. Jemand hatte mir eine Mail geschickt, während wir unterwegs waren.

Ich öffnete sie.

An: mabe06@almekärrsskolan.lerum.se
Von: nn@nobi.net
Betreff:

Malin, ich hab immer noch nichts von dem Brief gesehen, ich hab immer noch nicht das, was ich brauche. Ich kenne dich, vergiss das nicht! Ich kenne dich besser als irgendwer sonst. Erinnerst du dich an all das, was du mir erzählt hast?
Erinnerst du dich an das hier?

»4. September: Papa ist immer noch im Krankenhaus. Ich fange an, mir zu wünschen, dass er nie wieder heimkommt, ich wünschte, dass es nur Mama und mich gäbe. Das wäre entspannter.«

Malin, seinem Papa den Tod zu wünschen ist gar nicht nett. Soll ich ihm das vielleicht erzählen? Wenn ich nicht das bekomme, was ich brauche, mache ich das vielleicht. Wenn du mich daran hinderst, das kleine Rutenkind zu finden, mache ich das vielleicht.

Übergib mir jetzt alles, was du hast. Die Briefe und das schöne Instrument. Verstecke sie auf dem Schulhof, zwischen den Steinen an der Böschung, und leg etwas Rotes an die Stelle, damit ich sie finde.

Sprich mit niemandem über das hier.

Schreibe niemandem eine Mail. Ich sehe dich. Tag und Nacht.

Dein Freund, das Orakel

Das ist nicht wahr! Ich hatte nie gehofft, dass Papa sterben würde. Ich wollte bloß, dass das alles aufhört.

Es war so schwer gewesen, zu hoffen und um sein Leben zu bangen, wieder und wieder. Ich wollte nicht mit ansehen, wie Mama mehr und mehr zerbrach. Am Ende hatte sie kaum noch Kraft. Und ich wollte kein Wort mehr über das Krankenhaus hören! Ich wollte nur noch weg.

Ich schämte mich für das, was ich dachte.

Aber es stimmte nicht, dass ich mir je gewünscht hätte, Papa solle sterben!

Obwohl es vielleicht so scheinen mochte, in dieser Mail, die ich im Herbst ans Orakel geschrieben hatte – vor einer halben Ewigkeit ...

»Ich komme gleich!«, rief ich Papa zu und rannte aus der Haustür.

Ich dachte nicht dran, was passieren würde, wenn Orestes mich sah, ich rannte einfach schnurstracks Orestes' Auffahrt hinauf und durch die Seitentür in die Garage. Es stand natürlich kein Auto in Monas Garage, bloß jede Menge unausgepackter Umzugskisten und alte Möbel, getrocknete Pflanzen und Bücher, Bücher überall ... Und Orestes' Fahrrad.

Wir hatten die Schatulle mit dem Astrolabium hinter einer der Umzugskisten versteckt. Ich schnitt mir in den Finger, als ich an dem Deckel herumfummelte, und die Wunde brannte und blutete, als ich das Astrolabium herausnahm. Ich holte auch die alte Karte aus ihrer Röhre. Und alle Briefe. Der Rechenschieber war nicht da, denn den hatte Orestes immer bei sich. Aber ansonsten nahm ich alles mit. Alles, was wir während unserer Jagd nach dem Rätsel in Axels Briefen gefunden hatten. Ich hatte beschlossen, das zu tun, was das Orakel – oder Eigir – wollte. Ich konnte ihm genauso gut geben, was er wollte. Dann wäre ich ihn los.

Orestes ist es ohnehin egal, dachte ich.

Dann stürmte ich Richtung Trampelpfad. Ich rannte den Pfad entlang und dachte an die steinigen Abhänge hinter der Schule. Dort gibt es orange-gelbe Markierungen an den Bäumen, die den Schulkindern anzeigen, wo der Schulhof endet – es ist *absolut verboten*, weiter als bis zu den markierten Bäumen zu gehen. Denn dann wird es hier und da richtig steil. Genau dort lief ich hin. Die Böschung hinauf und an den Bäumen mit den orange-gelben Markierungen vorbei.

Schließlich fand ich ein kleines Loch zwischen einigen Felsblöcken.

Dort versteckte ich alles.

Ob Eigir hier irgendwo ist?, überlegte ich. Ist er hier irgendwo und beobachtet mich?

Dann ging ich rasch über den Schulhof zurück, ohne mich umzudrehen. Kaum zu glauben, dass ich noch vor ein paar Stunden da auf dem Asphalt gestanden und gesungen hatte!

Ich fing an zu rennen. Und ich rannte, so schnell ich konnte, in den Wald und über den Pfad zurück.

Papa kam grade raus in die Diele, als ich heimkam. Ich knallte die Haustür hinter mir zu und schloss ab. Papa ließ fast die Schüssel mit Popcorn, die er in den Händen hatte, fallen.

»Aber Liebes, was ist denn?«, fragte er.

Ich fing an zu weinen, bevor ich noch die Schuhe ausziehen konnte.

An diesem Abend schlief ich mit dem Kopf auf Papas Schoß ein. Er hatte lange mit mir darüber geredet, wie schwer es sein konnte, Dinge loszulassen, aber dass es mit der Zeit immer besser wurde. Darüber, wie erschreckend es sein kann, erwachsen zu werden, aber dass sich alles wieder einrenkt. Über all das Neue, das kommen würde.

Er dachte, ich würde weinen, weil ich traurig war, dass die Schule aus war.

Er wusste nicht, dass ich der armseligste Mensch der Welt war.

Irgendwann an diesem Abend habe ich zu Papa gesagt, dass ich nicht will, dass er stirbt. Und ich glaube, er hat geantwortet, dass er heute nicht sterben würde. Aber sicher bin ich mir nicht.

Als Orestes am ersten Ferientag vorbeikam, sagte ich zu Papa, er solle sagen, ich sei krank. Papa schaute mich fragend an.

»Kopfschmerzen«, meinte ich.

»Okay«, sagte Papa und ich erkannte, dass er verstand.

Am Tag danach musste Orestes auch wieder gehen. Papa meinte, er habe ein wenig traurig ausgesehen. Orestes wusste also nicht, was ich getan hatte. Noch nicht.

Aber am dritten Tag hämmerte er wie ein Verrückter an unsere Tür. Papa war nicht zu Hause. Ich wollte mich am liebsten unter dem Bett verstecken und so tun, als sei ich auch nicht da. Aber ich machte die Tür auf.

Jetzt wusste Orestes es.

»Das Astrolabium!«, schrie er, sobald die Tür zwei Zentimeter offen stand. »Es ist weg!«

Ich sagte nichts.

Und dann nichts.

Und dann wieder nichts.

Als ob meine Stimme ganz verstummt wäre.

Aber schließlich schaffte ich es doch, ein »Ich weiß« hervorzubringen.

Ich ging in die Küche – Orestes kam hinterher.

Ich setzte mich an den Küchentisch – Orestes nahm den Stuhl mir gegenüber.

Ich atmete tief durch und fing an zu erzählen.

»Du hast *was*?«, platzte Orestes heraus, als ich grade erklärt hatte, dass ich all die Sachen an der Böschung hinter der Schule gelassen hatte.

»Ich hab das Astrolabium und alles andere dem Orakel gegeben. Eigir.«

»Was?«

»Ich hab's weggegeben.«

»Alles?«

»Alles.«

Ich erzählte von der Mail, von dem Schrecklichen, das ich geschrieben hatte, als Papa krank war, und dass ich deshalb gezwungen gewesen war, zu tun, was das Orakel wollte.

»Du hast all das weggegeben, weil du eine Mail bekommen hast? Aber kriegst du denn gar nicht mit, wie dein Papa dich ansieht? Der würde dir so ziemlich alles verzeihen, kapierst du das nicht?« Orestes schluchzte fast. »Was spielt Eigirs Mail da für eine Rolle? Du hast es so gut und machst alles nur kompliziert!«

Ich wusste, dass Orestes recht hatte. Eigentlich hatte ich das schon am Tag der Schulabschlussfeier gewusst, als ich abends auf Papas Schoß eingeschlafen war. Dass er mir alles verzeihen würde.

»Warum bist du denn so wütend?«, brachte ich hervor.

»Warum?« Er war wirklich mächtig sauer.

»Du glaubst doch sowieso an nichts davon! Du glaubst doch nicht, dass es so was wie Erdstrahlung oder Sternenfelder gibt. Du glaubst nicht, dass es mit dem Astrolabium was Besonderes auf sich hat. Du glaubst, dass es sinnlos ist, an Mittsommer zum Bahnhof in Göteborg zu fahren! Du glaubst, dass das alles bloß ausgedacht ist. Dann kann doch Eigir genauso gut alles haben, was er will!«

»Aber hab ich dir nicht gesagt, dass das Astrolabium wertvoll ist?«

Wen juckt's, dachte ich.

»Superwertvoll«, meinte Orestes.

»Aha.«

»Extrem unwahrscheinlich *superwertvoll* ... Und weißt du, was das für mich bedeutet?«

»Ähm, nein ...« Das wirkte jetzt beängstigend.

»Mit dem Geld vom Astrolabium könnte ich an dem Tag zu Hause ausziehen, an dem ich achtzehn werde. Ich könnte mir eine eigene Wohnung kaufen. Nein, ich könnte mir sogar fünf kaufen! Ich könnte tun, was ich will, lesen, was ich will und den besten Computer der Welt kaufen und hundert verdammte Taschenrechner. Und du hast das alles einfach weggegeben – an Eigir!«

Damit hatte ich wirklich nicht gerechnet.

»Und jetzt«, fuhr Orestes fort, »jetzt muss ich es zurückholen! Jetzt muss ich diesen Irren suchen, den ich gehofft hatte, nie wiedersehen zu müssen. Nur weil du so blöd warst! Ich muss an das Astrolabium kommen, weil er es nicht haben darf! *Ich* muss das Astrolabium haben! Ich muss es zurückholen! Allein.« Er kochte schier vor Wut.

Dann hau doch ab und mach es, dachte ich. Ich wollte sowieso nicht mitkommen.

Unser Streit war am zwanzigsten Juni, nur vier Tage vor Mittsommer.

Ich hätte am liebsten den ganzen Mittsommertag verschlafen, aber das war unmöglich, denn die Sonne schien schon morgens um fünf hell in mein Zimmer.

Nach all den kalten und verregneten Mittsommertagen musste natürlich genau dieser der sonnigste, wärmste und schönste werden, den man sich vorstellen konnte. Alle zehn Jahre ist einmal schönes Wetter am Mittsommertag, habe ich gehört. Vielleicht also war dies hier der erste schöne Mittsommer in meinem Leben? Typisch!

Papa strahlte wie die Sonne.

Er streunte durchs Haus und summte vor sich hin. Goss Blumen, puzzelte mit allen möglichen Sachen rum ...

Und dann – ich dachte, ich sehe nicht richtig! – kam er zu mir in die Küche und drehte sich im Kreis, in so einer Art Nachthemd mit einer Sonne auf der Brust.

»Also, was meinst du?«, wollte er wissen.

Ich glaube, meine weit aufgerissenen Augen sprachen Bände. Es war unmöglich, sich vorzustellen, dass dieser Mann hier, mein Papa, früher jeden Tag in einem granitgrauen Anzug und frisch geputzten Schuhen zur Arbeit gegangen ist.

»Du weißt ja, dass ich heute Abend mit Mona und ihren Freunden unterwegs sein werde«, sagte er. »Wir halten eine Mittsommerwache draußen am See. Da muss man seine Kleiderwahl schon ein bisschen anpassen.« Er lächelte ein wenig verlegen, fuhr sich mit der Hand übers Haar und klopfte auf das Sonnensymbol auf seiner Brust.

Ich hätte hundert Dinge über seine angepasste Kleiderwahl sagen können, aber stattdessen umarmte ich ihn.

»Ui!«, rief er. »Seh ich so gut aus in meiner Sonnentracht?«

Tat er nicht, aber er war groß und warm – und mein Papa. Der nicht sterben sollte.

Etwas später am Vormittag klopfte es an unserer Tür. Ich versteckte mich im Gästeklo, weil ich dachte, es wäre Orestes, der mich wieder zusammenstauchen wollte. Aber als Papa aufmachte, hörte ich, dass es jemand anderes war, deshalb spähte ich hinaus in die Diele.

Es war Ante. Was wollte der hier? Er stand mit diesem Mops, Silvia, auf unserer Treppe.

»Hey«, meinte Ante, als er mich erspähte.

»Hallo«, sagte ich.

»Ich wollte nur mal abchecken ... äh ... was du heute machst?«

»Nichts Besonderes«, erwiderte ich.

»Ja, klar, aber heute Abend?« Ante zog ein bisschen an der Leine. »Wir wollen raus nach Nääs und grillen. Ich muss zwar erst mit meiner Familie mit, aber dann treffen wir uns am See, die ganze Gang aus der Klasse. Willst du auch mit?«

Es war total nett von ihm zu fragen. Richtig, richtig nett! Es war der sonnigste Mittsommertag in meinem Leben und mich hatte grade jemand gefragt, ob ich zum Grillen mitkommen wollte. Aber ich konnte nicht. Ich konnte einfach nicht zwischen anderen Leuten sitzen und so tun, als sei ich gut drauf. Alles, woran ich denken konnte, war dieses abscheuliche Orakel und wie sauer Orestes war und warum ich immer alles kaputt machen musste. Ich fühlte mich elend.

»Nee«, sagte ich. »Ich hab Fieber und kann nicht raus. Gar nicht.«

»Ach so, okay«, meinte Ante.

Ich versuchte, blass und schwach auszusehen. Ich glaube, das ist mir sogar gelungen, weil ich so traurig war.

Ante zog wieder ab, den Hund schleppte er hinter sich her.

Ich blieb in der Diele stehen.

Papa kam behutsam näher.

»Fieber?«, fragte er.

»Ach«, machte ich und ging die Treppe rauf in mein Zimmer.

Papa tat sein Bestes, mich zu überreden, am Abend mitzukommen, das tat er wirklich. Ich schwindelte ihn an und sagte, Orestes würde später rüberkommen. Und da gab Papa nach.

Er wurde von Mona und einer ganzen Schar ihrer Freunde abgeholt. Ich sah sie durchs Fenster, als sie gingen. Mona in Waldgrün mit Elektra an der Hand. Elektra trug etwas Weißes, Fluffiges. Sie sah aus wie eine kleine Elfe, wie sie so ein paar flatternden Drosseln hinterherlief. Unsere Schuldirektorin war auch dabei, in einer hellblauen Tunika und Sandalen. Sie verbeugte sich, als Papa auftauchte.

Als die ganze Truppe verschwunden war, lag die Straße still und leer da. Absolut nichts passierte. Ich saß in meinem Zimmer und sah zu, wie die Sonne von einem strahlend blauen Himmel schien. Zumindest so lange, bis ich die Jalousie runterzog.

Ich schaute ein bisschen fern.

Ich versuchte zu lesen.

Ich aß die Chips und trank die Cola aus, die Papa für Orestes und mich gekauft hatte.

Ich wollte checken, ob Mama noch eine Mail geschrieben hatte, traute mich aber nicht. Ich hatte eine Riesenangst, weitere Nachrichten vom Orakel zu finden.

Ich dachte an Mama. Sie war jetzt auf dem Flug von Osaka und würde morgen zu Hause sein. Dann würde alles wieder wie immer werden.

Ich schielte immer öfter auf die Uhr. Halb zehn war es jetzt. Ob Orestes schon in den Zug nach Göteborg eingestiegen war? Heute, am Mittsommerabend, fuhren bestimmt nicht so viele Züge, also war er vielleicht schon am Hauptbahnhof angekommen? Vielleicht lief er da jetzt herum und hielt nach Eigir und dem Astrolabium Ausschau? Was glaubte er eigentlich, wie er es zurückbekommmen würde?

SCHLÜSSEL: ORESTES
CODE: USKKMR
KLARTEXT: GBGSTN

Etwas ist gekommen,
Etwas wurd' genommen.
Nun da Bergmanns Macht
Über die Erd' hat gebracht
Getös' ohne Ende, ohn' Unterlass Gebraus,
Menschenwege breiten sich aus.
Wir ersehnen dich, Rutenkind, in Menschengestalt.
Dich, das gewahren soll die vergessene Kraft,
Wenn die Sterne sich treffen in der Mittsommernacht,
Wo sich kreuzen die Wege und die Schiene glänzt kalt.
Vögel folgen deinem Weg über Land,
Sternenuhrs Pfeil weist in deine Hand.
Sternenfelder sich krümmen und Erdenströme schlagen,
Nur du kannst Macht übers Kräftekreuz haben.

Wenn die Sterne sich treffen in der Mittsommernacht: Das ist heute Nacht. *Wo sich kreuzen die Wege:* Göteborgs Bahnhof. *Rutenkind:* Orestes.

Alles stimmte.

Aber dann kam mir ein ganz anderer Gedanke.

Was, wenn man es mit einem anderen Schlüsselwort als Orestes versuchte? Zum Beispiel ... MALIN. Und es mit dem Code von dem Baum kombinierte, also USKKMR ...

Schlüssel	M	A	L	I	N	M
Klartext	i	s	z	c	z	f
Code	U	S	K	K	M	R

Das Ergebnis war: ISZCZF

Ein sinnloses Ergebnis. Logisch, ich war ja auch nicht auserwählt.

Dann setzte ich den Namen ELEKTRA ein.

Schlüssel	E	L	E	K	T	R
Klartext	q	h	g	a	t	a
Code	U	S	K	K	M	R

Ich bekam heraus: QHGATA

Wieder dieses »Gata«? Q und H?

Ich erinnerte mich daran, dass ich immer noch Orestes' Karte hatte, auf die er all die Linien von Axels Karte übertragen hatte. Dort gab es sowohl »Gata Q« und »Gata H«. Und die kreuzten sich an einem Punkt in der Nähe von Nääs, beim See. *Wo sich kreuzen die Wege,* in Silvias Lied – konnte das also in der Nähe von Nääs sein? Genau dorthin war Elektra ja gerade auf dem Weg, mit Mona und Papa und all den anderen von der Mittsommerwache. Ich musste daran denken, wie sie gerade zwischen den Drosseln auf der Straße vor unserem Haus rumgesprungen war, in ihrem weißen, wolkengleichen Kleid. *Vögel folgen deinem Weg über Land,* hieß es auch in dem Lied. *Vögel!* Elektra rannte doch immer hinter

Vögeln her! Elstern, Drosseln, Tauben ... Immer Vögel! »Das kleine Rutenkind«, hatte das Orakel in seiner Mail geschrieben. Das *kleine* ...

Ich sah es ganz deutlich. Orestes war auf dem Weg zum falschen Ort. Er war nicht das auserwählte Rutenkind, war er nie gewesen. Und Eigir wusste das! Ich musste etwas tun, egal was, sofort, bevor Eigir ... Mein Herz versuchte, sich aus meiner Brust rauszusprengen!

44.

Der Zug nach Göteborg, der um 22:10 Uhr fuhr, war nahezu leer. Wen wundert's. Wer will schon am Mittsommerabend in die Stadt fahren?

Ich setzte mich weit nach hinten, ans Fenster, und versuchte zu erkennen, wie nahe sich Mars und Venus am Himmel bereits gekommen waren. Aber es war immer noch zu hell, man konnte keine Sterne sehen. Der Zug sollte gegen halb elf ankommen. Anderthalb Stunden vor Mitternacht.

Der Zug zischte durch den Wald, am See vorbei, über Felder, vorbei an den Hochhäusern in Partille und hinein in die Stadt. Mit jedem Kilometer verdunkelte sich der Himmel mehr. Das strahlende Blau war verschwunden. Als ich aus dem Zug ausstieg, lag Gewitter in der Luft, es fühlte sich so an, als ob die ganze Welt auf mich eindrückte.

Die Bahnsteige waren leer. Nur etwas Papier und anderer Abfall wirbelte umher, als einige warme, unruhige Gewitterböen auffrischten.

Orestes war nirgends auf dem Bahnsteig. Auch nicht beim Zeitungskiosk. Ich war ganz allein. Die Uhr tickte. Ich stürzte in das Bahnhofsgebäude, zu der großen Wartehalle mit den gewölbten Bögen an der Decke. Meine Schritte hallten viel zu laut auf dem Steinfußboden wider. Wo war Orestes? Ich rannte zuerst in die eine Richtung, dann in die andere. Die Uhr tickte.

In der Mitte der Halle sind die Steinplatten des Fußbodens so verlegt, dass sie einen Kompass abbilden. Ich bemerkte, dass ich mittendrin stand. Mitten in der Kompassrose. Bald war es zu spät.

»O-res-tes!«, rief ich. »*Orestes Nilsson! Orestes Nilsson! Orestes Nil...*«

»Was machst du da?« Orestes tauchte aus dem Nirgendwo auf. Er war so aufgebracht, dass es um ihn herum schier brodelte. »Ich habe das perfekte Versteck gefunden! Und jetzt kriegt Eigir mit, dass wir hier sind!«

»Orestes«, japste ich. »Eigir kommt hier nicht her. Und es bist auch nicht du ... Du bist nicht ... Es ist Elektra!«

Gibt es etwas Schrecklicheres, als in einer halb leeren S-Bahn zu sitzen, die erst in fünfzehn Minuten abfährt, wenn man so schnell wie möglich diejenigen, die man liebt, retten muss? Hätten wir Geld gehabt, hätten wir in eines der Taxis vor dem Hauptbahnhof springen und sagen können: »Fahren Sie, so schnell Sie können, es geht um Leben und Tod!«

Aber in einem stehenden Zug warten zu müssen – das war kaum auszuhalten.

Das Einzige, was ich tun konnte, war zu versuchen, Papa zu erreichen und ihn zu bitten, Elektra nicht aus den Augen zu lassen. Damit Eigir sie nicht zu fassen bekam. Aber Papa ging nicht ran. Ich rief wieder und wieder an, alle zwei Minuten. Er nahm nicht ab.

Schließlich bewegte sich der Minutenzeiger einen Schritt vor und der Zug begann, sich in Bewegung zu setzen. Nie zuvor war ein Zug zwischen Göteborg und Lerum so langsam gefahren. Jedenfalls nicht seit Nils Ericsons Lebzeiten. Jeder Halt fühlte sich wie eine Ewigkeit an, jedes Anfahren ging viel zu langsam, jede Bremsung kam zu früh.

Als der Zug die Haltestelle Aspedal passierte, war es 23:27 Uhr. Noch dreiunddreißig Minuten bis Mitternacht. Wir *mussten* es schaffen!

23:29 Uhr Bahnhof Lerum
23:32 Uhr Haltestelle Stenkullen
23:34 Uhr Vollbremsung!

Der Lautsprecher fing an zu knistern.

»Ein frohes Mittsommerfest allen zusammen. Leider musste der Zugverkehr gerade wegen einer Störung in der Oberleitung bei Floda komplett eingestellt werden. Wir haben bedauerlicherweise noch keine Information, wann diese behoben werden kann. Wir geben Ihnen Bescheid, sobald wir mehr wissen.«

Wir stürzten zur Tür. Ich drückte den Türöffner sicher hundertmal, aber nichts geschah.

Plötzlich streckte sich Orestes nach dem kleinen roten Hebel über den Türen. Den, den man *unter keinen Umständen* berühren darf, außer es brennt. Er zog fest daran.

Die Türen setzten sich mit einem zischenden Laut in Bewegung und glitten langsam auseinander. Orestes zwängte sich zwischen ihnen hindurch, bevor die Tür auch nur zwanzig Zentimeter offen stand. Ich hörte einen dumpfen Plumps, als er auf dem Bahndamm landete.

Gerade als ich Orestes folgen wollte, hörte ich, wie der Schaffner in den Waggon kam und rief: »Lasst das sofort bleiben! Das ist lebensgefährlich! Bleibt sofort stehen!«

Da sprang ich.

45.

Dann rannten wir. Und Orestes lief so schnell wie nie zuvor. Ich fiel weiter und weiter hinter ihm zurück, obwohl ich so schnell rannte, wie ich konnte. Ich hatte Schmerzen in der Brust und aus meinem Hals kam nur noch ein Pfeifen. Niemals würde ich die gesamte Strecke in dieser Geschwindigkeit schaffen, ich musste langsamer machen. Orestes warf einen Blick zurück. Ich hob die Hand in seine Richtung und wollte rufen: »Lauf, Orestes. Lauf zu Elektra!« Aber ich bekam kein Wort heraus. Er verstand wohl trotzdem, denn er erhöhte die Geschwindigkeit und verschwand.

Ich wurde langsamer und ging, so schnell ich konnte, an den Gleisen entlang.

Als ich endlich an der Haltestelle in Floda ankam, kletterte ich auf den Bahnsteig. Doch in welche Richtung sollte ich jetzt? Ich hatte Orestes die Karte gegeben ...

»Silvia!«, rief jemand in der Nähe. »Siiiilviaaaa!«

Ein pummeliger Mops kam über den Bahnsteig auf mich zugerannt, die Leine schleifte hinter ihm her. Ich beugte mich zu dem kleinen Hund runter und bekam die Leine zu fassen.

Dann hörte ich ein Stück entfernt Schritte, die über Kies rannten. Als ich aufschaute, stand Ante vor mir.
»Äh ...«, machte er. »Das Grillen ist schon längst zu Ende.«

Ich beeilte mich, Ante zu erklären, dass ich dringend nach Nääs musste, um Orestes, seine Mutter und kleine Schwester und natürlich auch meinen Papa zu finden. Ante sah mich verständnislos an. Aber dann erklärte ich ihm, dass Elektras verrückter Vater aufgetaucht war, und er kapierte, dass es ein Notfall war.
»Okay«, meinte er. »Komm mit!«
Ante nahm den kleinen Hund auf den Arm und wir rannten zum Parkplatz.
Dort stand seine Uroma in Tracht. Sie streckte die Hände nach uns aus und lächelte mild, wenn auch etwas zahnlos, als sie fragte: »Hat sie schon gepieselt?«
Neben Antes Uroma stand eine jüngere Frau mit hochhackigen Schuhen, roten Lippen und Minikleid. Sie zog die Alte ungeduldig am Arm.
»Komm jetzt, Oma. Setz dich wieder in den Wagen, dann fahren wir heim! Silvia muss jetzt nicht länger Gassi gehen, versprochen.«
Das musste Antes Mutter sein.
Als alle endlich auf ihrem Platz im Auto saßen, erklärte Ante seiner Mutter, dass wir dringend nach Nääs gebracht werden mussten, bevor sie Uroma Gerda nach Hause fuhr (die laut Antes Mutter bereits »länger auf war, als für sie gut war«). Zum Glück ließ sie sich aber doch überreden.

»Und wie kommst du jetzt heim?«, fragte sie Ante, als wir in Nääs ankamen und aus dem Auto sprangen.

»Irgendwie!«, antwortete Ante und warf die Tür zu.

Silvia schaute uns durch die Rückscheibe nach, als das Auto davonfuhr.

Draußen auf Nääs stand die hohe Mittsommerstange verlassen in der Halbdämmerung. Der Tanz war schon lange vorbei.

»Dahinten in dem Haus wird noch getanzt bis Mitternacht«, meinte Ante. »Und dann gibt es einen Fackelzug. Das ist jedes Jahr so, schon seit mindestens hundert Jahren. Das ist superschön.« Er sah mich leicht beunruhigt an. »Also, es ist wegen Uroma, sie schleppt uns immer hierher.«

Entspann dich, Ante, hätte ich sagen können. Ich werde nicht petzen, dass du dich für Volkstänze interessierst.

»Wohin müssen wir eigentlich?«, fragte er.

Genau das war das Problem – ich wusste es nicht wirklich. Die Q- und H-Linien trafen irgendwo in der Nähe des Sees aufeinander, daran konnte ich mich erinnern. Ich glaube, es war am Nordufer.

Es war Mitternacht, aber es war auch Mittsommer. Der Himmel war rosarot und die Sonne nicht richtig untergegangen. Der Wald setzte sich als schwarzer Streifen vor dem Himmel ab. Die Luft war still und schwer. Lauernd.

»Hier lang, glaube ich.« Ich hatte einen Weg erspäht, der zum See zu führen schien.

Wir rannten vom Festplatz weg, weg von dem Gefiedel, das vom Tanz herüberklang. Ich konnte nur noch den Kies unter unseren Füßen hören und meinen eigenen, japsenden Atem. Plötzlich stand da jemand, auf dem Trampelpfad genau vor uns. Eine Gestalt in einem langen Gewand mit weiten Ärmeln.

Ich blieb wie angewurzelt stehen. Aber dann erkannte ich, wer es war.

»Schüler!«, rief sie aus. »Wie schön, hier auf Schüler zu treffen! Aber ist es nicht ein bisschen spät für euch?«

Unsere Schuldirektorin! Im letzten Sonnenlicht glänzten die großen Perlen auf, die sie um den Hals trug.

»Sie müssen uns helfen!«, platzte ich heraus. »Wissen Sie, wo Papa ist? Und die anderen? Mona und Elektra?«

»Seid ihr auf dem Weg zur Mittsommerwache?«

Ich nickte.

»Kommt mit«, sagte die Direktorin. »Ich zeige euch den Weg.«

Sie bog vom Pfad ab und führte uns in den Wald hinein, zwischen die Eichen. Ich wollte mit ihr Schritt halten, aber gleichzeitig war ich so müde, dass meine Beine nicht mehr wollten. Meine Füße stolperten im Dämmerlicht über Wurzeln und Steine. Wohin gingen wir?

Plötzlich gellte ein spitzer Schrei durch den Wald. Irgendetwas raschelte ganz in der Nähe. Mir schlug das Herz bis zum Hals und Ante packte mich am Arm.

»Was war das?«, wisperte er.

»Ein Vogel«, meinte ich. Ich hatte Flügelschläge gehört, als er aufgeflogen war. Auf einmal hatte ich ganz deutlich das Gefühl, dass etwas nicht stimmte.

Papa hatte gesagt, dass die Mittsommerwache am See stattfinden sollte. Am See. Nicht im Wald.

Die Direktorin war stehen geblieben. Sie drehte sich zu uns um.

Ich wich ein paar Schritte zurück und zog Ante instinktiv mit mir.

»Nein«, rief die Direktorin scharf. »Ihr müsst mit mir kommen.«

Sie packte mich am Arm. Ante hielt immer noch den anderen. Sein Griff wurde fester.

Hält er mich fest?, konnte ich noch denken. Aber da flüsterte er: »Lauf ... *Jetzt!*«

Das *Jetzt* schrie Ante und ließ mich in dem Augenblick los, in dem er in Richtung der Direktorin zutrat. Ich riss mich los und stolperte die Böschung hinunter. Hinter mir rang Ante mit der Direktorin. Ante ist stark, aber er ist erst zwölf. Ich bekam einen Vorsprung, nicht mehr.

Meine Beine waren schwer und meine Lungen brannten. Ich schmeckte Blut im Mund, aber ich rannte aus dem Wald heraus, fand zurück zum Trampelpfad und lief ihn hinunter zum See. Die glänzende Wasseroberfläche schimmerte durch die Bäume. Ich sah, wie sich riesige, graurote Wolken darin spiegelten, die von links aufzogen.

Der Trampelpfad führte weiter über ein offenes Feld und da waren auch wieder die Gleise. Und dort sah ich sie!

SZENE: Mittsommernacht. Bedrohliche Gewitterwolken rollen über den Wald und die Wiesen von Nääs. Eisenbahngleise verlaufen durch die Landschaft, genau wie sie es schon 1857 taten.

Der See zur einen Seite der Gleise. Der Wald zur anderen.

Ein Strommast, der zur Eisenbahn gehört, ist umgestürzt und liegt quer über den Gleisen.

Neben dem umgestürzten Mast: vier mannshohe Rollen, auf denen »Fiber Sweden Communications« steht.

Im Fallen hat der Strommast die Oberleitung mit sich gerissen und jetzt windet sich die Stromleitung wie eine riesige schwarze Schlange über die Erde, bis zu den Kabelrollen.

Ein schwarz gekleideter Mann steht oben auf einer der Rollen. Er hält etwas Helles, Quirliges im Arm: Elektra.

Zwei Personen stehen wie erstarrt ein Stück entfernt und sehen zu. Eine hell, mit langem glänzenden Haar, das wie ein Schleier um sie herumfällt: Mona. Eine dunklere und größere, man kann das Blitzen eines Sonnenzeichens auf ihrem Kaftan erahnen: Papa.

Ich beobachtete die Szene einen Augenblick. Es war, als sei die Zeit stehen geblieben. Mein Blick heftete sich an den schwarz gekleideten Mann.

Eigir, das Orakel. Das war er da oben auf der Rolle, das war mir klar. Während er gleichzeitig Elektra festhielt, hob er etwas Rundes, Glänzendes gen Himmel.

Das Astrolabium.

Noch war es nicht ganz Mitternacht, es war noch ein paar Minuten bis zum Zwölfuhrschlag. Noch waren sich Mars und Venus nicht am Himmel begegnet. Aber sie waren schon nahe beieinander! Jetzt konnte ich sie sehen, wie zwei schwache Lichtpunkte am Himmel.

Bevor sich die Planeten kreuzten, würde Eigir gezwungenermaßen das Astrolabium richtig einstellen müssen. Dann begriff ich, dass er Elektra – das echte Rutenkind – zwingen würde, es zu halten, damit sich der Pfeil mit dem Kreuz auf irgendeine magische Weise richtig ausrichten würde. Dann würde er erfahren, wo sich das Kraftkreuz befand, und die

Macht erlangen, es anzuwenden. Jedenfalls wenn er Elektra behielt ...

Ich musste etwas tun, aber was? Ich schlich mich rasch hinter die riesigen Kabelrollen. Niemand hatte mich gesehen.

Meine Beine zitterten. Meine Lungen brannten immer noch. Trotzdem fanden meine Füße Halt und blitzschnell war ich oben auf einer der Rollen, genau hinter der, auf der Eigir stand. Er hatte mich immer noch nicht entdeckt.

»Lassen Sie das Mädchen los!«, rief Papa. »Das ist lebensgefährlich!«

Ich kapierte erst nicht, was lebensgefährlich sein sollte. Papa wusste doch gar nichts über »Erdenströme« und »Sternenfelder«. Aber dann begriff ich, dass er das Stromkabel meinte. Mir lief ein kalter Schauer über den Rücken, als ich daran dachte, wie gefährlich nahe ich mich daran vorbeigeschlichen hatte.

Aber Eigir dachte gar nicht dran, Elektra loszulassen. Nein, er brauchte sie, weil sie das Rutenkind war. Die Einzige, die das Astrolabium benutzen konnte, um das Kraftkreuz in dem Muster zwischen Himmels- und Erdkräften zu beherrschen. *Sternenuhrs Pfeil weist in deine Hand*, hieß es in Silvias Lied.

Eigir bereitete sich vor. Er lockerte seinen Griff um Elektra und richtete die Sternenuhr gen Himmel. Er drehte an den unterschiedlichen Ringen. Sekunde für Sekunde strich vorüber.

Ich stand wie verhext da. Was sollte ich tun? Ich wusste nicht, wie ich an Elektra kommen sollte, ohne sie in Gefahr zu bringen. Ich winkte, versuchte, sie dazu zu bringen, mich anzuschauen, aber sie starrte die ganze Zeit nur auf das Astrolabium in Eigirs Händen. Auf einmal wandte sie den Blick zu Boden und geriet ins Wanken. Da unten bewegte sich etwas.

Ein schwarzer Schatten glitt aus dem Dickicht neben den Glasfaserkabelrollen hervor. Eine Schattengestalt, die Anlauf nahm, auf Eigir zurannte und den Arm schwang. Etwas Langes, Dünnes schoss mit Wucht kerzengrade auf das Astrolabium zu und traf es, sodass aus dem Metall ein dumpfer Ton erklang. Das wunderbare Instrument flog Eigir aus der Hand und in einem weiten Bogen hinauf in den Himmel.

Als er sich zu mir umdrehte, wurde aus dem Schatten Orestes' Gesicht. Das Astrolabium trudelte in der Luft, es funkelte und fing an zu fallen. Genau auf die Stelle zu, an der ich auf der Kabelrolle stand.

Meine Arme streckten sich wie von selbst aus. Reflexartig fingen meine Finger die Sternenuhr aus der Luft, umklammerten sicher das warme Metall. Ich drückte das Instrument fest an meine Brust. Jetzt erblickten mich alle. Auch Eigir. Er stieß Elektra schlagartig von sich und fuhr zu mir herum.

Im selben Augenblick grollte der Himmel bedrohlich und der erste Blitz zerschnitt den Himmel. Die Luft knisterte. Etwas zwischen den Kabelrollen, auf denen wir standen, fing an zu glühen.

Funken schlugen und rasten im Kreis die Stromleitung entlang, um die Rollen, schneller und schneller. Die Flammen wurden größer, die Funken verschmolzen miteinander. Rasch züngelten blaue Flammen überall um uns herum. Wir standen in einem Ring aus blaugrünem Feuer. Eigir, Elektra und ich. Außerhalb des Feuerrings konnte ich Orestes, Mona und Papa erahnen. Ihre Gesichter leuchteten so seltsam, wie von einem wild Funken sprühenden grünen Lagerfeuer. Ante und die Direktorin waren inzwischen auch angekommen. Sie kämpften nicht mehr, sondern standen bloß still und starrten den Feuerschein an. Den Feuerschein, in dessen Mitte wir uns befanden.

Eigir hatte mir sein Gesicht zugewandt.

»Das Astrolabium«, sagte er.

»Nein!«, schrie ich. »Ich schmeiß es weg!«

Ich hob die Hand, um zu zeigen, wie leicht ich das Astrolabium in das glühende Feuer um uns herum werfen und es für immer zerstören konnte. Aber es ging nicht! Es war hängen geblieben. Es hatte sich auf irgendeine seltsame Weise fest mit der Kette um meinen Hals verheddert, der Fischkette.

Ich riss und zerrte an der Kette, aber es gelang mir nicht, sie zu lösen.

»Gib mir das Astrolabium!«, zischte Eigir noch mal.

»Nein!«, schrie ich. »Eher springe ich!«

Eigir. Das Orakel. Ich hatte den Eindruck, dass er lächelte. Sein Gesicht wurde von unten angeleuchtet. Es loderte in Grün und Blau.

Er kannte mich. Er wusste, dass ich nicht springen würde. Dass ich nicht für das Astrolabium oder für sonst irgendwen mein Leben aufs Spiel setzen würde. In nur wenigen Sekunden würde ich stattdessen meine Kette abnehmen und ihm das Astrolabium reichen. Eigir kannte mich, er wusste, wie feige ich war. Und ich wusste es auch.

Aber ich hatte vergessen, dass da jemand war, der es nicht wusste.

»Malin, *neeeeiiiin!*«

Papa brüllte wie ein Tier und stürzte sich wild auf Eigirs Füße. Sein Körper kam mit den lebensgefährlichen Funken in Berührung und er schlug mit den Armen so um sich, dass Eigir irgendwie zu Fall kam. Im selben Augenblick flogen die beiden mit einem gewaltigen Knall nach hinten und es wurde dunkel. Der Feuer speiende Ring war erloschen. Zwei Schatten lagen reglos auf der Erde.

Meine Ohren waren taub.

Einen Wimpernschlag später war Orestes auf die Rolle geklettert und umschlang Elektra mit den Armen.

Ich sprang runter und rannte zu Papa. Eigir lag direkt neben ihm, beide reglos.

Papa lag mit dem Gesicht nach unten da. Mona half mir, ihn umzudrehen. Sein Gesicht war kreideweiß und rußverschmiert. Erst rührte er sich gar nicht. Dann spürte ich, wie seine Hand anfing, leicht zu zittern.

Wie sich Venus und Mars begegneten, sah ich an Mittsommer um Mitternacht nicht. Ich bekam nicht mit, wie die Sonne wieder langsam hinter dem Horizont aufzugehen begann. Auch der Fackelzug, der die Mittsommernacht über Nääs seit hundert Jahren erleuchtet, kümmerte mich nicht. Alles, was ich sah, waren die blau blinkenden Lichter des Krankenwagens. Ich hielt Papas Hand fest umklammert, während sie näher kamen.

Am Tag nach dem Mittsommerfest kamen wir am Nachmittag nach Hause, Papa und ich. Ich hatte bei ihm im Krankenhaus übernachten dürfen und die Ärzte hatten gesagt, alles sei in Ordnung. Sie hatten erklärt, dass Papas Herzschrittmacher durch den Stromstoß angesprungen war und Papas Herz dadurch einen kräftigen Stromschlag bekommen hätte. Sie sagten, das würde sich ungefähr wie ein Pferdetritt anfühlen. Aber jetzt funktionierte der Herzschrittmacher wieder so, wie er sollte. Ich hatte Papas Herzschlag auf einem kleinen Monitor neben dem Krankenbett verfolgen können. Eine dünne grüne Linie leuchtete und zuckte darauf auf und ab, in

Spitzen und Tälern. Eine Spitze für jeden Herzschlag. Spitze, Spitze, Spitze ... Jedes Mal, wenn ich in der Nacht aufgewacht war, hatte ich auf den Monitor und die grüne Linie geschaut.

Lerumer Tagblatt – Sonntag, 26.6.

Sabotage am Glasfaserausbau in der Mittsommernacht

Eine Aufsehen erregende Sachbeschädigung ereignete sich in der Mittsommernacht am Ufer des Sävelången. Ein Mann und eine Frau werden verdächtigt, den gesamten Zugverkehr lahmgelegt und die Glasfaserarbeiten manipuliert zu haben, indem sie die Oberleitung an der Stelle durchtrennt haben, wo sich das Materiallager für den Glasfasernetzausbau befindet. Nach einem früheren Sabotageakt war das Lager an einen abgeschiedenen Ort in der Nähe von Nääs ans Ufer des Sävelången verlegt worden. Aufgrund eines äußerst unvorsichtigen Umgangs mit den Starkstrom führenden Leitungen war der verdächtige Mann einem kräftigen Stromstoß ausgesetzt worden und ins Koma gefallen. Er wird im Krankenhaus überwacht, doch eine Prognose über seinen Zustand ist gegenwärtig unmöglich. Die Frau wird der Sachbeschädigung sowie der Misshandlung von Minderjährigen verdächtigt. Sie wurde mit sofortiger Wirkung von ihrer leitenden Position in Lerums Schuldienst suspendiert.

Eine weitere Person, ein 46-jähriger Mann, der die Sachbeschädigung zu verhindern versuchte, wurde verletzt, als die Spannung aus der Oberleitung einen vorübergehenden Fehler in dessen Herzschrittmacher verursachte. Der Mann konnte jedoch das Krankenhaus nach einer Nacht wieder verlassen.

Das Motiv für die Sachbeschädigung bleibt weiter unklar.

Als wir heimkamen, standen zwei große Koffer in der Diele. Die Schuhe mit den abgelatschten Absätzen waren auch wieder da, genau wie der beige Mantel, der nachlässig über das Treppengeländer geworfen war.

»Da seid ihr ja!«, rief sie aus der Küche. »Warum habt ihr mich nicht abgeholt?«

Mama! Mama, Mama, Mama!

Sie verschüttete die Hälfte ihres Kaffeebechers, als ich ihr in die Arme stürzte.

Ich glaube nicht, dass Mama je wirklich verstehen wird, was alles passiert ist, während sie in Japan war. Ich habe ihr jede Menge darüber erzählt, aber ich glaube, für jemanden, der nicht dabei war, ist es fast unmöglich, das alles zu verstehen. Aber vielleicht wird sie die Ereignisse nachvollziehen können, wenn sie all das hier eines Tages liest?

Papa hat sich entschlossen, nicht in seinen alten Job zurückzugehen. Er will stattdessen gemeinsam mit Mona in den ökologischen Gemüseanbau einsteigen. Er hat lange mit ihr über alles, was in Monas Garten wächst, gesprochen. Das Gemüse ist offenbar proppenvoll mit gesunden Vitaminen und Mineralstoffen und anderem. »Ganz einfach Supergemüse!«, meinte Papa. Er hat Mama die Ergebnisse von einem biologischen Labor gezeigt, an das er Proben geschickt hatte.

»Hervorragende Qualität, meinten die«, erzählte Papa. »Ich bin ganz sicher, dass es mir sehr dabei geholfen hat, wieder gesund zu werden!«

Mama räusperte sich lautstark und verdrehte zuerst die Augen, aber als Papa sie umarmte und so gesund und glücklich wirkte, lenkte sie ein. Und sie wollte sehr gerne einen genaueren Blick auf die Testergebnisse der Supergemüse werfen, meinte sie.

Es sind immer noch Sommerferien und das Unausweichliche ist eingetreten. Während ich hier saß und aufgeschrieben habe, was in diesem Frühjahr alles passiert ist, haben sich Mama und Orestes kennengelernt. Man merkt, dass sie sich zusammen wohlfühlen; sie sitzen stundenlang im Computerraum im Keller und die Tastaturen klappern im Takt.

Mona ist damit einverstanden, dass Orestes bei uns am Computer arbeitet, solange er:
1. nichts Elektronisches mit sich nach Hause nimmt,
2. für alle Fälle ein Stück Orgonit in der Tasche hat,
3. jedes Mal, nachdem er einen Computer benutzt hat, durch ein Labyrinth geht, das sie im Vorgarten aufgezeichnet hat, um sich zu reinigen (aber da hüpft er immer drüber).

Elektra ist wie immer. Sie weiß nicht, dass sie das auserwählte Rutenkind ist, die Einzige, die das Astrolabium lesen und das Kraftkreuz zwischen den Himmels- und Erdkräften finden kann. Sie interessiert sich nach wie vor am meisten dafür, hinter allen Vögeln herzurennen. Ich frage mich, ob es sich irgendwann in der Zukunft zeigen wird, ob sie *erwartet wird*, wie es in Silvias Lied heißt.

»Unfug«, findet Orestes natürlich. Aber ich kann nicht anders, als darüber nachzudenken …

Es war natürlich der Rechenschieber, den Orestes nach Eigir geworfen hatte, damit der das Astrolabium fallen ließ. Der Rechenschieber hat dabei einen Riss bekommen, sodass Orestes sich kaum mehr traut, ihn weiterzuverwenden. Seit dieser Mittsommernacht gibt natürlich Orestes auf das Astrolabium acht. Er hat es jetzt irgendwo versteckt und verrät niemandem, wo. Ich frage aber auch nicht nach.

Mithilfe von Mamas Computern hat er jede Menge Berechnungen zur Ionisierung der Luft und Gewittern in Verbindung mit heruntergerissenen Hochspannungsleitungen angestellt. Der Flammenring war ein Plasma, sagt er. Ein physikalisches Phänomen, das sich unter ganz besonderen Voraussetzungen in Luft, die einer hohen Stromspannung ausgesetzt ist, bilden kann. Das glühende Plasma muss rings um die heruntergerissene Oberleitung entstanden sein, weil durch das Gewitter so viel Spannung in der Luft lag. Unwahrscheinlich, aber nicht unmöglich, meint Orestes.

Unsere Schuldirektorin hatte uns schon lange ausspioniert, war die Schlussfolgerung, zu der wir beide gekommen sind. Sie muss uns beobachtet haben, seit wir angefangen hatten, Axels Hinweise zu verfolgen, bereits seit sie uns in Lerum am Bahnhof gesehen hatte. Und dann hat sie Eigir die ganze Zeit Bericht erstattet! Wir glauben, dass sie mit ihm – Eigir, der sich auch das Orakel nannte – im Internet in Kontakt gekommen ist und davon überzeugt war, dass alles, was er sagte, wahr war. Sie tat mir leid. Sie hatte sich sicher danach gesehnt, auserwählt zu sein und eine wichtige Aufgabe zu haben, genau wie ich.

Im Nachhinein hat sie angefangen, der Polizei jede Menge über Eigir zu erzählen. Aber da Eigir immer noch im Koma liegt, kann die Polizei ihn nicht vernehmen. Die Ärzte haben gesagt, die Art von Koma, in der Eigir liegt, kann einige Jahre andauern. Niemand weiß, ob er je wieder aufwacht.

Aber es war nicht die Direktorin, die mir den ersten Brief in dieser kalten Winternacht gegeben hat, das weiß ich ganz sicher. Vielleicht war es einer von Eigirs anderen Anhängern, der sich mit Axels Mantel und Pelzmütze verkleidet und mir den Brief gegeben hat. Das jedenfalls glaubt Orestes.

Er glaubt auch, dass das alles ein Streich war, den sich Eigir ausgedacht hat, um an Orestes und Elektra ranzukommen. Dass der Brief und alles, was wir erlebt haben, nur ein Schwindel war.

Aber ich bin mir da nicht so sicher. Denkt doch zum Beispiel an den hundertdreißig Jahre alten Brief und die Sachen, die wir in alte Bahnhofsgebäude und Brücken eingemauert oder unter der uralten Amtmannsseiche vergraben gefunden haben. Und denkt an den Baum im Wald mit den in die Borke eingeritzten Buchstaben. (Es wirkte schließlich nicht so, als seien die Buchstaben grade gestern eingeritzt worden, sondern vor superlanger Zeit.) Hätte Eigir das alles einfädeln können?

Ich glaube, er hat auf irgendeine Weise von Axels Briefen gehört. Und vielleicht hat die Direktorin die Kopie des Briefes, die ich in der Waschküche versteckt hatte, gestohlen? Eigir wollte an die Kraftlinien kommen, von denen der Brief handelte, das Muster zwischen den Erdenströmen und dem Sternenfeld verstehen und die Macht über all das an sich reißen. Aber um das zu können, brauchte er Elektras Hilfe.

»Ja, das mag ja vielleicht sein«, hat Orestes schließlich zugegeben. »Aber wenn sich Eigir das nicht alles ausgedacht hat, dann war es irgendein anderer Verrückter. Axel vielleicht? Er glaubte ja wirklich an Erdstrahlung! Pffft! Es spielt keine Rolle, ob das alles heute oder vor hundertfünfzig Jahren zusammenfantasiert wurde, es ist auf jeden Fall nicht wahr. Es gibt keine Erdstrahlungslinien und keine Himmelskräfte, die uns lenken!«

Aber da gibt es noch das ein oder andere, das auch Orestes nicht erklären kann:
1. Wie kommt es, dass ich aus allen Cellos der Welt das Cello mit der s-förmigen Schramme ausgewählt habe? Dasselbe Instrument, das einst Silvia gehört hatte. Warum hat mich gerade dieses Cello in seinen Bann gezogen, wo ich doch so viele andere ausprobiert habe?
2. Und wie kam es, dass Orestes ausgerechnet in das Haus nebenan eingezogen ist und nicht irgendwo ganz anders, lange nachdem ich das Cello bekommen hatte?
3. Und schließlich und vielleicht am allerwenigsten erklärlich: Warum haben ausgerechnet *wir* zufällig ein vergrabenes altes Astrolabium mit einem Pfeil gefunden, der genauso aussieht wie das Muttermal auf Orestes' Arm?

Wie erklärst du das alles, Orestes?

Da zuckt er nur mit den Schultern, lächelt schwach und sieht mich aus seinen dunklen Augen an. Obwohl er es nicht erklären kann, ändert er seine Meinung nicht.

Und ich, ich sitze an meinem alten Schreibtisch aus Eichenholz und schreibe. Ich versuche mich an alles zu erinnern, das Orestes und ich erlebt haben, an jedes noch so kleine Detail aus den letzten Monaten. Die Bretter, aus denen der Schreibtisch besteht, sind breit und schief. Es ist seltsam, sich vorzustellen, dass weder Axel noch Silvia oder Nils Ericson geboren waren, als sie noch kleine Eicheln waren – keiner von uns! Die Jahresringe ziehen sich als dunkle Muster über die Bretter.

USKKMR und Orestes ergab GBGSTN.
Das bedeutet *Göteborg Station*.

USKKMR und Elektra ergab QHGATA.
Das bedeutet *die Kreuzung zwischen Q und H* auf Axels Karte.

USKKMR und Malin ergab ISZCZF.
Das bedeutet rein gar nichts.

Aber Axel schrieb »Lasst die Letzten die Ersten sein«. Wenn man den letzten Buchstaben ganz an den Anfang stellt, ergibt das FIZSCZ.
»Alle Unbekannten müssen fort«, schrieb Axel weiter in seinem Brief.

Und dann ergibt das am Ende: FISC.

FISC wie in FIdes SCientia. Glaube und Wissenschaft.

Ich sehe mir lange das Foto von Papa und mir auf der Wasserrutsche an. *Fun In Sunny California*, steht da auf dem Rahmen. FISC. Gleichzeitig nestele ich an meiner Kette herum und erinnere mich an die lispelnde Stimme, die in der sternenklaren Winternacht fragte: »Bist du vielleicht Fisc?«

Erklär du's mir, Orestes!

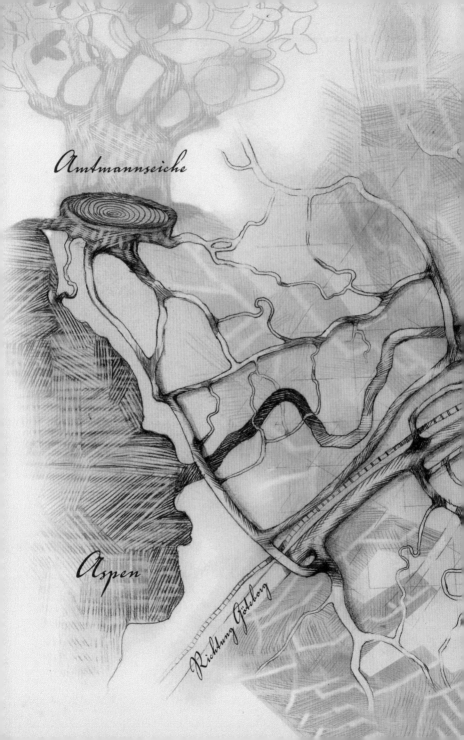